智能家居单片机控制系统

主编 陈 捡 王署光

電子工業出版社
Publishing House of Electronics Industry
北京·BEIJING

内容简介

本教材分为基于51单片机的扫地机器人控制系统的安装与调试和基于CC2530单片机的智能插座的安装与调试两大部分。基于 51 单片机的扫地机器人控制系统的安装与调试部分以开发的扫地机器人控制系统为载体，主要讲述51单片机的操作环境、硬件系统、并行I/O端口、显示技术和键盘接口技术，同时在其中嵌入了C语言程序设计的基本知识，包括C语言的基本结构和特点、数据与类型、基本语句、三大程序结构、函数类型和数组知识等内容。基于CC2530单片机的智能插座的安装与调试部分以开发的智能插座控制系统为载体，主要讲述CC2530单片机的操作环境、硬件系统、定时与中断系统、串行通信系统、A/D和D/A转换系统等内容。本教材内容采用项目引领、任务驱动的形式，以项目实践教学为主，理论讲授为辅，以训带讲，以项目任务开展教学，在实训中融入所需的理论知识。

本教材可作为职业院校物联网相关专业教学用书，也可作为企业技术人员自学参考用书。

图书在版编目（CIP）数据

智能家居单片机控制系统 / 陈捡，王署光主编. —北京：电子工业出版社，2021.2
ISBN 978-7-121-40528-0

Ⅰ. ①智… Ⅱ. ①陈… ②王… Ⅲ. ①单片微型计算机－计算机控制系统－中等专业学校－教材 Ⅳ.①TP368.1

中国版本图书馆CIP数据核字（2021）第022481号

责任编辑：白 楠
印　　刷：北京捷迅佳彩印刷有限公司
装　　订：北京捷迅佳彩印刷有限公司
出版发行：电子工业出版社
　　　　　北京市海淀区万寿路173信箱　邮编 100036
开　　本：787×1 092　1/16　印张：12　字数：307.2千字
版　　次：2021年2月第1版
印　　次：2024年2月第3次印刷
定　　价：31.00元

凡所购买电子工业出版社图书有缺损问题，请向购买书店调换。若书店售缺，请与本社发行部联系，联系及邮购电话：（010）88254888，88258888。

质量投诉请发邮件至 zlts@phei.com.cn，盗版侵权举报请发邮件至 dbqq@phei.com.cn。

本书咨询联系方式：（010）88254583，zling@phei.com.cn。

FOREWORD 前言

物联网是继计算机、互联网之后，近几年席卷世界的第三次信息产业浪潮，也是我国重点发展的战略性新兴产业之一，发展前景广阔。智能家居领域与物联网密切相关，本书主要介绍智能家居单片机控制系统，从内容与方法、教与学、做与练等方面，多角度、全方位地体现了职业教育的教学特色。本书的主要特点如下。

1．采用任务式教学模式。本书包含两个任务，即“基于 51 单片机的扫地机器人控制系统的安装与调试”和“基于 CC2530 单片机的智能插座的安装与调试”，均通过“情境描述、信息收集、分析计划、任务实施、检验评估”5 个环节进行任务分解，使学生能快速掌握上述两种单片机的基本原理和各项功能，熟悉程序设计的一般方法与步骤。

2．贴近物联网专业教学实际，使学生轻松完成单片机控制系统的知识点学习。本书任务一通过实现扫地机器人的各种功能，将 51 单片机的各个知识点进行分解；本书任务二通过实现智能插座的各种功能，将 CC2530 单片机的各个知识点进行分解。在完成任务的过程中，融入对各种芯片、传感器、执行器等物联网套件的认知学习，让学生通过实际应用学习单片机控制系统。

3．任务难易程度更贴近中等职业学校学生学情。

本书分为任务一和任务二两部分，主要内容如下。

任务一以开发的扫地机器人控制系统为载体，主要讲述 51 单片机的操作环境、硬件系统、并行 I/O 端口及显示和键盘接口技术；同时介绍 C 语言程序设计的基本知识，包括 C 语言的基本结构和特点、数据与类型、基本语句、三大程序结构、函数类型和数组知识等内容；采用 Keil C51 配合 Proteus 实现功能仿真，配合教具实现扫地机器人具体功能。

任务二以开发的智能插座控制系统为载体，主要讲述 CC2530 单片机的操作环境、硬件系统、定时与中断系统、串行通信系统及 A/D 和 D/A 转换系统等内容，采用 IAR 配合教具实现智能插座相关功能。

本书可满足电子信息类、机电类、自动化类、通信类专业相关课程的教学需要。本书建议安排 100 学时，其中基于 51 单片机的扫地机器人控制系统的安装与调试部分 40 学时，基于 CC2530 单片机的智能插座的安装与调试部分 60 学时，在使用时可以根据具体教学情况增减学时。本书也可作为开放大学、成人教育、自学考试和培训班的教材，以及物联网技术人员的参考工具书。

为便于广大教师、学生、读者使用本书，本书配有电子课件、任务单、案例资源和习题答案等丰富的教学资源。在实际教学中，建议采用分组教学模式，3～4 人为一个小组共同完成实验，教师从旁辅助。

本书由河南省职业技术教育教学研究室组织编写，陈捡、王署光主编，王丽博、武德起副主编，张艳、郭蕊、贾林林、张世欣参与编写。具体分工为：陈捡、王署光、张艳对本书的编写思路与大纲进行总体策划，指导全书编写并负责统稿；张艳编写任务一环节二中的“二、单片机硬件系统”；王丽博编写任务一环节二中的“一、单片机操作环境”“三、单片机并行I/O端口”；张世欣编写任务一环节二中的“四、单片机显示技术应用”；郭蕊编写任务一环节二中的“五、键盘接口技术应用”；贾林林编写任务二环节二中的“一、认识CC2530单片机”；武德起编写任务二环节二中的“二、CC2530单片机中断系统设计”“三、CC2530单片机的定时工作系统”；陈捡编写任务二环节二中的“四、CC2530单片机串行通信”；王署光编写任务二环节二中的“五、CC2530单片机模数转换控制”。

由于时间紧迫和编者水平有限，书中难免有疏漏和不恰当之处，欢迎广大读者对本书提出批评与建议。

编　者

CONTENTS 目录

任务一

基于51单片机的扫地机器人控制系统的安装与调试

环节一　情境描述

某公司开发了一款既适应学校教学需求，又可用于学生装调比赛的扫地机器人。教学中，该扫地机器人能够满足51单片机常规教学需求，并能做部分拓展训练；竞赛中，要求参赛学生在规定的时间内完成智能扫地机器人的组装并按照组委会的要求完成相应的任务，具体内容如下。

（1）赛事名称：××学校智能扫地机器人装调比赛。

（2）赛事介绍：智能扫地机器人装调比赛是××学校经常举办的学生兴趣比赛项目，其活动对象为在校学生，要求参加比赛的队伍自行组装智能扫地机器人、完成扫地机器人运行程序设计、调试扫地机器人按照要求完成规定动作和任务。扫地机器人由组委会提供，采用51单片机作为控制芯片，具有数显、传感避障、按键设置等二次开发功能。在比赛前抽取比赛顺序并公布竞赛场地，按照要求进行比赛活动。该比赛的目的是检验参赛选手对扫地机器人的安装、编程和调试能力，激发学生对相关专业的学习兴趣，培养学生的动手、动脑能力。

（3）参赛队伍要求：参赛者为在校学生，每队2～3人，学生可自由组队参加比赛。

（4）任务要求：参加比赛的队伍按照图纸完成智能扫地机器人的组装，组装完成后的机器人能够躲避障碍物并完成清洁工作。

环节二　信息收集

一、单片机操作环境

活动：

通过启动扫地机器人认识单片机。

1．单片机概述

最初人们发明了算盘之类的计算工具，以及通过齿轮传动等方式进行机械式运算的机械式计算机。之后，在电子技术飞速发展的情况下，人们发明了电子计算机。早期的电子计算机采用大量电子管，体积十分庞大，需要消耗很多电量，操作也非常复杂。例如，1946 年发明的"埃尼阿克"电子计算机，占地面积为 170m^2，重达 30t，耗电量高达 150kW，而运算能力却远不及今天智能手机的 CPU，尽管如此，它已经比当时的继电器计算机快 1000 倍。而随着晶体管、集成电路的出现，计算机技术以惊人的速度不断发展，如今人们的生活和工作都已经离不开计算机。

1971 年，全球第一个计算机微处理器 4004 由美国 Intel 公司推出。与此同时，一种被称为单片机的技术也逐渐发展并得到广泛应用。

单片机的全称是单片微型计算机，又称微型控制器（Micro Control Unit，MCU）。它是把组成微型计算机的各功能部件，如中央处理器（CPU）、随机存取存储器（RAM）、只读存储器（ROM）、I/O 接口电路、定时/计数器、中断系统及串行通信接口等集成在一块芯片上而构成的。单片机既是一个微型计算机，也是一块集成电路，如图 1-1-1 所示。

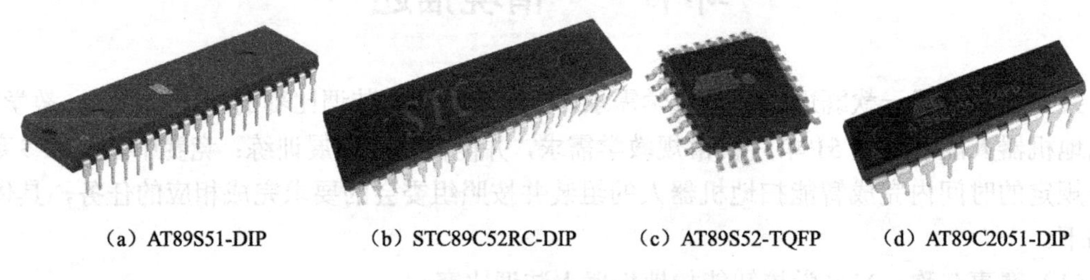

（a）AT89S51-DIP　（b）STC89C52RC-DIP　（c）AT89S52-TQFP　（d）AT89C2051-DIP

图 1-1-1　各种单片机实物图

与大家熟悉的计算机相比，单片机的配置要低得多。人们常用的笔记本电脑 CPU 的处理速度可以达到 2GHz，而常见的单片机（AT89S52）最高处理速度只有几十 MHz；笔记本电脑的硬盘动辄几百 GB 乃至几 TB，而单片机中相当于硬盘的 ROM 只有几十 KB；主流笔记本电脑的内存普遍在几 GB，而单片机中相当于内存的 RAM 只有 200B 左右。

为什么要发明单片机呢？这个很好理解。因为生活中有很多事情不是很复杂，并不需要计算机那么庞大的机器来处理，只需要用精简版的计算机即单片机来完成任务。

大家千万不要小瞧单片机，只要写进程序，它就能应用在测控系统、智能仪表、机电一体化等领域，以及家用电器、玩具、游戏机、声像设备、电子秤、收银机、办公设备、厨房设备等智能产品中。

美国 Intel 公司于 1976 年推出了第一代 8 位单片机 MCS-48 系列，它是现代单片机的雏形，包含了数字处理的全部功能，外接一定的附加外围芯片即构成完整的微型计算机。

MCS-51 系列单片机是 Intel 公司于 1980 年推出的 8 位高档单片机，其系列产品包括基本型 8031/8051/8751/8951 和 80C51/80C31、增强型 8052/8032、改进型 8044/8744/8344。其中，80C51/80C31 采用 CHMOS 工艺，功耗低。由于 Intel 公司主要致力于计算机 CPU 的研究和开发，所以授权一些厂商以 MCS-51 系列单片机为内核生产各自的单片机，这些单片机统称 MCS-51 单片机。其中最具代表性的是 ATMEL 公司的 AT89S51 和 AT89C51 单片机，以及 STC 公司的 STC89C51RC 和 STC89C52RC 单片机，它们均采用 Flash 存储器作为 ROM，读写速度快，擦写方便，而且具备 ISP（In-System Programming，在系统可编程）功能，性能优越，成为市场占有率最大的产品。本书 C51 任务中采用的是 ATMEL 公司的 AT89C51、AT89S51 和 AT89S52 单片机。

练一练

通过查阅资料、观看视频等，了解并讲述单片机的发展历史。

2. 单片机的基本结构与工作原理

如今，人们生活中的许多电器都采用了单片机，如手机、电视机、冰箱、洗衣机、扫地机器人，以及按下开关后，LED 灯就闪烁的儿童玩具。那么，单片机在这些电器中究竟起什么作用呢？

1）单片机的基本结构

单片机的基本结构与工作原理如图 1-1-2 所示。

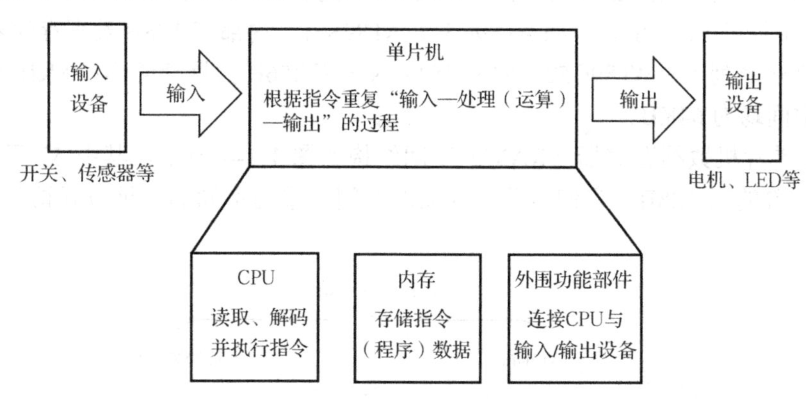

图 1-1-2　单片机的基本结构与工作原理

单片机是由 CPU、内存、外围功能部件等部分组成的。如果将单片机比作人，那么 CPU 是负责思考的，内存是负责记忆的，外围功能部件相当于感官系统及控制手脚动作的神经系统。

2）单片机的工作过程

CPU 按照程序计数器所存储的指令地址，依次读取并执行事先存储在内存中的指令组合（程序）。当然，CPU 执行的指令并不是走路、讲话等高难度指令，而是一些非常简单的指令，比如从内存中的某个地方读取数据，或者把某个数据写入内存中的某个地方，或者做加法、乘法和逻辑运算等。然而，这些简单指令的组合却能实现许多复杂的功能。

3）单片机的存储器

什么是存储器呢？存储器好比是一栋楼，假设这栋楼共有 256 层，则称存储器的空间是 256 字节（Byte），又叫 256 个单元，表示为 256B；每个单元共有 8 位（bit），相当于 8 个房间，每位（bit）可以存放一位二进制数“0”或“1”，那么每个单元可以存放 8 位二进制数。存储单元编址如图 1-1-3 所示。

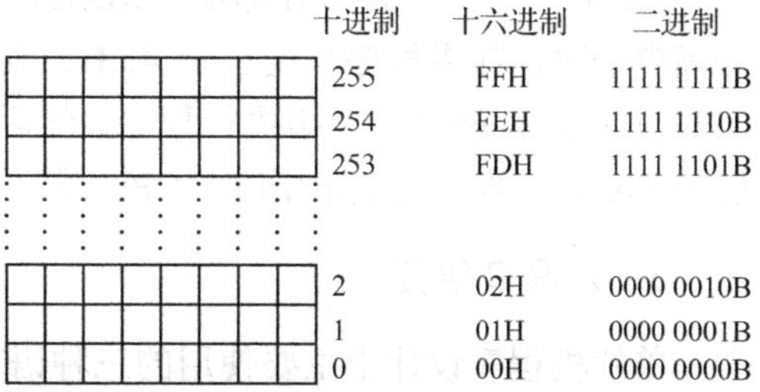

十进制	十六进制	二进制
255	FFH	1111 1111B
254	FEH	1111 1110B
253	FDH	1111 1101B
⋮		
2	02H	0000 0010B
1	01H	0000 0001B
0	00H	0000 0000B

图 1-1-3　存储单元编址

为了对指定单元存取数据，需要给每个单元编号，这个编号就是地址。在计算机中所有的编号都是从 0 开始的，如果用十进制编址就是 0,1,2,…,253,254,255，如果用十六进制编址就是 00H,01H,02H,…,FDH,FEH,FFH，其中 H 表示是十六进制数。如果存储器空间大于 256B，则需要使用 4 位十六进制数进行编址，如 0000H、0001H 等。

在访问存储器时，有的单元只能 8 位同时存入或者同时取出，这种操作称为字节操作；除此之外，有的单元还能对其中的某一位单独操作，这种操作称为位操作。要想进行位操作，通常要给位分配一个地址，这个地址称为位地址，这就相当于给每层楼的每个房间再编个号，如 0～7 号，用十六进制表示则是 00H,01H,…,07H。

在单片机系统中，存储器分为两种：一种用于数据缓冲和数据暂存，称为数据存储器，简称 RAM，其特点是可以通过指令对其数据进行读写操作，断电后数据即丢失；另一种用于存放程序和一些初始值（如段码、字形码等），简称 ROM，其特点是其数据通过指令只能读取而不能写入和修改，数据能长久保存，即使断电也能保存十年以上。

MCS-51 单片机 51 子系列（如 AT89C51、AT89S51）内部有 128B 数据存储器和 4KB 程序存储器，52 子系列（如 AT89C52、AT89S52）内部有 256B 数据存储器和 8KB 程序存储器，片外可寻址空间均为 64KB。

MCS-51 单片机数据存储器（RAM）空间结构如图 1-1-4 所示，其中 52 子系列的内部有两个地址重叠的高 128B，它们是两个独立的空间，采用不同的寻址方式访问，并不会造成混淆。

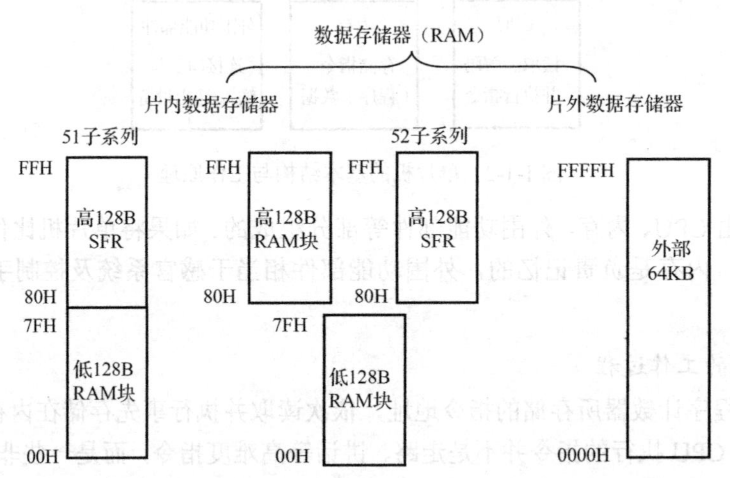

图 1-1-4　MCS-51 单片机数据存储器（RAM）空间结构

MCS-51 单片机程序存储器（ROM）空间结构如图 1-1-5 所示。当单片机的 EA（31 脚）为高电平时，如果程序长度小于 4KB，则 CPU 执行内部程序；如果程序长度大于 4KB，则 CPU 从内部的 0000H 开始执行程序，然后自动转向外部 ROM 的 1000H 开始的单元。当单片机的 EA（31 脚）为低电平时，CPU 跳过内部，直接从外部 ROM 开始执行程序。

3. 认识 C 语言

单片机程序设计中主要使用的三种语言：机器语言、汇编语言和高级语言。

1）机器语言

机器语言由二进制数字“0”和“1”组成，是单片机可以直接识读和执行的二进制数字

串。如指令“011101010011000001010101”，表示给片内数据存储器30H单元传送立即数55H。机器语言过于抽象，编写中容易出错，并且不同微处理器的机器语言也不同，因此在编程中基本不使用。

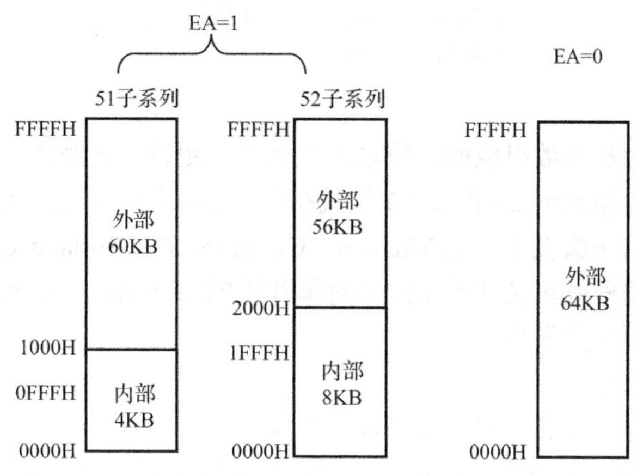

图 1-1-5　MCS-51 单片机程序存储器（ROM）空间结构

2）汇编语言

汇编语言是由助记符构成的符号化语言，其助记符大部分为英语单词的缩写，方便记忆。如指令“MOV　30H，#55H”，表示给片内数据存储器30H单元传送立即数55H。由此可以看出，相对于机器语言，使用汇编语言编写的单片机程序易读性大大提高，比较直观，较易掌握，并且由于编写的程序直接操作单片机内部寄存器，所以生成的机器语言程序精练，执行效率高。但使用汇编语言时需要记忆助记符及单片机指令，如MCS-51单片机共有111条指令，并且不同公司、不同类型的单片机其指令系统不同，不具有移植性。用汇编语言编写的程序必须编译成机器语言程序才能被单片机执行。

如图1-1-6所示是扫地机器人工作指示灯电路，点亮该指示灯的汇编语言程序如下：

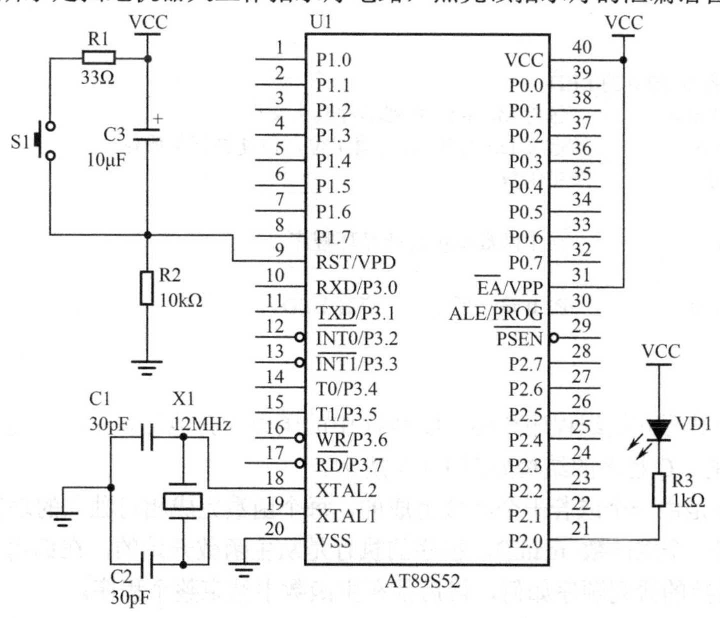

图 1-1-6　扫地机器人工作指示灯电路

```
;功能：点亮接在 P2.0 的 LED
        ORG 0000H           ;复位入口地址
    LJMP MAIN               ;转移到主程序 MAIN
MAIN:   CLR P2.0            ;将 P2.0 清零即可点亮 LED
    LJMP MAIN               ;循环执行主程序
```

3）高级语言

高级语言是由语句和函数组成的，较之汇编语言，更符合人类语言习惯。C 语言属于高级语言，是美国贝尔实验室于 20 世纪 70 年代初研制出来的，后来又经多次改进并出现了多种版本，但其主要应用在微机上，如 Microsoft C、Turbo C、Borland C 等。人们在进行单片机开发时，为了提高编程效率也开始使用针对单片机的 C 语言，一般称为 C51 语言，其编译的目标代码简洁且运行速度很高。

（1）C51 语言的优点。

C51 语言同时具有汇编语言和高级语言的优点。

- 语言简洁、紧凑，更符合人类思维习惯，开发效率高、时间短。
- 支持模块化开发。
- 运算符非常丰富。
- 提供数学函数并支持浮点运算。
- 使用范围广，可移植性强。
- 可以直接对硬件操作。
- 程序可读性和可维护性强。

在 C51 语言中，除标准 C 语言所具有的语句和运算符外，还有用于单片机输入/输出操作的库函数，在学习中要重点掌握。

（2）C51 语言程序结构。

下面通过点亮图 1-1-6 中指示灯的一个 C 语言程序来了解 C51 语言的基本结构，程序如下：

```
//功能：点亮接在 P2.0 的 LED
#include <reg51.h>          //包含 MCS-51 系列单片机头文件
sbit led=   P2^0;           //定义 led 为 P2 口的第 1 位，以便进行位操作
void main(void)             //主函数
{
    while(1)                //在主函数中设置死循环程序
    {
        led=0;              //P2.0 输出低电平，点亮 LED
    }
}
```

C 语言以函数形式组织程序结构，C 程序中的函数与其他语言中所描述的“子程序”或“过程”是一样的。C 程序的结构如图 1-1-7 所示。

一个 C 程序是由一个或若干个函数组成的，每个函数完成相对独立的功能。每个 C 程序都必须有且仅有一个主函数 main()，程序的执行是从主函数开始的，在调用其他函数后返回主函数，不管函数的排列顺序如何，最后都在主函数中结束整个程序。

一个函数由两部分组成：函数定义和函数体。函数定义部分包括函数类型、函数名、函

数属性、函数参数（形式参数）名、参数类型等。对于 main()函数来说，main 是函数名，函数名前面的 void 说明函数的类型（空类型，表示没有返回值），函数名后面必须跟一对圆括号，圆括号里面是函数的形式参数定义，这里 main()函数没有形式参数。

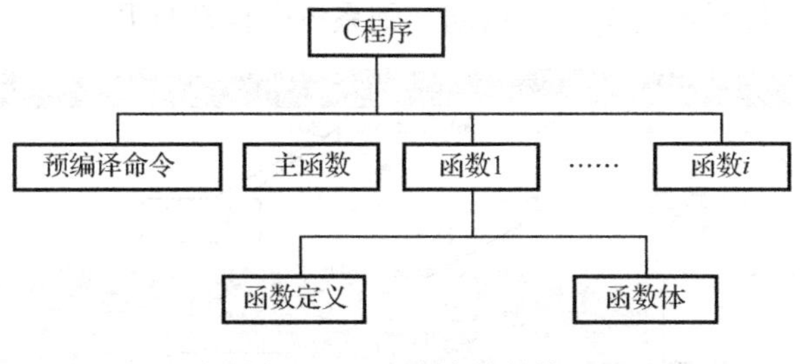

图 1-1-7　C 程序的结构

main()函数后面一对大括号内的部分称为函数体，函数体由定义数据类型的说明部分和实现函数功能的执行部分组成。

小贴士

在主函数中使用 while(1){语句}，是让 while(1)所包含的花括号中的语句永远循环执行，称为死循环。单片机程序的主函数一般都是一个死循环程序，以便能不停地接收输入信号、输出控制信号和更新一些变量的值，保证程序正常运行。

4．Keil C51 编程软件的使用

无论是汇编语言程序还是高级语言程序，都必须编译成机器语言程序才能被单片机识读和执行。Keil C51 软件由美国 Keil Software 公司出品，它是目前最流行、最优秀的开发 MCS-51 系列单片机的编译软件之一，如图 1-1-8 所示，它提供了包括 C 编译器、宏汇编、连接器、库管理和一个功能强大的仿真调试器等在内的完整开发方案。

图 1-1-8　Keil C51 软件

下面介绍 Keil C51 软件的基本使用方法。

1）Keil C51 软件工作界面

双击计算机桌面上的 Keil µVision3 图标，启动软件，工作界面如图 1-1-9 所示。在 Keil C51 软件工作界面的最上方是菜单栏，包括了几乎所有的操作命令；菜单栏的下面是工具栏，包

括了常用操作命令的快捷按钮；界面的左边是工程管理窗口，该窗口有 5 个标签：Files（文件）、Regs（寄存器）、Books（附加说明文件）、Functions（函数）和 Templates（模板），用于显示当前工程的文件结构、寄存器和函数等。如果是第一次启动 Keil C51 软件，则相应的窗口和标签都是空的；如果不是第一次启动，则系统会自动打开上一次关闭的工程。

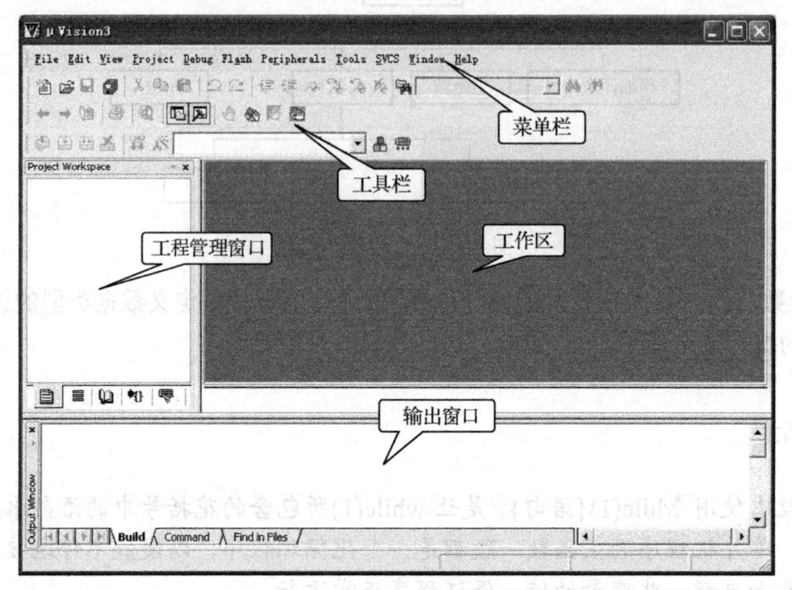

图 1-1-9　Keil C51 软件工作界面

2）新建工程文件

在项目开发中，仅有一个源程序是满足不了需求的，还要为项目选择 CPU，确定编译、连接的参数，指定调试的方式，编译之后也会自动生成一些文件，所以一个项目往往包含多个文件，为管理和使用方便，Keil C51 软件引入了“Project”（工程）这一概念，即将这些参数设置和所需的文件都放在一个工程中。当然，最好为每个工程建一个专用文件夹，用于存放所有文件。建立工程的方法如下。

选择“Project”→“New Project”菜单命令，如图 1-1-10 所示。在弹出的“Create New Project”对话框中，选择保存路径，并在“文件名”输入框中输入工程的名称（比如“led”），不需要扩展名，如图 1-1-11 所示。

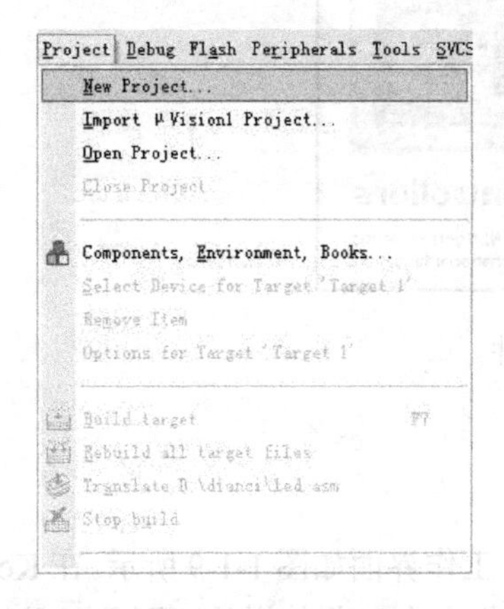

图 1-1-10　选择菜单命令

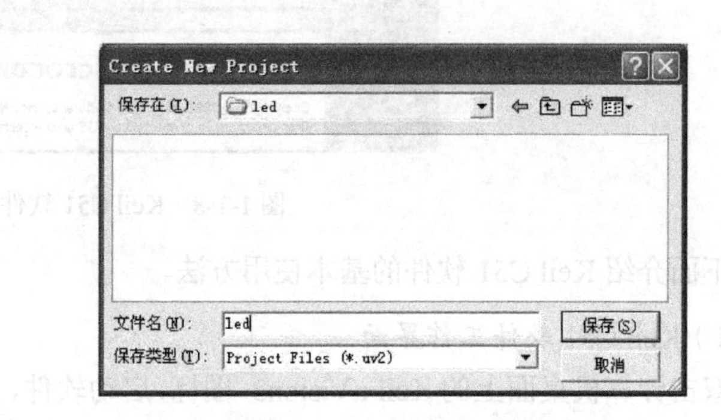

图 1-1-11　保存工程文件

单击“保存”按钮，便会弹出第二个对话框，要求选择 CPU 型号，如图 1-1-12 所示。Keil C51 支持的 CPU 很多，按照公司名分类，单击“ATMEL”前面的“+”号，展开后可以选择 AT89C5X 系列或 AT89S5X 系列，这里选择“AT89S51”，然后单击“确定”按钮，回到主界面。此时，在工程管理窗口的文件页中，出现了“Target 1”，前面有“+”号，单击“+”号展开，可以看到下一层的“Source Group1”，这时的工程还是一个空的工程，里面什么文件也没有，如图 1-1-13 所示。

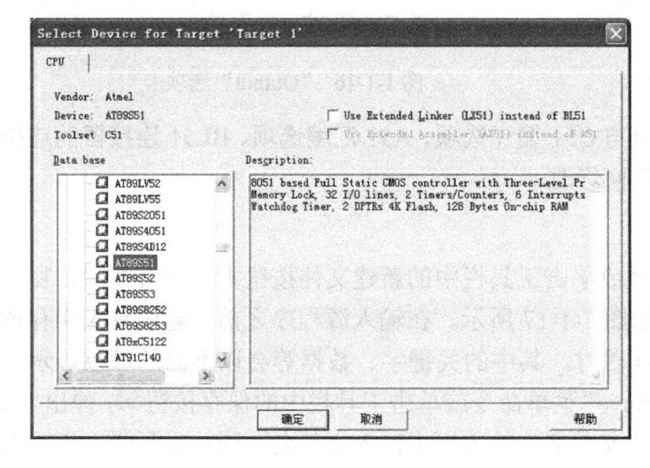

图 1-1-12　选择 CPU 型号

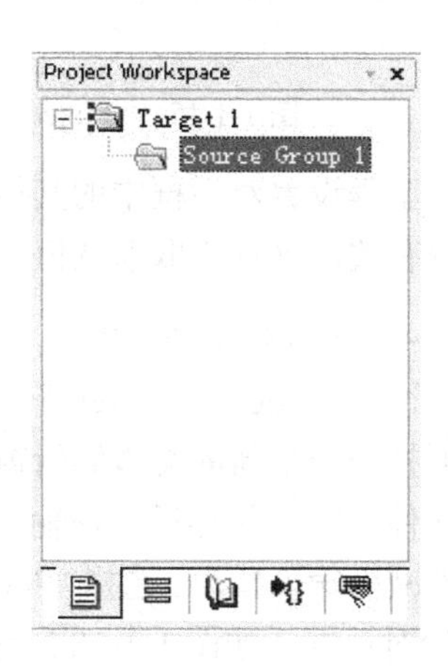

图 1-1-13　建立完成后的工程

3）工程设置

工程建立好以后，还要对工程进行进一步的设置，以满足要求。

首先在“Target 1”上右击，弹出如图 1-1-14 所示的快捷菜单。接着单击“Options for Target ‘Target 1’”选项，即弹出工程设置对话框。

工程设置对话框非常复杂，共有 10 个选项卡，要全部弄清楚并不容易，不过绝大部分设置项取默认值即可。下面对其中的两个选项卡做简要说明。

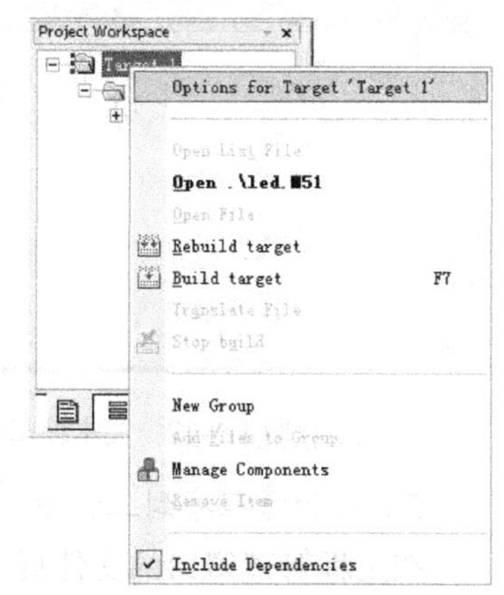

图 1-1-14　“Target 1”快捷菜单

（1）工程设置对话框中的“Target”选项卡如图 1-1-15 所示，“Xtal”后面的数值是晶振频率值，默认值是所选目标 CPU 的最高可用频率值，对于我们所选的 AT89S51 而言是 24MHz，该数值与最终产生的目标代码无关，仅用于软件模拟调试时显示程序执行时间。正确设置该数值可使显示时间与实际所用时间一致，一般将其设置成与硬件所用晶振频率相同，如果没必要了解程序执行的时间，也可以不设，这里设置为 12MHz。

（2）工程设置对话框中的“Output”选项卡如图 1-1-16 所示，这里有多个选项，其中“Create HEX File”用于生成可执行代码文件（可以用编程器写入单片机芯片的 HEX 格式文件，文件的扩展名为“.hex”），默认情况下该项未被选中，如果要烧录单片机做硬件实验，就必须选中该选项，这一点是初学者易疏忽的，在此特别提醒注意。选中“Debug Information”将会产生调试信息，如果需要对程序进行调试，应当选中该选项。“Browse Information”用于产生浏

览信息，该信息可以通过“View”→“Browse”菜单命令来查看，这里取默认值。

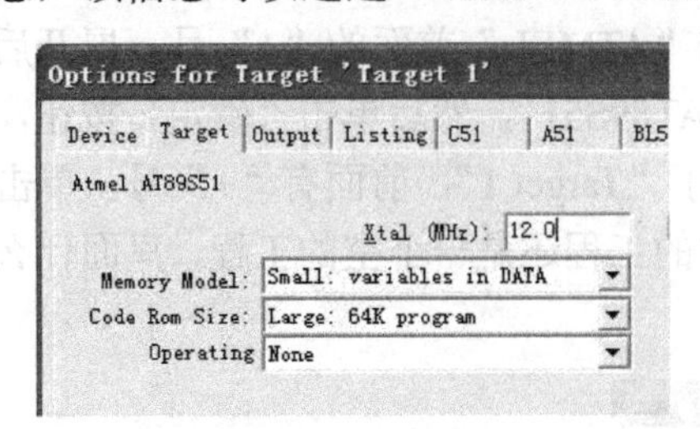

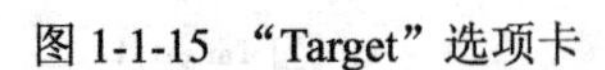

图 1-1-15 “Target”选项卡

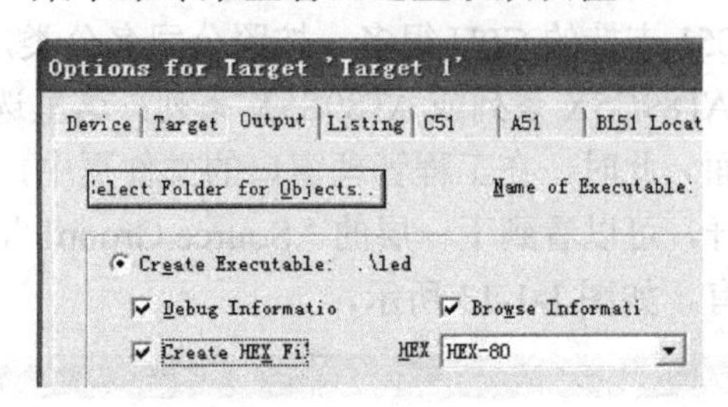

图 1-1-16 “Output”选项卡

工程设置对话框中的其他选项卡与 C51 编译选项、A51 汇编选项、BL51 连接器的连接选项等有关，这里均取默认值，不做任何修改。

4）建立并保存源文件

选择“File”→“New”菜单命令或单击工具栏中的新建文件按钮，即可在项目窗口的右侧打开一个新的文本编辑窗口，如图 1-1-17 所示。在输入源程序之前，建议首先保存该空白文件，因为保存后，在输入程序代码时，其中的关键字、数据等会以不同的颜色显示，这样能减少输入错误。选择“File”→“Save”菜单命令或单击工具栏中的保存按钮，弹出“Save As”对话框，如图 1-1-18 所示。在“文件名”输入框中输入文件名，同时必须输入正确的扩展名（汇编语言源程序以“.asm”为扩展名，C 语言源程序以“.c”为扩展名），然后单击“保存”按钮。

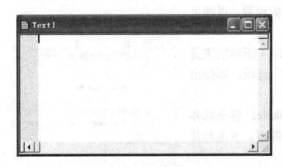

图 1-1-17 文本编辑窗口

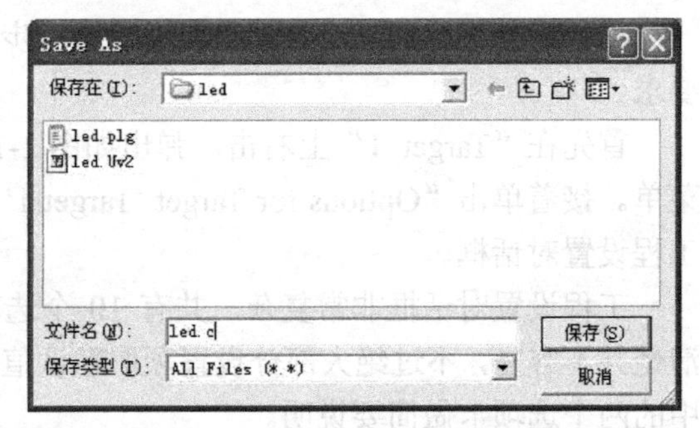

图 1-1-18 “Save As”对话框

5）添加源程序到工程中

在工程管理窗口的文件页中，在“Source Group 1”上右击，弹出如图 1-1-19 所示的快捷菜单。接着单击“Add Files to Group ‘Source Group 1’”选项，在出现的对话框中选中“led.c”，如图 1-1-20 所示，单击“Add”按钮，将文件添加到工程中，然后单击“Close”按钮回到主界面。

此时可以看到在“Source Group 1”文件夹中多了一个子项“led.c”，如图 1-1-21 所示。接下来就可以在文本编辑窗口中输入程序了。

6）程序编译

在设置好工程，输入程序后，即可进行编译、连接。选择“Project”→“Build target”菜单命令，对当前工程进行连接，如果当前文件已修改，软件会先对该文件进行编译，然后连

接以产生目标代码；如果选择“Rebuild All target files”，将会对当前工程中的所有文件重新进行编译后再连接，以确保最终生成的目标代码是最新的；而“Translate”项则仅对该文件进行编译，不进行连接。

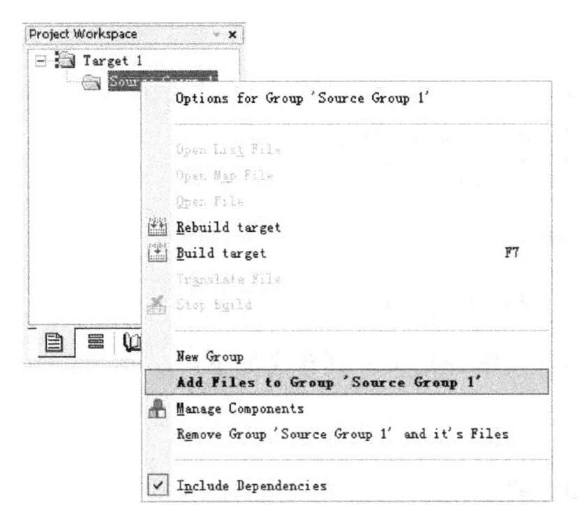

图 1-1-19　“Source Group 1”快捷菜单

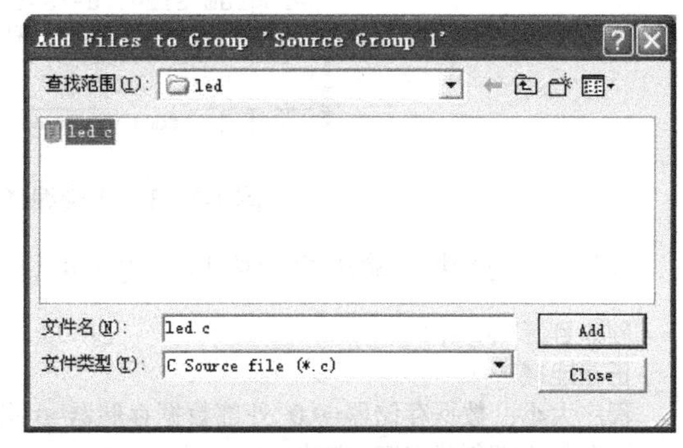

图 1-1-20　添加源文件对话框

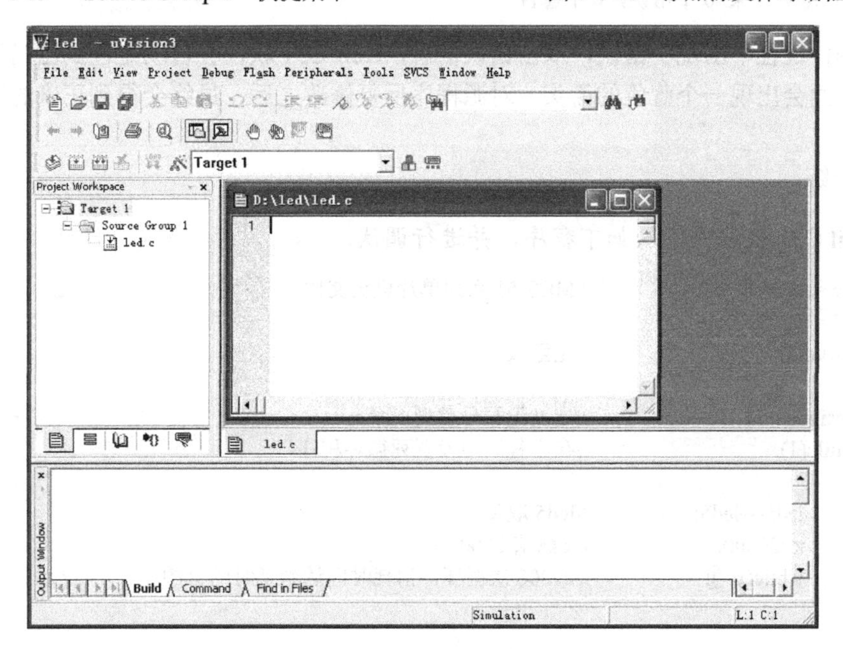

图 1-1-21　“Source Group 1”文件夹

以上操作也可以通过工具栏按钮直接进行。如图 1-1-22 所示是有关编译、连接、工程设置的工具栏按钮，从左到右分别是：编译、编译连接、全部重建、停止编译、下载到闪存和对工程进行设置。

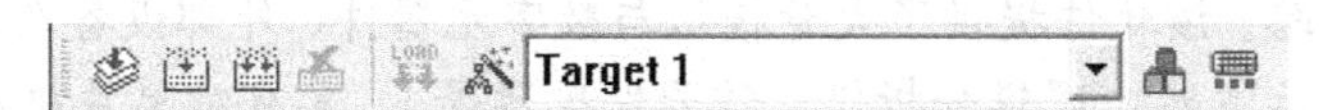

图 1-1-22　有关编译、连接、工程设置的工具栏按钮

编译过程中的信息将出现在输出窗口中的“Build”页中，如果源程序中有语法错误，会

有错误信息出现，双击错误信息，可以定位到出错的位置，对源程序进行修改，编译成功后会得到如图 1-1-23 所示的结果，自动生成名为 led.hex 的文件，该文件可被编程器或 ISP 下载线读入并写到单片机中，同时还会产生一些相关的文件，用于 Keil C51 软件的仿真与调试。这时可以进入下一步调试工作。

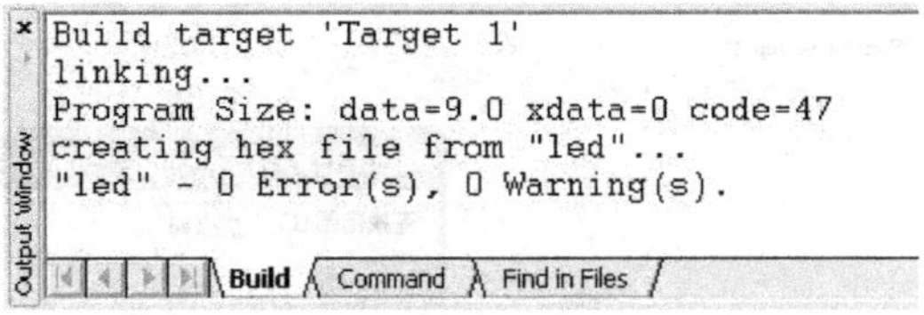

```
Build target 'Target 1'
linking...
Program Size: data=9.0 xdata=0 code=47
creating hex file from "led"...
"led" - 0 Error(s), 0 Warning(s).
```

Output Window | Build | Command | Find in Files

图 1-1-23　正确编译、连接之后的结果

在图 1-1-23 中，输出窗口中显示的是编译过程及编译结果。其含义如下：

```
创建目标'Target 1'
正在连接……
程序大小：数据存储器=9.0  外部数据存储器=0  代码=47
正在从"led"创建 HEX 文件……
工程"led"编译结果-0 个错误，0 个警告
```

如果编译过程中出现了错误，双击错误信息，Keil C51 软件会自动定位到出错的位置，并且代码行前面会出现一个蓝色的箭头，对源程序反复修改之后，最终会得到正确的编译结果。

练一练

在 Keil C51 软件中输入如下程序，并进行调试。

```
#include <reg51.h>                //MCS-51 系列单片机头文件
sbit led5=  P2^5;
int main(void)                    //主函数
{
     unsigned int x;              //定义无符号整型变量 x
     while(1)                     //在主程序中设置死循环程序
     {
          led5=~led5;             //led5 取反
          x=20000;                //x 赋值 20000
          while(x--);             //20000 次循环，消耗时间达到延时的目的
     }
}
```

拓　展

Proteus 是英国 Labcenter 公司开发的电路分析与实物仿真软件，它可以仿真、分析各种模拟电路与集成电路。该软件提供了大量模拟与数字元器件、外部设备及各种虚拟仪器（如电压表、电流表、示波器、逻辑分析仪、信号发生器等），具有对单片机及其外围电路组成的综合系统的交互仿真功能。

目前，Proteus 仿真系统支持的主流单片机有 ARM7、8051/52 系列、AVR 系列、PIC

系列、HC11 系列等，它支持的第三方软件开发、编译和调试环境有 Keil μVision2/3、MPLAB 等。

Proteus 可以使用户在没有任何硬件设备的情况下学习和开发单片机。下面通过流水灯电路仿真实例，介绍 Proteus 的基本使用方法。有关 Proteus 的详细内容，读者可查阅相关书籍。

1. Proteus 的操作界面

Proteus 主要由 ISIS 和 ARES 两部分组成，ISIS 的主要功能是原理图设计及交互仿真，ARES 主要用于印制电路板的设计。

图 1-1-24 是启动 Proteus ISIS 7.1 后的工作界面，最上方是菜单栏，菜单栏下面是标准工具栏，左边是含有三个组成部分的模式选择工具栏，主要包括主模式图标、部件模式图标和二维图形模式图标，包含了原理图设计的所有工具。

模式选择工具栏右边的两个小窗口分别是预览窗口和对象选择窗口，预览窗口显示当前仿真电路的缩略图，对象选择窗口列出当前仿真电路中用到的所有元件、可用终端及虚拟仪器等，当前所显示的可选择对象与当前所选择的操作模式图标对应。

Proteus 工作界面右边的大面积区域是图形编辑窗口，最下方有仿真进程控制按钮和对象方位控制按钮。

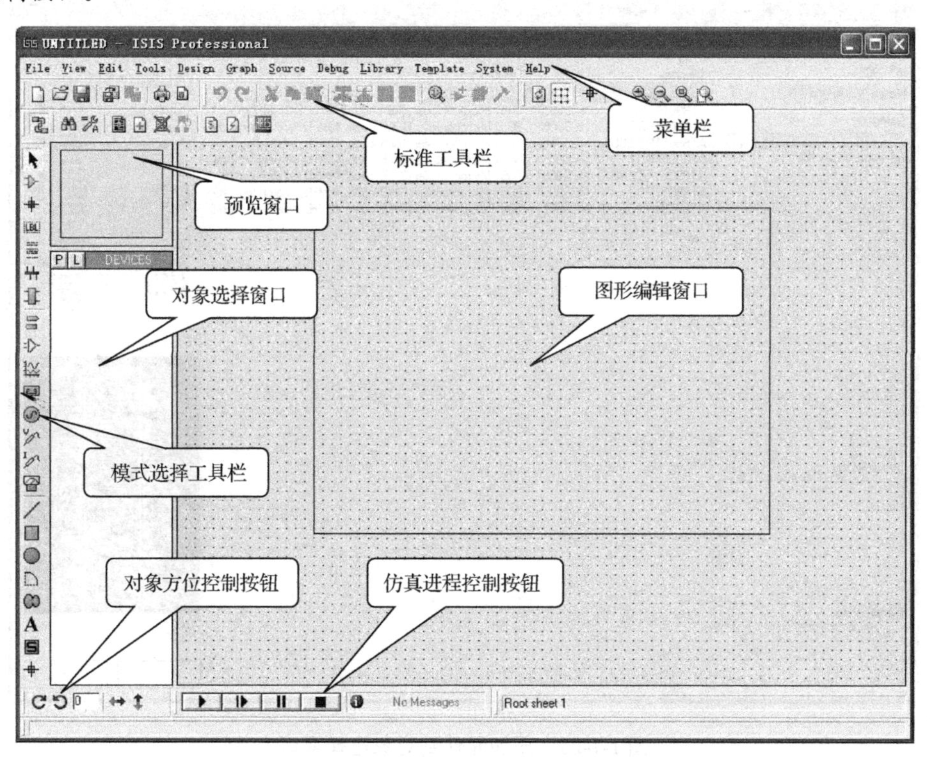

图 1-1-24　Proteus 的工作界面

2. 仿真电路原理图设计

我们要设计的流水灯电路共有 7 种元件，见表 1-1-1。

表 1-1-1 流水灯电路用到的元件名称及所在的库

元 件 名 称	代　　号	所在库名称
单片机	AT89C51	Microprocessor ICs
晶振	CRYSTAL	Miscellaneous
瓷介电容	CAP	Capacitors
电解电容	CAP-ELEC	Capacitors
电阻	RES	Resistors
按键	BUTTON	Switches & Relays
发光二极管	LED-GREEN	Optoelectronics

1）将所需元件加入对象选择窗口

单击对象选择按钮P，弹出“Pick Devices”对话框，由于软件元件库中没有 AT89S51，我们用 AT89C51 代替，在“Keywords”输入框中输入“AT89C51”，系统在对象库中进行搜索，并将搜索结果显示在“Results”中，如图 1-1-25 所示。在“Results”栏的列表项中，双击“AT89C51”，即可将“AT89C51”添加至对象选择窗口。

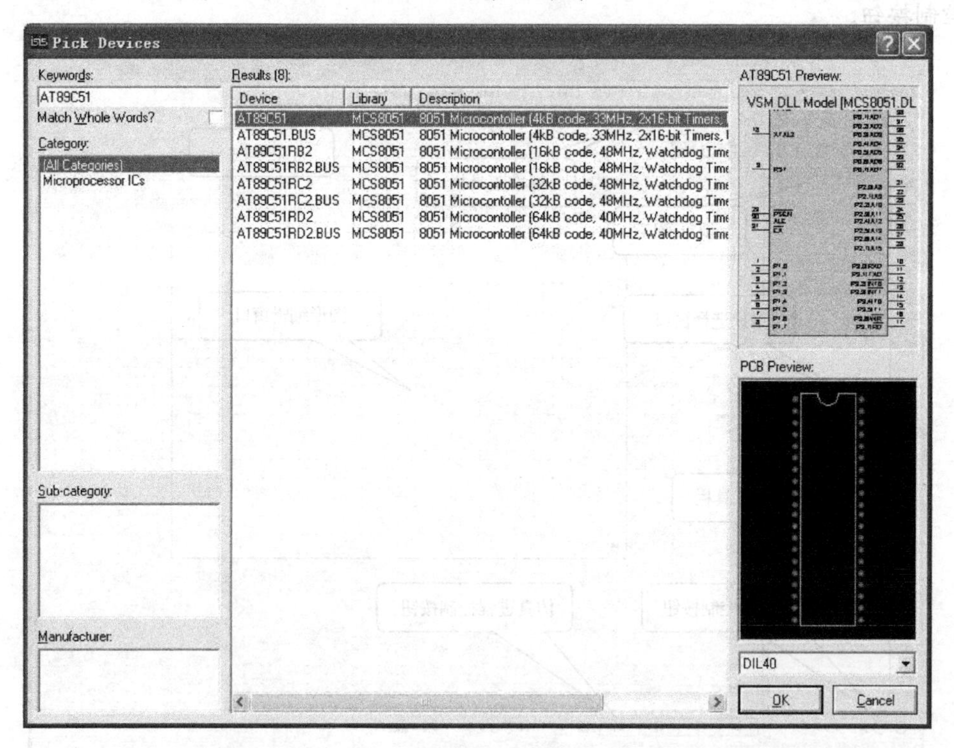

图 1-1-25 添加元件到对象选择窗口

重复上述步骤可将所有需要的元件添加至对象选择窗口，最后关闭“Pick Devices”对话框。在对象选择窗口中，已有了 AT89C51、CRYSTAL、CAP、CAP-ELEC、RES、BUTTON、LED-GREEN 七个元件对象，如图 1-1-26 所示。单击相应的元件，可在预览窗口中显示其实物图。

2）放置元件至图形编辑窗口

在对象选择窗口中选中“AT89C51”，将鼠标指针置于图形编辑窗口中欲放置该对象的地方并单击，完成该对象的放置，如图 1-1-27 所示。

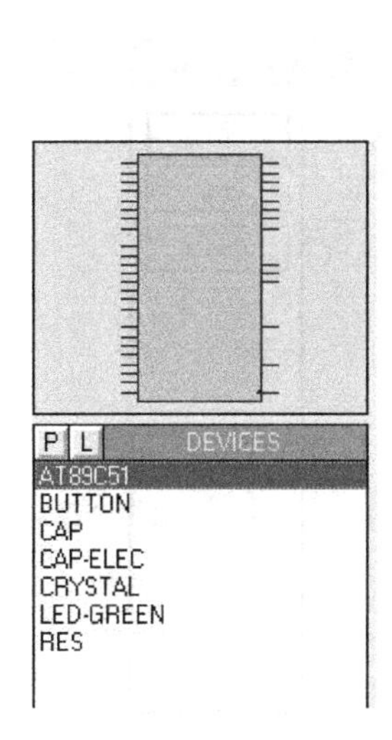

图 1-1-26　已添加元件的对象选择窗口

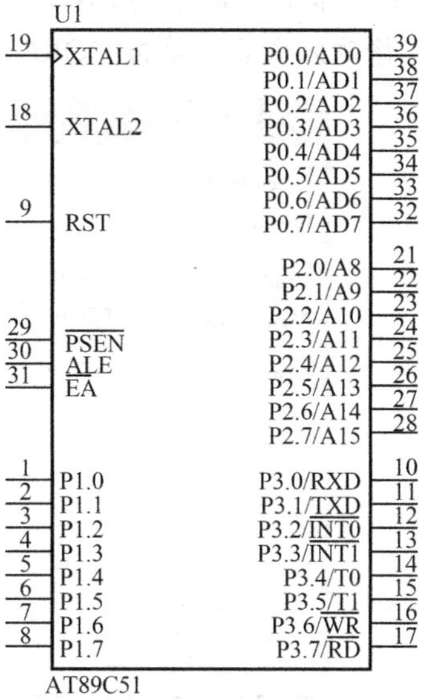

图 1-1-27　放置元件 AT89C51

按照同样的操作，将电路中所有的元件放置在图形编辑窗口中，如图 1-1-28 所示。

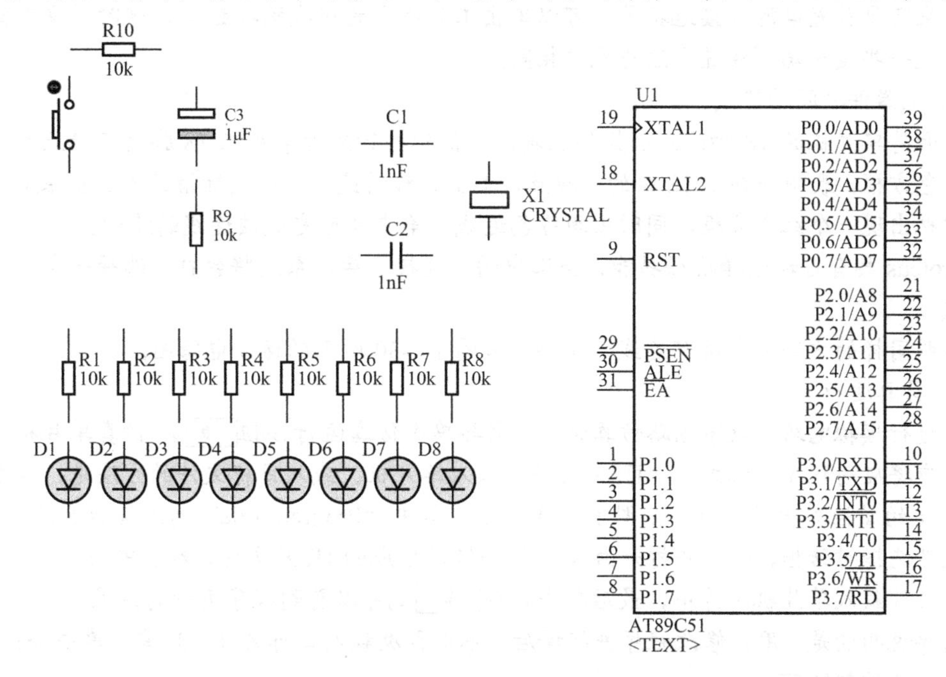

图 1-1-28　放置所有元件

如果需要旋转对象或调整对象的朝向，右击该对象，选择相应的菜单命令即可。

3）编辑对象的属性

当需要修改元件的参数（如标号、阻值、容量等）时，可以通过属性编辑对话框进行编辑。双击对象打开属性编辑对话框。如图 1-1-29 所示是电阻的属性编辑对话框，在该对话框中可以改变电阻的标号、阻值、PCB 封装，以及设置是否把这些项目隐藏等。这里我们将阻值改为 270Ω，修改完成后，单击“OK”按钮即可。

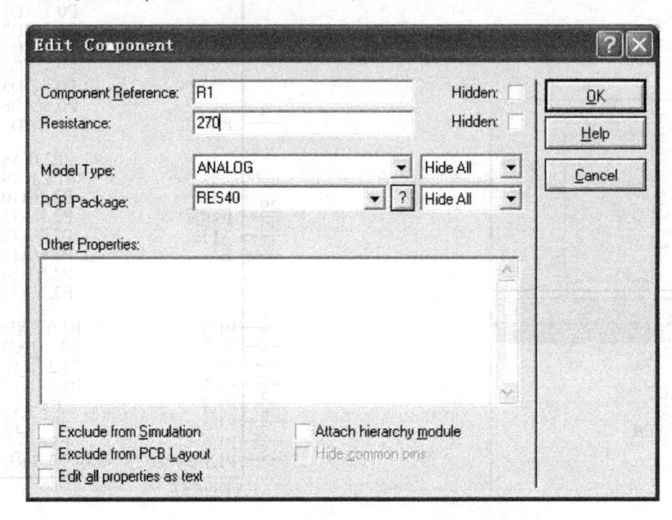

图 1-1-29　电阻的属性编辑对话框

4）放置电源及接地符号

如果需要放置电源或接地符号，可以单击工具栏中的接线端按钮，这时对象选择窗口中便出现一些接线端，放置方法与元件相同。

5）元器件之间的连线

下面将单片机的 18 脚连到晶振的上端。当鼠标指针靠近单片机 18 脚的连接点时，出现一个红色方框，表明找到了 18 脚的连接点，单击并移动鼠标，当鼠标指针靠近晶振上端的连接点时也出现一个红色方框，同时出现绿色连线，单击即可完成该连线的绘制。

Proteus 具有自动选择路径功能，当选中两个连接点后，系统将会自动选择一条合适的路径连线。

按照同样的方法完成所有连线，便得到如图 1-1-30 所示的仿真电路图。

3. 仿真运行

在进行模拟电路、数字电路仿真时，只需要单击仿真运行按钮。仿真单片机应用系统时，应将应用程序目标文件（HEX 文件）载入单片机。载入目标文件的方法是，双击打开 AT89C51 的属性编辑对话框，如图 1-1-31 所示。单击“Program File”输入框后面的按钮，出现文件选择对话框，选中并打开由 Keil 软件编译生成的 HEX 文件，然后单击“OK”按钮，将目标文件载入单片机芯片中，最后单击按钮就可以看到程序运行的结果。

需要说明的是，用户修改程序并编译后，不用再次载入目标文件，只需要单击停止按钮，再单击运行按钮即可。

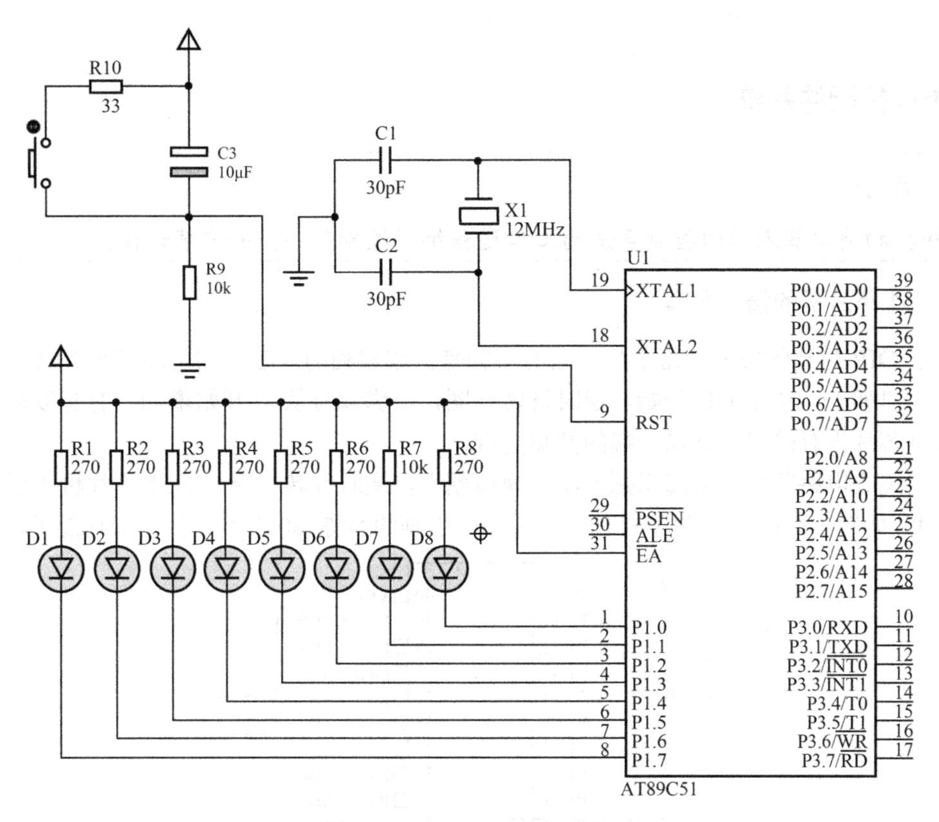

图 1-1-30　完成后的仿真电路图

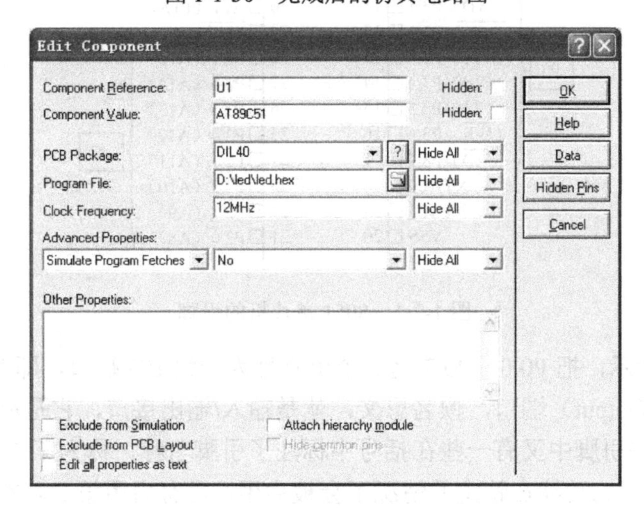

图 1-1-31　属性编辑对话框

练一练

1. 什么是单片机？日常生活中有哪些设备使用了单片机？并简单描述其所起的作用。
2. 使用 Proteus 软件建立流水灯仿真电路。
3. 使用 Keil C51 软件建立一个工程并进行相应的设置，建立一个源文件并进行编译。
4. 建立 Proteus 和 Keil C51 之间的通信，并进行相应设置，完成联合调试。

二、单片机硬件系统

活动：

根据扫地机器人转向控制系统的工作过程编写控制程序，并安装调试。

1．51 单片机的信号引脚

对于 DIP 封装的集成电路芯片，它的引脚是排成双列的。芯片的一端有个半圆形缺口，将这个缺口朝上，从左上角开始，逆时针转一圈，引脚编号从 1 开始增加。有些双列封装的集成电路芯片没有缺口，则以一端的圆点为准。

按照集成电路芯片的引脚识别方法，缺口朝上，逆时针转一圈，8051 单片机的引脚编号从 1 到 40，如图 1-2-1 所示。图中同时给出了各个引脚的名称。8051 单片机引脚功能见表 1-2-1。

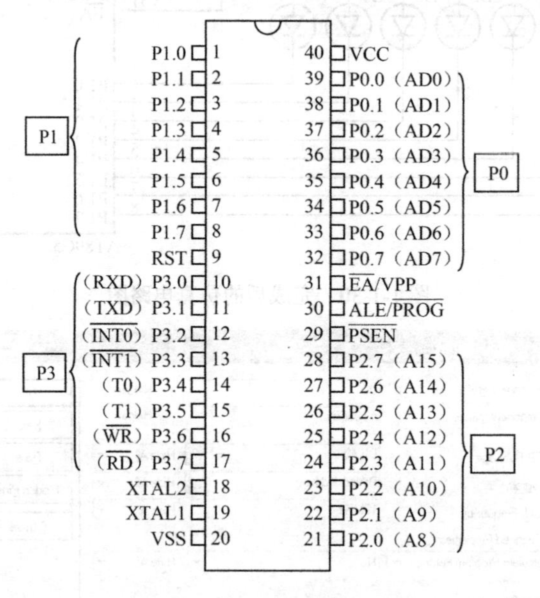

图 1-2-1　8051 单片机的引脚

按照图 1-2-1 所示，把 P0.0～P0.7 这 8 个引脚称为一组 I/O 端口，即 P0，同理有 P1、P2 和 P3。I/O（Input/Output）端口，顾名思义，就是输入/输出接口，它是单片机与外界进行信息交流的途径。这些引脚中又有一些在括号中标注了引脚名称，称为第二功能，P3 口引脚第二功能见表 1-2-2。第二功能在特定的情况下会被启用，没有启用第二功能时，它们就只起到 I/O 端口的作用。例如，P3.0 和 P3.1 又叫 RXD 和 TXD，它们有串口的作用，可以用来给单片机下载程序，也可以用来和计算机进行数据收发，即串口通信。

表 1-2-1　8051 单片机引脚功能

引 脚 名 称	引 脚 功 能
P0.0～P0.7	P0 口 8 位双向端口线
P1.0～P1.7	P1 口 8 位双向端口线
P2.0～P2.7	P2 口 8 位双向端口线

续表

引 脚 名 称	引 脚 功 能
P3.0～P3.7	P3 口 8 位双向端口线
ALE	地址锁存控制信号
PSEN	外部程序存储器读选通信号
EA	访问程序存储器控制信号
RST	复位信号
XTAL1 和 XTAL2	外接晶体引线端
VCC	+5V 电源
VSS	地线

表 1-2-2　P3 口引脚第二功能

P3 口引脚	第 二 功 能
P3.0	串行通信输入（RXD）
P3.1	串行通信输出（TXD）
P3.2	外部中断 0（$\overline{INT0}$）
P3.3	外部中断 1（$\overline{INT1}$）
P3.4	定时器 0 输入（T0）
P3.5	定时器 1 输入（T1）
P3.6	外部数据存储器写选通 $\overline{WR}$
P3.7	外部数据存储器读选通 $\overline{RD}$

2. 单片机最小系统电路

单片机的工作就是执行用户程序，指挥各部分硬件完成既定任务。除单片机之外，单片机能够工作的最小电路还包括复位电路和时钟电路，通常称为单片机最小系统电路。其中，时钟电路为单片机工作提供基本时钟，复位电路将单片机内部各电路的状态恢复到初始值。

图 1-2-2 所示的电路中包含了 51 单片机的典型最小系统电路。此电路为单片机控制声光报警器电路，包括单片机、复位电路、时钟电路、电源电路、蜂鸣器及两个发光二极管控制电路。

1）电源电路

51 单片机一般使用 5V 电源。图 1-2-2 中，VCC 连接电源正极，VSS 接到电源负极。每种芯片使用的电源电压通常可以从官方手册中查取。

小贴士

注意，不要给单片机接过高的电压或者将电源正负极接反，否则会烧坏单片机，甚至发生爆炸。如果单片机是插在芯片插座上的，由于 VCC 和 GND 刚好在对称的位置，一旦插反就会出现电源正负极接反的情况，因此一定要注意避免。

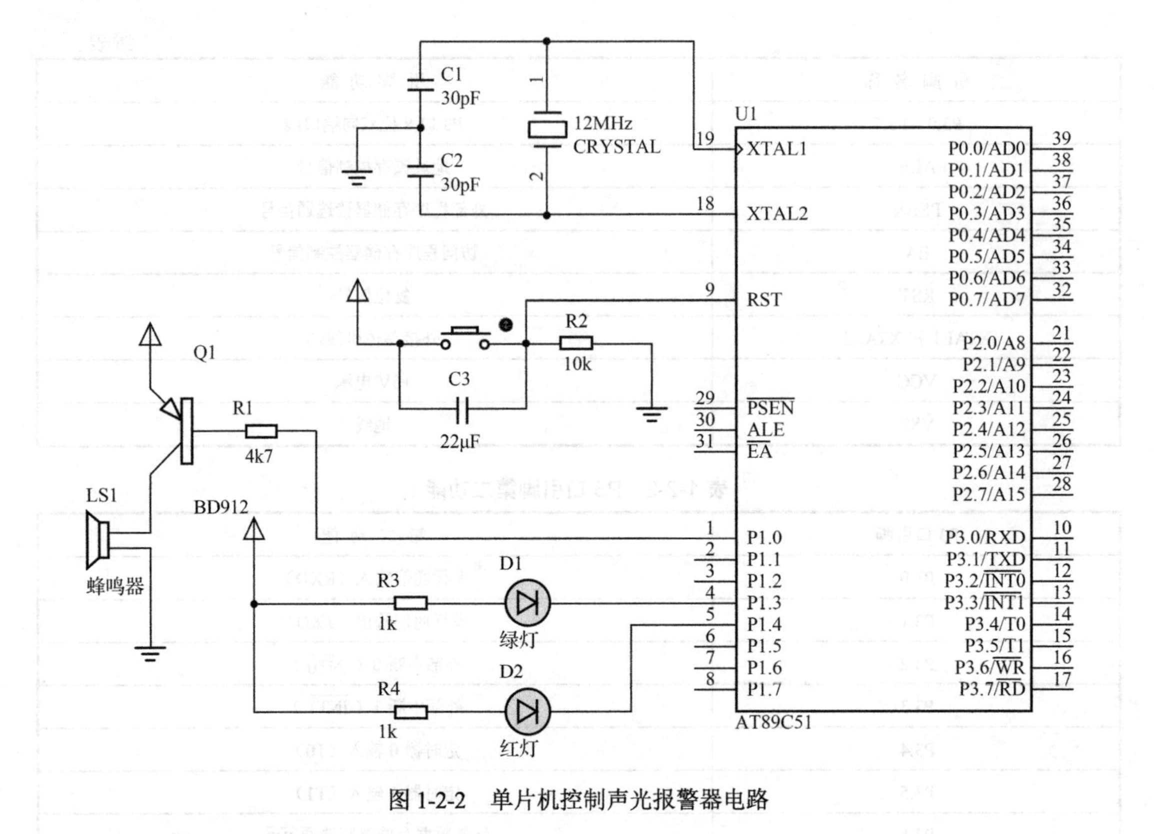

图 1-2-2　单片机控制声光报警器电路

2）时钟电路

连接在引脚 XTAL1、XTAL2 间的电路是时钟电路，如图 1-2-3 所示。时钟电路用于驱动单片机内部各部分电路正常工作。

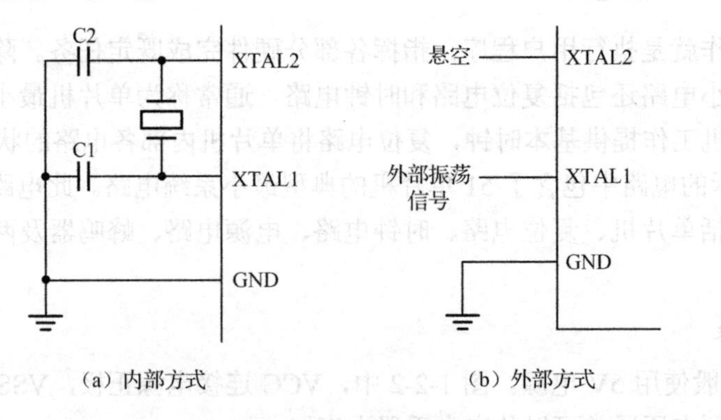

图 1-2-3　时钟电路

时钟电路由晶振和电容组成。晶振是一种由石英制造的电子元件，通电时，其表面会产生特定频率的振荡，通过电路可以输出一个频率很稳定的时钟信号，驱动单片机工作。图 1-2-2 中的晶振频率是 12MHz，正常工作时每秒振荡 12000000 次。时钟电路还用到 C1 和 C2 两个电容，这两个电容通常采用瓷片电容，容量一般取 30pF 即可。

如果自己设计时钟电路，晶振和单片机之间的连线不要过长，否则会导致电路不能正常工作。

时钟每产生一次振荡的时间，称为一个时钟周期（也称一个节拍）；对于本书所用的这款51单片机，每12个时钟周期（12分频），单片机执行一步操作，称为一个机器周期。如果是12MHz晶振，时钟周期就是1/12μs，机器周期刚好是1μs；如果是6MHz晶振，时钟周期就是2/12μs，机器周期刚好是2μs。

3）复位电路

图1-2-4中连接到RST引脚的那部分电路就是复位电路，由电阻和电容组成。复位电路的作用是在刚通电的时候给单片机发出一个信号，告诉单片机现在可以开始工作了。对于51单片机，必须给RST引脚加上连续两个机器周期以上的高电平。如时钟频率为6MHz，每个机器周期为2μs，则需要加上4μs以上的高电平。于是单片机就从初始状态开始，不厌其烦地执行特定的程序，直到断电，或者出现特殊情况导致程序终止。

复位电路的原理是通电时通过电阻给电容充电，让电容连接到RST引脚的电压从5V变为0V，也就是从高电平变为低电平。电阻和电容的取值，按照图1-2-4中给出的参考值即可。

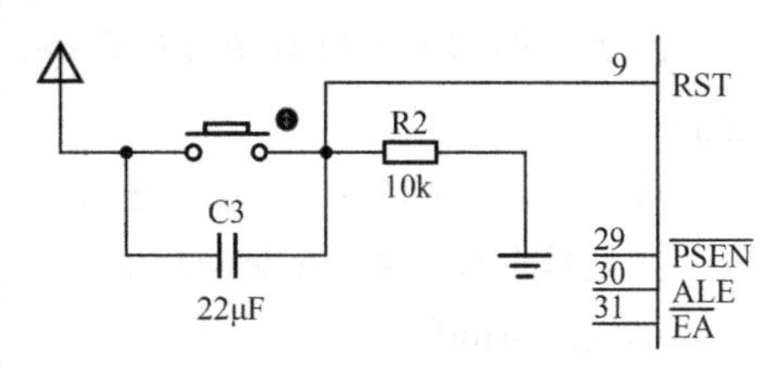

图1-2-4　常用复位电路

3. C51语言程序的基本结构

1）程序基本框架

例题：求两数的最大值和最小值。

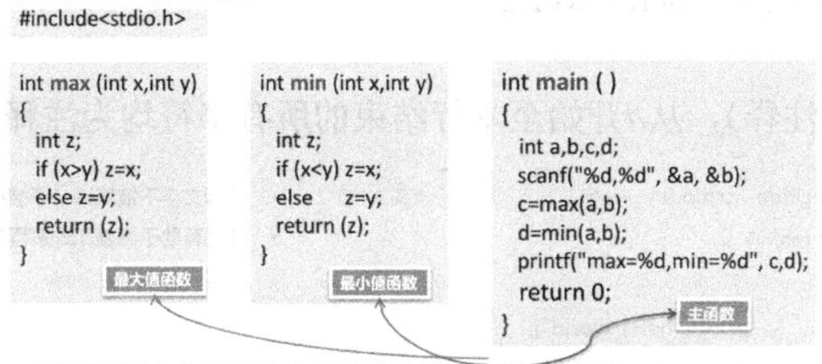

先将内部语句屏蔽，可以看到每个函数都有相同的框架结构。

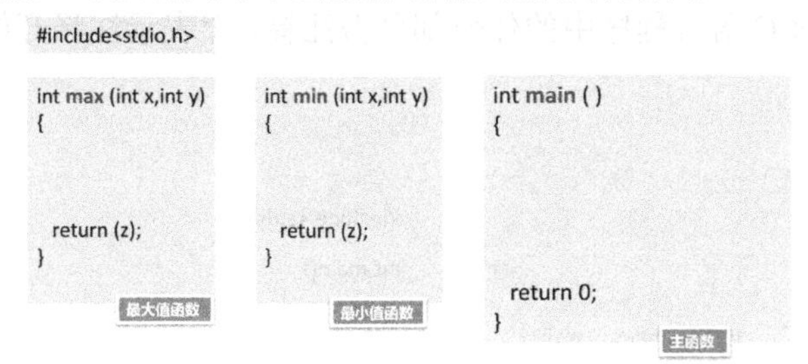

每个程序的必写框架如下。

```
int main()
{


    return 0;
}
```

- main是主函数，表示程序执行的起始位置
- return用于结束程序运行
- 0告诉操作系统，程序正常结束

2）*程序构成*

例题：用程序打印输出“hello, world”。

在程序的必写框架中添加 2 行，即完成程序。

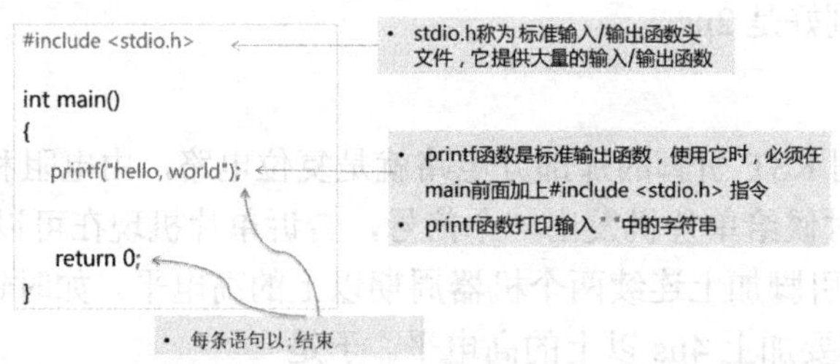

C 语言程序中可以有预处理命令，如＃include<stdio.h>。预处理命令必须放在源程序的最前面。

程序的基本构成：单词→语句→函数→程序。

预处理命令：#include <stdio.h>

单词：printf

语句：printf("hello, world");

　　　return 0;

函数：main()

3）*程序书写规范与格式*

例题：用程序打印输出“hello, world”。

（1）添加注释。

可用//做注释（行注释），从//开始至本行结束的所有字符均为注释内容。

```
#include <stdio.h>    //标准输入/输出函数头文件
int main()
{
        printf("hello, world");
        return 0;
}
```

- 注释文字不被编译，不被执行
- 注释有助于阅读和理解程序

也可以用/*… */对 C 语言程序中的任何部分做注释，/*表示注释开始，*/表示注释结束。

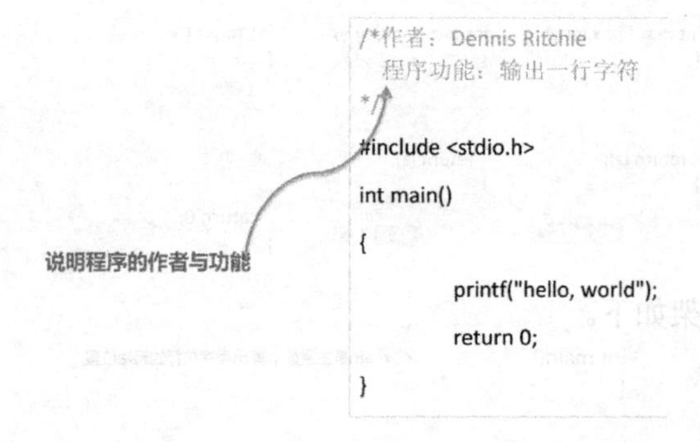

（2）书写格式。

C 语言程序使用分号作为语句的结束符。一条语句可以写在多行，也可以多条语句写在一行。

C 语言区分大小写。例如，变量 i 和变量 I 表示两个不同的变量。

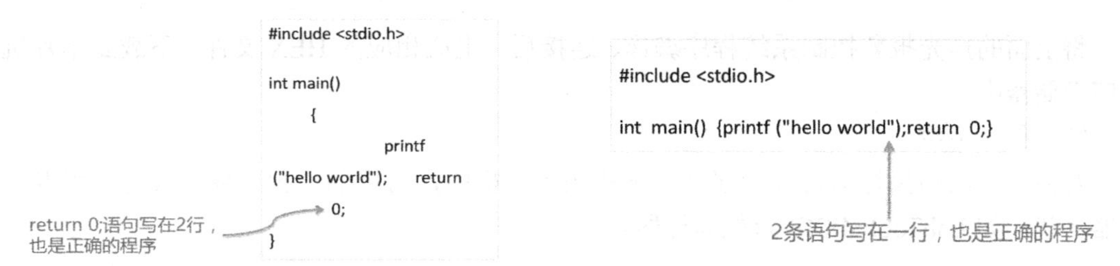

编写程序时建议一行写一条语句，语句前采用缩进，清晰显示嵌套关系。

```
#include <stdio.h>

int main()
{
    printf("hello world");

    return 0;
}
```

• 一行写一条语句

• 语句前采用缩进，清晰显示嵌套关系

4）单片机源程序设计与调试步骤

图 1-2-2 只是单片机应用系统的硬件仿真电路，想要观看声光报警效果，还需要将预先编写好的控制程序烧录到单片机芯片的内部存储器中。

下面以声光报警控制系统为例，介绍单片机源程序设计与调试步骤。

（1）源程序设计。

源程序，即使用汇编语言或 C 语言编写的程序代码。源程序设计完成后，经过编译、连接等操作，就变成 HEX 文件，该文件就是单片机能够直接执行的程序。

声光报警控制系统源程序如下：

```
//功能：声光报警控制系统程序
#include <reg51.h>                    //包含头文件 reg51.h，定义了 51 单片机的专用寄存器
sbit beep=P1^0;                       //蜂鸣器控制端，采用无源蜂鸣器
sbit led_green=P1^3;                  //绿色发光二极管控制端
sbit led_red=P1^4;                    //红色发光二极管控制端
void   delay(unsigned int x)          //延时函数
{
     unsigned int y;
  for(y=0;y<x;y++);                   //循环空语句，实现延时效果
}
void    main()                        //主函数
{
    while(1)                          //while 循环语句，由于条件一直为真，该语句为无限循环
    {
        beep=0;                       //蜂鸣器发声
        led_green=1;                  //绿色发光二极管灭
        led_red=0;                    /红色发光二极管亮
        delay(1000);                  //调用延时函数，实际参数为 1000
        beep=1;                       //蜂鸣器不发声
        led_green=0;                  //绿色发光二极管亮
        led_red=1;                    /红色发光二极管灭
        delay(1000);                  //调用延时函数，实际参数为 1000
    }
}
```

将上面的声光报警控制系统程序编译、连接后，生成相应的 HEX 文件，下载到单片机的程序存储器中。

（2）程序下载。

有多种方法将执行的目标程序文件下载到单片机中，常用的一种下载方式是利用专用编程器下载，如 LabTool-48XP 万能编程器。

拓 展

专用编程器通常比较昂贵，一般在单片机实验室中才会采用这种设备下载程序。没有专用编程器时，可采用具有 ISP 功能的单片机芯片，如宏晶单片机、AT89S51 等。其中，宏晶单片机具有 ISP 和串口两种下载功能，使用非常方便。

（3）功能调试。

最后，测试声光报警控制系统是否满足控制要求，如不满足，则应修改程序和电路并反复调试，直至达到控制要求。

总结上述单片机应用系统的开发过程为：设计电路图→制作电路板→源程序设计→软硬件联调（或仿真联调）→可执行程序下载→产品功能调试。

4．C51 语言数据类型

Keil C51 是一种专门为 8051 单片机设计的 C 语言编译器，支持用符合 ANSI 标准的 C 语言进行程序开发设计，同时结合 8051 单片机的特点做了一些相应的特殊扩展。8051 单片机应用程序开发设计的基础包括：数据类型、运算符和表达式。

计算机操作的对象是数据，任何程序开发设计都需要对数据进行操作处理。数据是指具有一定格式的数字或数值，根据不同的格式将数据分为不同的类型。在 C 语言中，可以将数据划分为基本类型、构造类型、指针型、空类型、定义类型，如图 1-2-5 所示。

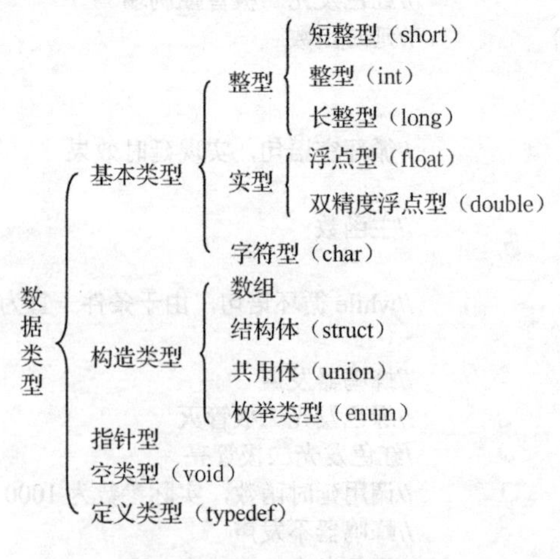

图 1-2-5　C 语言数据类型

进行 Keil C51 语言程序设计时，能够使用的数据类型与编译器有关。在 Keil C51 编译器中，整型数据中的短整型（short）和整型（int）相同，实型数据中的浮点型（float）和双精度浮点型（double）相同。表 1-2-3 列出了 Keil C51 编译器所支持的数据类型。

表 1-2-3　Keil C51 编译器所支持的数据类型

类　型	符　号	关 键 字	名　称	所 占 长 度	数 值 范 围
整型	有	(signed)int	有符号整型	2B	-32768～32767
		(signed)short	有符号短整型	2B	-32768～32767
		(signed)long	有符号长整型	4B	-2147483648～2147483647
	无	(unsigned)int	无符号整型	2B	0～65535
		(unsigned)short	无符号短整型	2B	0～65535
		(unsigned)long	无符号长整型	4B	0～4294967295
字符型	有	(signed)char	有符号字符型	1B	-128～127
	无	(unsigned)char	无符号字符型	1B	0～255
实型	有	float	浮点型	4B	3.4e-38～3.4e38
	有	double	双精度浮点型	8B	1.7e-308～1.7e308
指针型	—	*	指针型	1～3B	对象的地址
位类型	—	bit	位类型	1b	0 或 1
寄存器	—	sfr	专用寄存器	1B	0～255
	—	sfr16	16 位专用寄存器	2B	0～65535
位寻址	—	sbit	可寻址位	1b	0 或 1

1）字符型（char）

char 类型的数据长度是 1B，一般用于定义处理字符型数据的常量或变量，可划分为无符号字符型（unsigned char）和有符号字符型（signed char），默认为 signed char 类型。

在单片机的 C 语言程序设计中，unsigned char 类型为单字节数据，常用于处理 ASCII 字符或用于处理 0～255 的整型数值，使用范围极其广泛。signed char 类型表示的数值范围是-128～127，字节中最高位为数据的符号位，“0”表示正数，“1”表示负数，负数用补码表示。

2）整型（int）

int 类型的数据长度是 2B，可用来存放一个双字节数据，分为无符号整型（unsigned int）和有符号整型（signed int），默认为 signed int 类型。

unsigned int 表示的数值范围是 0～65535。signed int 表示的数值范围是-32768～32767，字节中最高位表示数据的符号，“0”表示正数，“1”表示负数，负数用补码表示。

3）位类型（bit）

位类型是 C51 的一种扩展数据类型，利用它可定义一个位类型变量，但不能定义位指针，也不能定义位数组。它的值占一个二进制位，只有 0 或 1，类似于某些高级语言中的布尔类型数据——True 与 False。

4）可寻址位（sbit）

sbit 类型也是 C51 的一种扩展数据类型，利用它可以访问单片机内部 RAM 中的可寻址位或专用寄存器中的可寻址位。51 单片机中有 11 个专用寄存器具有位寻址功能，它们的字节地址都能被 8 整除，即以十六进制表示的字节地址以 8 或 0 为尾数。

例如，在前面的示例程序中我们定义了如下语句：

```
sbit  LED=P0^1;      //LED 表示 P0 中的 P0.1 引脚
sbit  LED=0x81;      //也可通过 P0.1 的位地址来定义
```

这样，在后面的程序中就可以用 LED 来对 P0.1 引脚进行读写操作了。

sbit 定义的格式如下：

```
sbit 位名称=位地址;
```

例如，可以定义如下语句：

```
sbit  CY=0xd7;
sbit  AC=0xd6;
```

也可以写成：

```
sbit  CY=0xd0^7;
sbit  AC=0xd0^6;
```

如果在前面已定义了专用寄存器 PSW，那么上面的语句也可以写成：

```
sbit  CY=PSW^7;
sbit  AC=PSW^6;
```

小贴士

在程序中使用变量时，要注意变量的值不能超出其数据类型的值域。例如，将延时函数 delay()中的形式参数 x 和变量 y 由 unsigned int 修改为 unsigned char。修改后，在主函数中调用 delay()函数时，实际参数的取值范围为 0～255。如果调用时实际参数为 2000，则超出了无符号字符型数据的范围，编译器不会给出语法错误信息，但是程序运行时，实际值不是 2000，而是 208（2000−256×7，256 是 8 位二进制数据的模），达不到预期的延时效果。

拓　展

1. 长整型（long）

long 类型的数据长度是 4B，用于存放一个 4 字节整型数据，分为无符号长整型（unsigned long）和有符号长整型（signed long）两种，默认为 signed long 类型。unsigned long 表示的整数数值范围是 0～4294967295。signed long 类型数据中字节的最高位为符号位，“0”表示正数，“1”表示负数，负数用补码表示，它表示的整数数值范围是−2147483648～2147483647。

2. 浮点型（float）

Float 类型的数据长度是 4B。许多复杂的数学表达式都采用这种数据类型。它用符号位表示数的符号，用阶码与尾数表示数的大小。采用浮点型数据进行数学运算需要使用由编译器决定的各种不同效率等级的标准函数。

3. 指针型

指针型本身就是一个变量，在这个变量中存放的内容是指向另一个数据的地址。指针变量占据一定的内存单元，对不同的处理器，其长度也不同。在 C51 中它的长度一般为 1B。

4. 专用寄存器（sfr）

51单片机内部定义了21个专用寄存器，它们不连续地分布在片内RAM的高128字节中，地址为0x80～0xFF。

sfr也是C51的一种扩展数据类型，占1B，值域为0～255。利用它可以访问单片机内部的所有8位专用寄存器。例如：

```
sfr P0=0x80;        //定义P0为P0端口在片内的寄存器，P0端口地址为0x80
sfr P1=0x90;        //定义P1为P1端口在片内的寄存器，P1端口地址为0x90
```

用sfr定义专用寄存器地址的格式如下：

```
sfr 专用寄存器名=专用寄存器地址;
```

例如：

```
sfr PSW=0xd0;
```

5. 16位专用寄存器（sfr16）

在新一代的51单片机中，专用寄存器经常组合成16位来使用。采用sfr16可以定义这种16位专用寄存器。sfr16也是C51的一种扩展数据类型，占2B，值域为0～65535。

sfr16和sfr一样用于定义专用寄存器，所不同的是它用于定义占2字节的寄存器。如8052定时器T2，使用0xcc和0xcd作为低字节地址和高字节地址，可以用如下方式定义：

```
sfr16 T2=0xcc;
```

采用sfrl6定义16位专用寄存器时，2字节地址必须是连续的，并且低字节地址在前，定义时等号后面是它的低字节地址。使用时，把低字节地址作为整个sfrl6地址。这里要注意的是，sfr16不能用于定时器T0和T1的定义。

5. 常量与变量

单片机程序中处理的数据有常量和变量两种形式，二者的区别在于：常量的值在程序执行期间是不能发生变化的，而变量的值在程序执行期间可以发生变化。

1）常量

常量是指在程序执行期间其值固定、不能被改变的量。常量的数据类型有整型、浮点型、字符型、字符串型和位类型。

（1）整型常量可以表示为十进制数、十六进制数或八进制数等，例如：十进制数12、-60等；十六进制数以0x开头，如0x14、-0x1B等；八进制数以字母o开头，如o14、o17等。若要表示长整型，就在数字后面加字母L，如104L、034L、0xF340L等。

（2）浮点型常量可分为十进制表示形式和指数表示形式两种，如0.888、3345.345、125e3、−3.0e−3。

（3）字符型常量是用英文单引号括起来的单一字符，如'a'、'9'等。

小贴士

单引号是字符常量的定界符，不是字符常量的一部分，且单引号中的字符不能是单引号本身或者反斜杠，即'''和'\'都是不允许的。要表示单引号或反斜杠字符，可以在该字符前面加一个反斜杠，组成专用转义字符，如'\''表示单引号字符，'\\'表示反斜杠字符。

（4）字符串型常量是用英文双引号括起来的一串字符，如"test"、"OK"等。

字符串是由多个字符连接起来组成的。在C语言中存储字符串时，系统会自动在字符串尾部加上'\0'转义字符作为该字符串的结束符。因此，字符串常量"A"其实包含两个字符：字符'A'和字符'\0'，在存储时多占用1字节，这与字符常量'A'不同。

2）变量

变量的存储器类型可以和变量的数据类型一起使用，例如：

```
int data i;       //整型变量i定义在内部数据存储器中
int xdata j;      //整型变量j定义在外部数据存储器（64KB）中
```

在定义变量时经常省略存储器类型的定义，采用默认的存储器类型，而默认的存储器类型与存储器模式有关。C51编译器支持的存储器模式见表1-2-4。

表1-2-4　C51编译器支持的存储器模式

存储器模式	描　述
small	将参数及局部变量放入可直接寻址的内部数据存储器中（最大128B，默认存储器类型为data）
compact	将参数及局部变量放入外部数据存储器的前256B中（最大256B，默认存储器类型为pdata）
large	将参数及局部变量放入外部数据存储器中（最大64KB，默认存储器类型为xdata）

拓　展

访问片内数据存储器（data、bdata和idata）比访问片外数据存储器（pdata和xdata）要快一些，因此，可以将经常使用的变量放到片内数据存储器中，而将规模较大或不经常使用的数据放到片外数据存储器中。对于在程序执行过程中无须改变的显示数据信息，一般使用code关键字定义，与程序代码一起固化在程序存储区。

6．运算符和表达式

C语言提供了丰富的运算符，它们能构成多种表达式，处理不同的问题，从而使C语言的运算功能十分强大。C语言的运算符如图1-2-6所示。

运算符：
- 算术运算符
- 关系运算符
- 逻辑运算符
- 位运算符
- 赋值运算符
- 条件运算符
- 逗号运算符
- 指针运算符
- 求字节数
- 强制类型转换
- 分量运算符
- 下标运算符
- 其他

图1-2-6　C语言的运算符

表达式是由运算符及运算对象组成的、具有特定含义的式子。C语言是一种表达式语言，表达式后面加上分号就构成了表达式语句。这里主要介绍在C51编程中经常用到的算术运算符、赋值运算符、关系运算符及其表达式。

1）算术运算符与算术表达式

C51中的算术运算符见表1-2-5。

表 1-2-5　算术运算符

算术运算符	名　称	功　能
+	加	求两数之和，如 5+4=9
-	减	求两数之差，如 17-8=9
*	乘	求两数之积，如 4*6=24
/	除	求两数之商，如 48/6=8
%	求余	求两数相除的余数，如 23/6=5
++	自增	变量值自动加 1
--	自减	变量值自动减 1

小贴士

① 注意用除法运算符进行浮点型数据除法运算时，其运算结果也为浮点数，如 40.0/8 的结果为 5.0；而两个整数相除时，所得值是整数，如 13/4 的结果为 3。

② 对于求余运算符，要求参与求余运算的数据都是整型数据，其运算结果等于两数相除后的余数，也为整型数据。

③ C 语言中提供了自增运算符和自减运算符，作用是使变量值自动加 1 或减 1。自增运算符和自减运算符只能用于变量而不能用于常量表达式。运算符放在变量前和变量后，其结果是不同的。

后置运算：a++（或 a--）是使用 a 的值执行 a+1（或 a-1）。

前置运算：++a（或--a）是先执行 a+1（或 a-1），再使用 a 的值。

在理解和使用自增运算符和自减运算符时比较容易出错，应仔细地分析，例如：

```
int a=1000, b;
b=++a;     //a=1001,b=1001
b=a++;     //a=1001,b=1002
```

编程时常将自增运算符用于循环语句中，使循环变量自动加 1；也常用于指针变量，使指针自动加 1 指向下一个地址。

2）赋值运算符与赋值表达式

赋值运算符“=”的作用就是给定义好的变量赋一个值。赋值表达式就是将一个变量与一个表达式通过赋值运算符连接起来的式子。在赋值表达式后面加分号便构成了赋值语句。例如：

```
a=0xef;     //将十六进制数 0xef 赋予变量 a
a=b=55;     //将 55 同时赋予变量 a 和 b
h=k;        //将变量 k 的值赋予变量 h
a=b-c;      //将表达式 b-c 的值赋予变量 a
```

由此可见，赋值表达式的功能是先计算表达式的值，再赋予左边的变量。赋值运算符具有右结合性，因此下面的语句：

```
x=y=k=8;
```

可理解为

```
x=(y=(k=8));
```

如果赋值运算符两边的数据类型不同，系统将自动进行类型转换，即把赋值运算符右边的类型转换成左边的类型。具体规定如下：

（1）实型赋给整型，舍去小数部分。

（2）整型赋给实型，数值不变，但会以浮点形式存放，即增加小数部分（小数部分的数值为0）。

（3）字符型赋给整型，由于字符型占1B，而整型占2B，故将字符的ASCII码值放到整型量的低8位中，高8位为0。

（4）整型赋给字符型，只把低8位赋给字符型变量。

在C语言程序设计中，经常使用复合赋值运算符对变量进行赋值。复合赋值运算符就是在赋值运算符“=”之前加上其他运算符。表1-2-6给出了C语言中的复合赋值运算符。

复合赋值表达式的一般形式如下：

```
变量 复合赋值运算符 表达式
```

它相当于：

```
变量=变量 运算符  表达式
```

例如：

```
b+=7;       //等效于 b=b+7
k*=x+5;     //等效于 k=k*(x+5)
x%=y;       //等效于 x=x%y
```

在程序中使用复合赋值运算符，可以简化程序，有利于编译处理，能提高编译效率并产生质量较高的目标代码。

3）关系运算符与关系表达式

在选择程序结构中，经常需要比较两个变量的大小关系，以决定程序下一步的操作。比较两个数据量的运算符称为关系运算符。

C语言提供了6种关系运算符，见表1-2-7。

表1-2-6 复合赋值运算符

符号	功能	符号	功能
+=	加法赋值	>>=	右移位赋值
−=	减法赋值	&=	逻辑与赋值
*=	乘法赋值	|=	逻辑或赋值
/=	除法赋值	^=	逻辑异或赋值
%=	求余赋值	~=	逻辑非赋值
<<=	左移位赋值		

表1-2-7 关系运算符

符号	功能
>	大于
<	小于
>=	大于或等于
<=	小于或等于
==	等于
!=	不等于

在关系运算符中，==和!=优先级相同，>、<、>=、<=优先级相同，后者优先级低于前者。例如：“x==y<a;”应理解为“x==(y<a);”。

关系运算符优先级高于赋值运算符，低于算术运算符。

例如：“x+y<a−b;”应理解为“(x+y)<(a−b);”。

关系表达式是用关系运算符连接两个表达式所构成的。它的一般形式如下：

```
表达式 1  关系运算符  表达式 2
```

关系表达式的值只有 0 和 1 两种，即逻辑的“真”与“假”。当满足指定的条件时，结果为 1，不满足时结果为 0。例如，表达式“0<3”的值为“真”，即 1；而表达式“(x=5)<(a=2)”由于 5<2 不成立，故其值为“假”，即 0。

```
x+y>m;          //若 x=6，y=1，m=7，则表达式的值为 0（假）
a>7/3;          //若 a=4，则表达式的值为 1（真）
b==7;           //若 b=1，则表达式的值为 0（假）
```

练一练

图 1-2-7 为单片机控制扫地机器人转向灯硬件电路，请依据图 1-2-7 完成下面的实验。

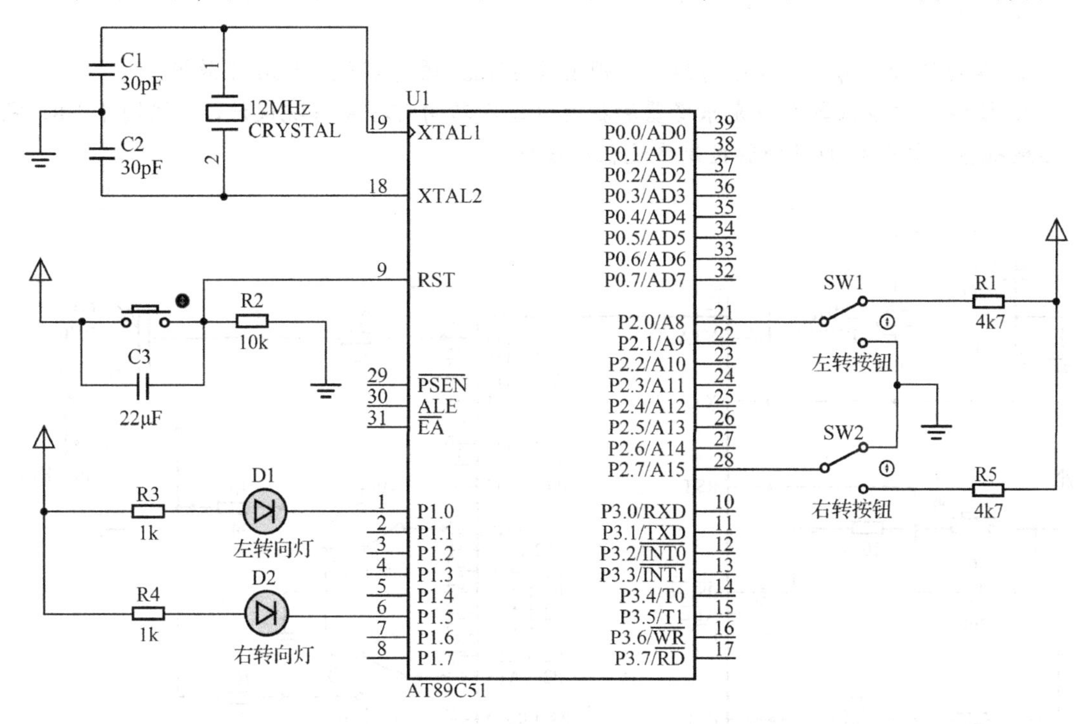

图 1-2-7　单片机控制扫地机器人转向灯硬件电路

1. 将下面的程序烧录到单片机中，观察其运行效果。

```
//功能：模拟扫地机器人转向灯控制程序
#include <reg51.h>              //包含头文件 reg51.h，定义了 51 单片机的专用寄存器
sbit LED_left=P1^0;             //定义 P1.0 引脚位名称为 LED_left
sbit LED_right=P1^5;            //定义 P1.5 引脚位名称为 LED_right
sbit SW_left=P2^0;              //定义 P2.0 引脚位名称为 SW_left
sbit SW_right=P2^7;             //定义 P2.7 引脚位名称为 SW_right
void      delay(unsigned int x) //延时函数
```

```
{
        unsigned int y;
          for(y=0;y<x;y++){;}                 //循环空语句，实现延时效果，{;}可以省略
}
void        main()                            //主函数
{
        bit left,right;                       //定义位变量 left、right 表示左、右状态
        while(1)                              //while 循环语句，由于条件一直为真，该语句为无限循环
        {
            left=SW_left;                     //读取 P2.0 引脚（左转按钮）的状态并赋值给 left
            right=SW_right;                   //读取 P2.7 引脚（右转按钮）的状态并赋值给 right
            LED_left=left;                    //将 left 的值送至 P1.0（左转向灯）引脚
            LED_right=right;                  //将 right 的值送至 P1.5（右转向灯）引脚
            delay(10000);                     //调用延时子函数，调用实际参数为 10000
            LED_left=1;                       //将 P1.0 引脚置 1 输出（熄灭左转向灯）
            LED_right=1;                      //将 P1.5 引脚置 1 输出（熄灭右转向灯）
            delay(10000);                     //调用延时子函数，调用实际参数为 10000
        }
}
```

2. 学习选择语句——if 语句后，请用 if 或 if-else 语句实现上述程序效果。

3. 请综合扫地机器人声光报警器和扫地机器人转向灯控制系统设计，依据图 1-2-8，完成扫地机器人转向灯加报警器控制系统程序设计。

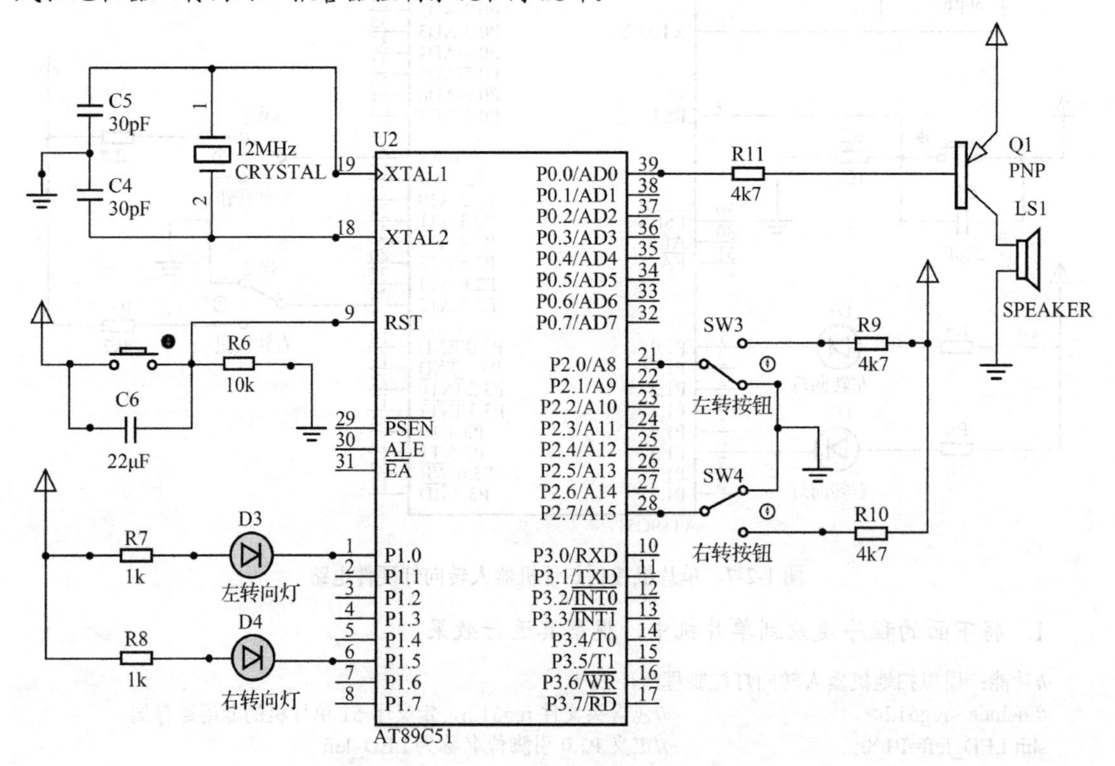

图 1-2-8　扫地机器人转向灯加报警器控制电路

三、单片机并行 I/O 端口

活动：

根据扫地机器人工作模式控制系统的工作过程编写控制程序，并安装调试。

1. 单片机并行 I/O 端口简介

1）并行 I/O 端口的结构

51 系列单片机共有 4 组 8 位并行 I/O 端口，即 P0、P1、P2 和 P3。每组 I/O 端口可以根据需要按位操作使用其中单个或部分引脚，也可以通过字节操作同时使用 8 个引脚。作为一般的 I/O 端口，单片机 4 组 I/O 端口虽各具特点，但在结构和特性上基本相同。其逻辑电路如图 1-3-1 所示。

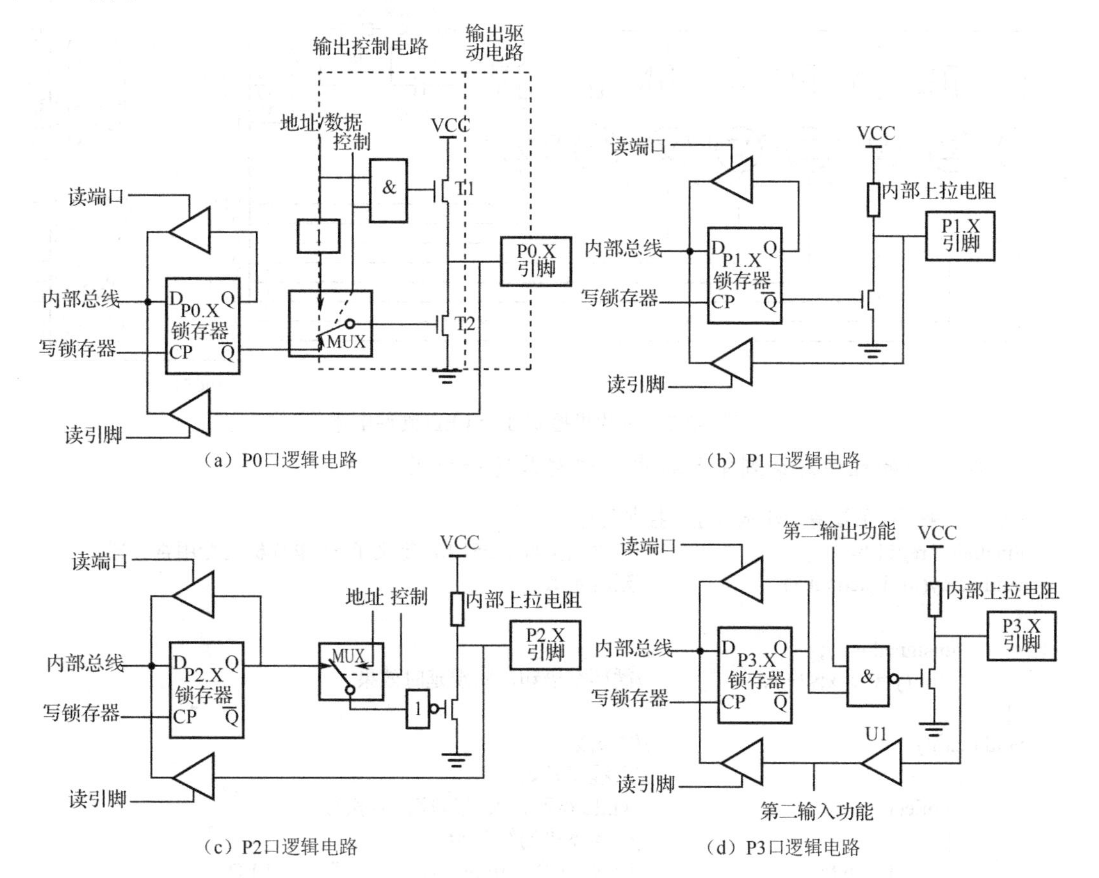

图 1-3-1　I/O 端口逻辑电路

2）并行 I/O 端口的使用方法

当 I/O 端口作为输入端口使用时，应区分读引脚和读端口两种情况。所谓读引脚，就是读芯片引脚的状态，这时使用下方的数据缓冲器，由“读引脚”信号把缓冲器打开，把端口引脚上的数据从缓冲器通过内部总线读进来。读端口是指通过上方的缓冲器读锁存器 Q 端的状态。读端口是为了满足对 I/O 端口进行“读—修改—写”操作的需要。

作为输出端口使用时，P0 口输出电路属于漏极开路电路，要有高电平输出，必须外接一个上拉电阻（可选 4.7kΩ 或 10kΩ）。而 P1、P2 和 P3 口则不需要外接上拉电阻。

练一练

图 1-3-2 为单片机控制 8 个 LED 硬件电路，请根据该电路图完成下面的实验。

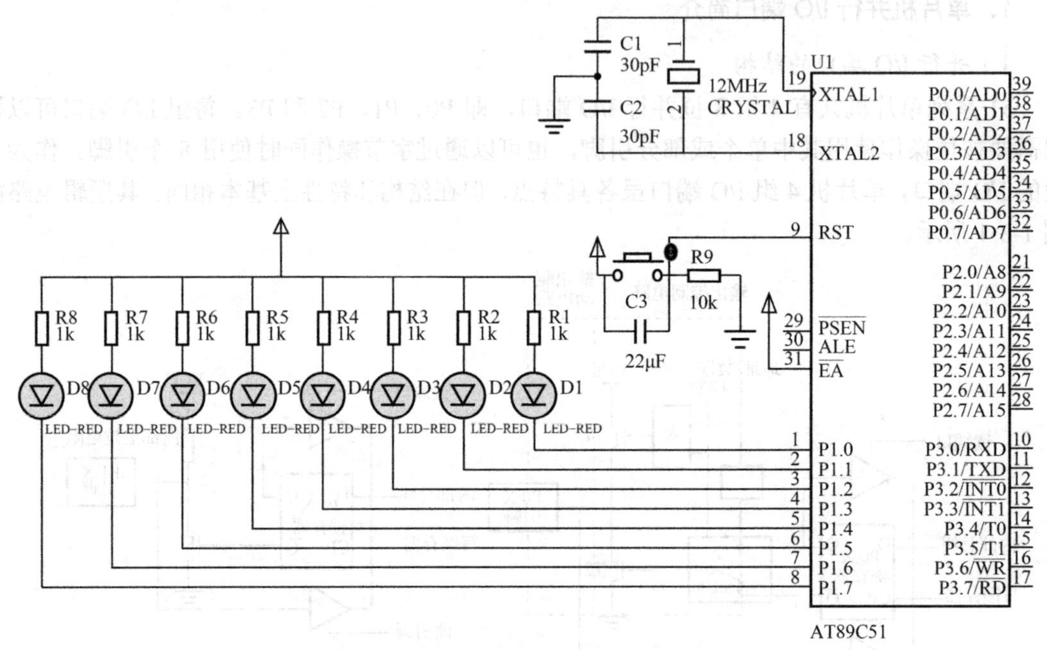

图 1-3-2　单片机控制 8 个 LED 硬件电路

1. 将下面的程序烧录到单片机中，观察其运行效果。

```
//功能：采用赋值运算的流水灯左移控制程序
#include <reg51.h>                //包含头文件 reg51.h，定义了 51 单片机的专用寄存器
void delay(unsigned int x)        //延时函数
{
      unsigned int y;
       for (y=0;y<x;y++) ;        //循环空语句，实现延时效果
 }
void main()                       //主函数
{                                 //主程序开始
      while(1)                    //while 循环，实现程序反复执行
      {                           //循环体语句组开始
            P1 = 0xfe;            //P1 端口输出 0xfe，点亮右端第一个 LED
            delay(10000);         //延时
            P1 = 0xfd;            //P1 端口输出 0xfd，点亮右端第二个 LED
            delay(10000);         //延时
            P1 = 0xfb;            //P1 端口输出 0xfb，点亮右端第三个 LED
            delay(10000);         //延时
            P1 = 0xf7;            //P1 端口输出 0xf7，点亮右端第四个 LED
            delay(10000);         //延时
            P1 = 0xef;            //P1 端口输出 0xef，点亮右端第五个 LED
```

```
        delay(10000);               //延时
        P1 = 0xdf;                  //P1 端口输出 0xdf，点亮右端第六个 LED
        delay(10000);               //延时
        P1 = 0xbf;                  //P1 端口输出 0xbf，点亮右端第七个 LED
        delay(10000);               //延时
        P1 = 0x7f;                  //P1 端口输出 0x7f，点亮右端第八个 LED
        delay(10000);               //延时
    }                               //循环体语句组结束
}                                   //结束控制程序
```

2. 将下面的程序烧录到单片机中，观察其运行效果。

```
//功能：流水灯（左移）控制程序
#include <reg51.h>  //包含头文件 reg51.h，定义了 51 单片机的专用寄存器
void    delay(unsigned int x)        //延时函数
{
    unsigned int   y;
    for(y=0;y<x;y++);
}
void    main()                       //主函数
{
    unsigned   char a;               //定义无符号字符型变量 a，存放循环次数
    while(1)                         //while 循环语句，由于条件一直为真，该语句为无限循环
    {
        P1=0xfe;                     //给 P1 赋初始值，点亮 P1.0 引脚控制的 LED
        for(a=0;a<8;a++)             //8 个状态，循环 8 次
        {
            delay(10000);            //调用延时函数，实际参数为 10000
            P1=P1<<1|0x01;           //将 P1 的二进制数值左移一位，并在低位补一个 1
        }
    }
}
```

3. 将下面的程序烧录到单片机中，观察其运行效果。

```
//功能：流水灯（左移）控制程序
#include <reg51.h>                   //包含头文件 reg51.h，定义了 51 单片机的专用寄存器
#define   uint   unsigned int;       //宏定义，用 uint 表示 unsigned int 类型
#define   uchar unsigned char;       //宏定义，用 uchar 表示 unsigned char 类型
void    delay(uint x)                //延时函数
{
    uint   y;
    for(y=0;y<x;y++);
}
void    main()                       //主函数
{
    uchar   a, k;    //定义无符号字符型变量 a，存放循环次数，用 k 作为中间变量，记录 LED 的状态
    while(1)                         //while 循环语句，由于条件一直为真，该语句为无限循环
    {
        k=0x01;                      //给变量 k 赋初始值，即 00000001
        for(a=0;a<8;a++)             //8 个状态，循环 8 次
        {
            P1=~k;                   //将 k 的值取反后赋给 P1 端口输出，~为按位取反运算符
```

```
            delay(10000);                  //调用延时函数，实际参数为10000
            k<<=1;                         //将k按二进制数左移1位
        }
    }
}
```

4．修改1、2中的程序，改变流水灯移动的速度。

5．参照1、2中的程序，设计流水灯右移的控制程序。

2．运算符与表达式

1）逻辑运算符与逻辑表达式

C语言中提供了三种逻辑运算符，见表1-3-1。

逻辑表达式的一般形式有以下三种。

```
逻辑非：!条件表达式
逻辑与：条件表达式1&&条件表达式2
逻辑或：条件表达式1||条件表达式2
```

“&&”和“||”是双目运算符，要求有两个运算对象，结合方向是从左至右。“!”是单目运算符，只需要一个运算对象，结合方向是从右至左。

逻辑表达式的运算规则如下。

逻辑非：!x，当运算量x的值为“假”时，运算结果为“真”；当运算量x的值为“真”时，运算结果为“假”。

逻辑与：x&&y，当且仅当两个运算量x、y的值都为“真”时，运算结果为“真”，否则为“假”。

逻辑或：x||y，当且仅当两个运算量x、y的值都为“假”时，运算结果为“假”，否则为“真”。

表1-3-2给出了执行逻辑运算的结果。

表1-3-1　逻辑运算符

符号	功能
!	逻辑非（NOT）
&&	逻辑与（AND）
||	逻辑或（OR）

表1-3-2　执行逻辑运算的结果

表达式1	表达式2	逻辑运算			
x	y	x&&y	x||y	!x	!y
假	假	假	假	真	真
假	真	假	真	真	假
真	假	假	真	假	真
真	真	真	真	假	假

例如：设a=5，则(a>2)&&(a<7)的值为“真”，而(a<2)&&(a>7)的值为“假”，!a的值为“假”。

逻辑运算符中“||”的优先级最低，其次为“&&”，最高为“!”。和其他运算符相比，优先级从高到低的排列顺序如下：

!→算术运算符→关系运算符→&&→||→赋值运算符

例如：x<y||m>n相当于(x<y)||(m>n)，x>y&&m==n相当于(x>y)&&(m==n)，!x||m<n相当于(!x)||(m<n)。

2）C51位运算符与位运算表达式

在51单片机应用系统设计中，对I/O端口的操作是非常频繁的，往往要求程序在位（bit）一级进行运算或处理，因此要求编程语言具有强大的位处理能力。C51语言直接面对51单片

机硬件，提供了灵活的位运算功能，使 C 语言也能像汇编语言一样对硬件直接进行操作。

C51 提供了 6 种位运算符，见表 1-3-3。

位运算符的作用是按二进制位对变量进行运算，表 1-3-4 是位运算符的真值表。

表 1-3-3　位运算符

符号	功能
~	按位取反
&	按位与
|	按位或
^	按位异或
<<	左移
>>	右移

表 1-3-4　位运算符的真值表

位变量 1	位变量 2	位运算				
x	y	~x	~y	x&y	x|y	x^y
0	0	1	1	0	0	0
0	1	1	0	0	1	1
1	0	0	1	0	1	1
1	1	0	0	1	1	0

（1）按位与。

按位与运算符：&

格式：x&y

规则：对应位均为 1 时才为 1，否则为 0。

例如：

```
i=i&0x0f;
```

等同于

```
i&=0x0f;
```

主要用途：取（或保留）一个数的某（些）位，其余各位置 0。

（2）按位或。

按位或运算符：|

格式：x|y

规则：对应位均为 0 时才为 0，否则为 1。

例如：

```
i=i|0x0f;
```

等同于

```
i|=0x0f;
```

主要用途：将一个数的某（些）位置 1，其余各位不变。

（3）按位异或

按位异或运算符：^

格式：x^y

规则：对应位相同时为 0，不同时为 1。

例如：

```
i=i^0x0f;
```

等同于

```
i^=0x0f;
```

主要用途：使一个数的某（些）位翻转（即原来为 1 的位变为 0，为 0 的位变为 1），其余各位不变。

（4）按位取反。

按位取反运算符：~

格式：~x

规则：各位翻转，即原来为 1 的位变成 0，原来为 0 的位变成 1。

例如：

```
i=~i;
```

主要用途：间接地构造一个数，以增强程序的可移植性。

（5）左移。

左移运算符“<<”的功能，是把“<<”左边的操作数的各二进制位全部左移若干位，移动的位数由“<<”右边的常数指定，高位丢弃，低位补 0。

例如：“aa<<1”是指把 aa 的各二进制位向左移动 1 位。如 aa=01010011B（十进制数 83），左移 1 位后为 10100110B（十进制数 166），示意图如图 1-3-3 所示。

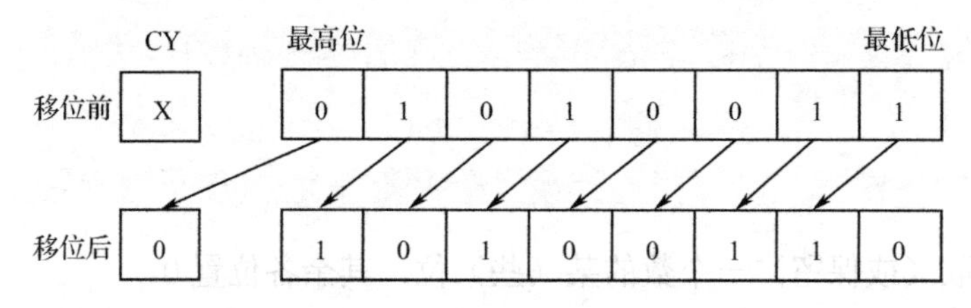

图 1-3-3　左移运算示意图

（6）右移。

右移运算符“>>”的功能，是把“>>”左边的操作数的各二进制位全部右移若干位，移动的位数由“>>”右边的常数指定。进行右移运算时，如果是无符号数，则总是在其左端补 0。

例如：设 aa=0x53，如果 a 为无符号数，则“aa>>1”表示把 01010011B（十进制数 83）右移为 00101001B（十进制数 41），示意图如图 1-3-4 所示。

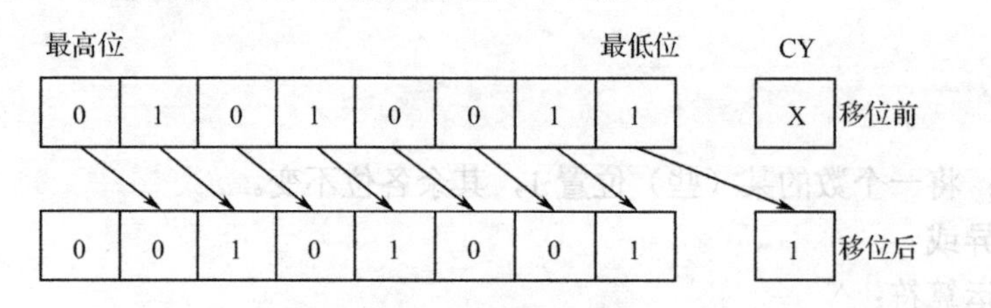

图 1-3-4　右移运算示意图

拓　展

Keil C51 还提供了循环左移函数_crol_()和循环右移函数_cror_()，下面通过调用该循环左移函数实现流水灯左移效果。程序如下：

```
    //功能：采用库函数实现的流水灯控制程序
  #include <reg51.h>                    //包含头文件 reg51.h，定义了 51 单片机的专用寄存器
  #include <intrins.h>                  //包含内部函数库，提供移位和延时操作函数
   void delay(unsigned int x)           //定义延时函数
   {
        unsigned int y;
        for (y=0;y<x;y++);
  }
  void main( )                          //主函数
  {                                     //主程序开始
        P1=0xfe;                        //P1 口输出 0xfe
        while(1)                        //无限循环
        {                               //循环体语句组开始
              P1=_crol_(P1,1);          //调用内部函数_crol_()，将 P1 的二进制数值循环左移
              delay(10000);             //延时
        }                               //循环体语句组结束
  }                                     //结束控制程序
```

“#include<intrins.h>”语句中指定包含的文件 intrins.h 是 Keil C51 编译器提供的内部标准函数库头文件，在这个文件里定义了一些常用的运算函数，如移位操作和空操作等函数。在程序中，语句“P1=_crol_（P1，1）;”调用了 intrins.h 中定义的循环左移函数来修改送到 P1 口的数据。

请参照上面的例子，通过调用循环右移函数实现流水灯右移效果。

C 语言程序的执行部分由语句组成。C 语言提供了丰富的程序控制语句，按照结构化程序设计的基本结构（顺序结构、选择结构和循环结构），组成各种复杂程序。这些语句主要包括表达式语句、复合语句、选择语句和循环语句等。下面通过介绍 C 语言基本控制语句的格式及应用，对 C 语言中常见的控制语句有一个初步的认识。

3．表达式语句

表达式语句是最基本的 C 语言语句。表达式语句由表达式加上分号构成。

执行表达式语句就是计算表达式的值。例如：

```
P1=0x00;          //赋值语句，将 P1 口的 8 位引脚清零
x=y+z;            //将 y 和 z 进行加法运算后的结果赋给变量 x
i++;              //自增 1 语句
```

在 C 语言中有一种特殊的表达式语句，称为空语句。空语句中只有一个分号，程序执行空语句时需要占用一条指令的执行时间，但是什么也不做。在 C51 程序中常常把空语句作为循环体，用于消耗 CPU 时间等待事件发生的场合。例如，在 delay()延时函数中，有下面的语句：

```
for(y=0; y<x; y++);
```

上面的 for 语句后面的“;”是一条空语句，作为循环体出现。

小贴士

① 表达式是由运算符及运算对象所组成的、具有特定含义的式子，如“y+z”。C语言是一种表达式语言，表达式后面加上分号就构成了表达式语句，如“y+z;”。C语言中的表达式与表达式语句的区别就是前者没有分号，而后者有分号。

② 在while或for构成的循环语句后面加一个分号，就构成一个不执行其他操作的空循环体。例如：

```
while(1);
```

上述语句的循环条件永远为真，是无限循环；循环体为空，什么也不做。进行程序设计时，通常把该语句作为停机语句使用。

4．复合语句

把多条语句用花括号括起来，组合在一起形成具有一定功能的模块，这种由若干条语句组合而成的语句块称为复合语句。在程序中应把复合语句看成单条语句，而不是多条语句。

在程序运行时，复合语句中的各条单语句是依次顺序执行的。在C语言的函数中，函数体就是一个复合语句。例如，下面的程序主函数中包含两个复合语句：

```
void main()                            //主函数
{                                      //函数体的复合语句开始
        P1=0x7f;
        while(1)
        {                              //while 循环体的复合语句开始
              P1=_cror_(P1,1);
              delay(10000);
        }                              //while 循环体的复合语句结束
    }                                  //函数体的复合语句结束
```

在上面的这段程序中，组成函数体的复合语句内还嵌套了组成 while 循环体的复合语句。复合语句允许嵌套。

复合语句内的各条语句必须以分号结尾，复合语句之间用花括号分隔，花括号外，不能加分号。

拓　展

复合语句不仅可以由可执行语句组成，还可以由变量定义语句组成。在复合语句中所定义的变量，称为局部变量，它只在本复合语句中有效。函数体是复合语句，所以函数体内定义的变量，也只在函数内部有效。例如，前面的流水灯控制程序中，main()函数体内定义的变量 aa 和 i 只在 main()函数内部内效，与其他函数无关。

5．循环语句

在结构化程序设计中，循环结构是一种很重要的程序结构，几乎所有的应用程序都包含循环结构。

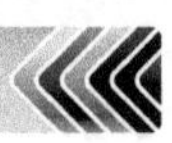

循环程序的作用是，对给定的条件进行判断，当给定的条件成立时，重复执行给定的程序段，直到条件不成立时为止。给定的条件称为循环条件，需要重复执行的程序段称为循环体。

前面介绍的 delay()函数中使用了 for 循环，其循环体为空语句，用来消耗 CPU 时间以产生延时效果，这种延时方法称为软件延时。软件延时的缺点是占用 CPU 时间，使得 CPU 在延时过程中不能做其他事情。解决的方法是使用单片机中的硬件定时器实现延时功能。

在 C 语言中，可以用下面三种语句来实现循环结构：while 语句、do-while 语句和 for 语句，下面分别对它们加以介绍。

1）while 语句

while 语句用来实现“当型”循环结构，即当条件为“真”时，就执行循环体。while 语句的一般格式如下：

```
while(循环继续的条件表达式)
{
        语句组;    //循环体
}
```

其中，“循环继续的条件表达式”通常是逻辑表达式或关系表达式，为循环条件；“语句组”是循环体，即被重复执行的程序段。该语句的执行流程如下：首先计算“循环继续的条件表达式”的值，当值为“真”（非 0）时，执行“语句组”，如图 1-3-5 所示。

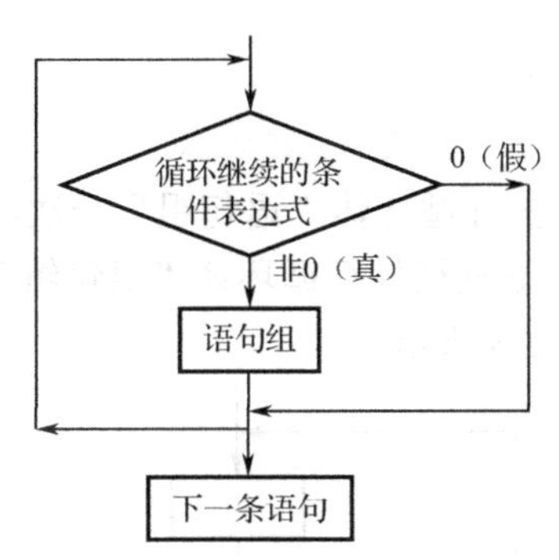

图 1-3-5　while 语句执行流程

小贴士

① 使用 while 语句时要注意，当表达式的值为“真”时，执行循环体，循环体执行一次完成后，再次回到 while 语句进行循环条件判断，如果仍然为“真”则重复执行循环体，为“假”则退出整个 while 语句。

② 如果循环条件一开始就为“假”，那么 while 后面的循环体一次都不会被执行。

③ 如果循环条件总为“真”，如 while(1)，表达式为常量“1”，非 0 即“真”，循环条件永远成立，则为无限循环，即死循环。在单片机 C 语言程序设计中，无限循环是一个非常有用的语句，在本任务所有程序示例中都使用了该语句。

④ 除特殊情况外，在使用 while 语句进行循环程序设计时，通常循环体内包含修改循环条件的语句，以使循环趋于结束，避免出现死循环。

在循环程序设计中，要特别注意循环的边界问题，即循环的初值和终值要非常明确。例如，下面的程序段是求整数 1～100 的累加和，变量 i 的取值范围为 1～100，所以，初值设为 1，while 语句的条件为“x<=100”。

```
void main( )
{
    int x,sum;
    x=1;                    //循环控制变量 x 初始值为 1
    sum=0;                  //累加和变量 sum 初始值为 0
    while(x<=100)
    {
            sum=sum+x;      //累加和
            x++;            //x 增 1，修改循环控制变量
    }
}
```

2）do-while 语句

前面所述的 while 语句是在执行循环体之前判断循环条件，如果条件不成立，则该循环体不会被执行。实际情况往往需要先执行一次循环体，再进行循环条件的判断，“直到型”do-while 语句可以满足这种要求。

do-while 语句的一般格式如下：

```
do
    {
      语句组;        //循环体
    } while(表达式);
```

该语句的执行流程如下：先执行循环体“语句组”一次，再计算“表达式”的值，如果“表达式”的值为“真”（非 0），则继续执行循环体“语句组”，直到表达式的值为“假”（0）时为止。该语句执行流程如图 1-3-6 所示。

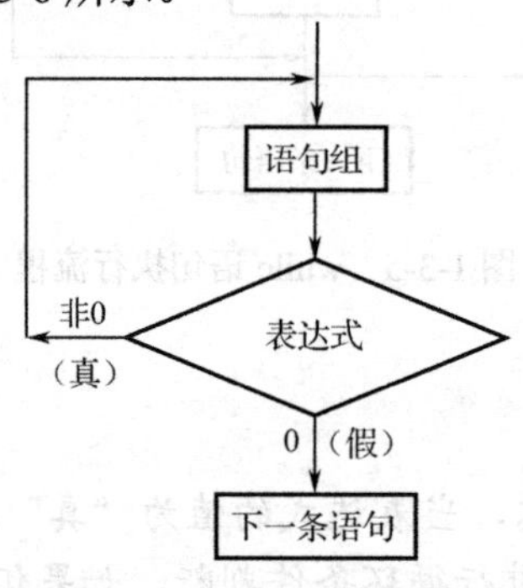

图 1-3-6　do-while 语句执行流程

小贴士

用 do-while 语句实现无限循环的语句如下：

```
do
{
        ;
}while(1);
```

用 do-while 语句求 1～100 的累加和，程序如下：

```
void  main( )
{
 int x,sum=0;                //循环控制变量 x 初始值为 1，累加和变量 sum 初始值为 0
   do
   {
          sum=sum+x;    //累加和
          x++;          //x 增 1，修改循环控制变量
    }while(i<=100);
}
```

可以看到，同样一个问题，既可以用 while 语句实现，也可以用 do-while 语句实现，二者的循环体部分相同，运行结果也相同。区别在于：do-while 语句是先执行、后判断，而 while 语句是先判断、后执行。如果条件一开始就不满足，do-while 语句至少要执行一次循环体，而 while 语句的循环体则一次也不执行。

小贴士

① 在使用 if 语句（后续章节讲解）、while 语句时，表达式括号后面不能加分号，但在 do-while 语句的表达式括号后面必须加分号。

② 与 while 语句相比，do-while 语句更适合处理不论条件是否成立，都需要先执行一次循环体的情况。

3）for 语句

在函数 delay()和流水灯程序中，使用 for 语句实现循环，重复执行若干次循环体。在 C 语言中，当循环次数明确时，使用 for 语句比 while 语句和 do-while 语句更为方便。for 语句的一般格式如下：

```
For(循环变量赋初值; 循环条件; 修改循环变量)
{

        语句组;        //循环体
}
```

关键字 for 后面的圆括号内通常包括三个表达式：循环变量赋初值、循环条件和修改循环变量，三个表达式之间用“;”隔开。花括号内是循环体“语句组”。

for 语句的执行过程如下：

① 先执行第一个表达式，给循环变量赋初值，通常这是一个赋值表达式。

② 利用第二个表达式判断循环条件是否满足，通常是关系表达式或逻辑表达式，若其值为“真”（非 0），则执行循环体“语句组”一次，再执行第③步；若其值为“假”（0），则转到第⑤步，循环结束。

③ 计算第三个表达式，修改循环变量，这一般也是赋值表达式。

④ 转到第②步继续执行。

⑤ 循环结束，执行 for 语句下面的语句。

以上过程用流程图表示如图 1-3-7 所示。

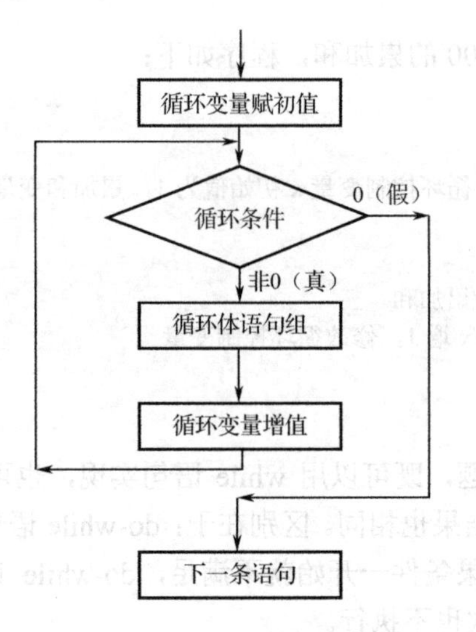

图 1-3-7　for 语句执行流程

小贴士

① 进行 C51 单片机应用程序设计时，无限循环也可以采用如下的 for 语句实现：

```
for(; ;)
{
    语句组;        //循环体
}
```

此时，for 语句的小括号内只有两个分号，三个表达式全部为空语句，意味着没有设初值，不判断循环条件，循环变量不改变，其作用相当于 while(1)，构成一个无限循环过程。

② 以下两条语句：

```
int sum=0;                  //累加和变量 sum 初始值为 0
for (x=1;x<=100;x++){...}
```

可以合并为如下一条语句：

```
for (sum=0,x=1;x<=100;x++){...}
```

赋初值表达式可以由多个表达式组成，用逗号隔开。

③ for 语句中的三个表达式都是可选项，即可以省略，但必须保留“;”。

如果在 for 语句外已经给循环变量赋了初值，通常可以省去第一个表达式“循环变量赋初值”，例如：

```
int x=1, sum=0;
for(;x<=100;x++)
{
        sum=sum+x;
}
```

如果省略第二个表达式“循环条件”，则不进行循环结束条件的判断，循环将无休止执

行下去而成为死循环，这时通常应在循环体中设法结束循环。例如：

```
int x, sum=0;
for(x=1;;x++)
{
    if(x>100)break;     //当 x>100 时，结束 for 循环
    sum=sum+x;
}
```

如果省略第三个表达式“修改循环变量”，可在循环体语句组中加入修改循环变量的语句，保证程序能够正常结束。例如：

```
int x, sum=0;
for(x=1;x<=100;)
{
    sum=sum+x;
    x++;                //循环变量 x=x+1
}
```

④ while、do-while 和 for 语句可以用来处理相同的问题，一般可以互相代替。

4）循环嵌套

循环嵌套是指一个循环（称为“外循环”）的循环体内包含另一个循环（称为“内循环”）。内循环的循环体内还可以包含循环，形成多层循环。while、do-while 和 for 三种循环结构可以互相嵌套。

练一练

1. 采用 8 个发光二极管模拟霓虹灯的显示效果，通过 4 个按键控制霓虹灯在 4 种显示模式之间切换。4 种显示模式如下。

第一种显示模式：全亮。

第二种显示模式：交叉亮灭。

第三种显示模式：高 4 位亮，低 4 位灭。

第四种显示模式：低 4 位亮，高 4 位灭。

（1）电路设计。

根据任务要求，采用 51 单片机的 P1 口控制 8 个发光二极管，P2 口的 P2.0 引脚控制按键 A，P2 口的 P2.1 引脚控制按键 B，P2 口的 P2.2 引脚控制按键 C，P2 口的 P2.3 引脚控制按键 D，硬件电路如图 1-3-8 所示。

P2.0 引脚通过上拉电阻与+5V 电源连接，当按键 A 未被按下时，P2.0 引脚保持高电平；当按键 A 被按下时，P2.0 引脚接地。因此，通过读取.2.0 引脚的状态，就可以得知按键 A 是否被按下。

小贴士

机械式按键在按下或释放时，由于机械弹性作用的影响，通常伴随有一定时间的触点机械抖动，然后其触点才稳定下来，抖动时间一般为 5～10ms，如图 1-3-9 所示。在触点抖动期间检测按键的通断状态，可能导致判断出错。

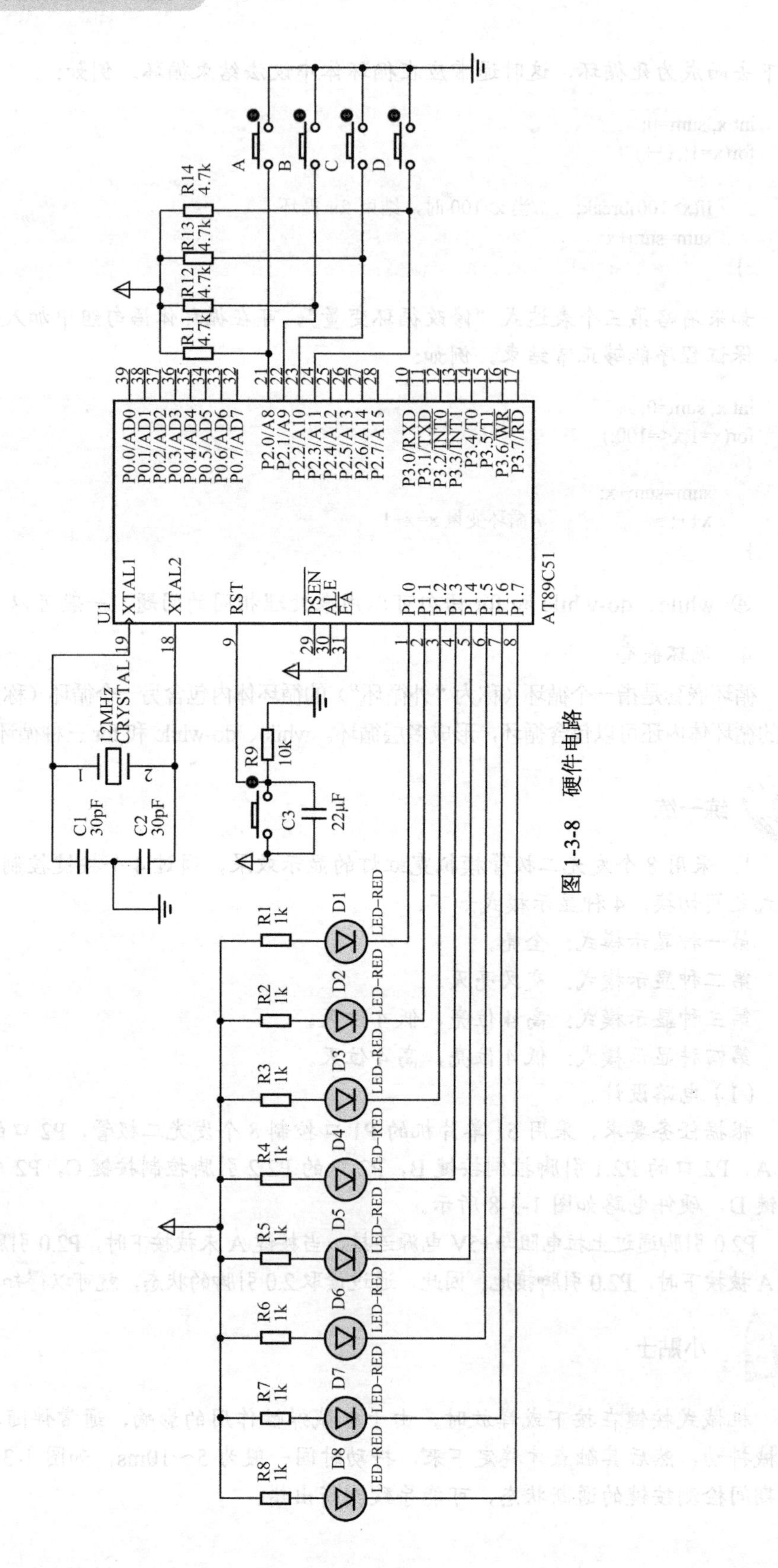
U1
AT89C51
XTAL1
XTAL2
RST
PSEN
ALE
EA
P0.0/AD0
P0.1/AD1
P0.2/AD2
P0.3/AD3
P0.4/AD4
P0.5/AD5
P0.6/AD6
P0.7/AD7
P2.0/A8
P2.1/A9
P2.2/A10
P2.3/A11
P2.4/A12
P2.5/A13
P2.6/A14
P2.7/A15
P3.0/RXD
P3.1/TXD
P3.2/INT0
P3.3/INT1
P3.4/T0
P3.5/T1
P3.6/WR
P3.7/RD
P1.0
P1.1
P1.2
P1.3
P1.4
P1.5
P1.6
P1.7
12MHz
CRYSTAL
C1
30pF
C2
30pF
C3
22μF
R9
10k
R11
4.7k
R12
4.7k
R13
4.7k
R14
4.7k
A
B
C
D
R1 1k
R2 1k
R3 1k
R4 1k
R5 1k
R6 1k
R7 1k
R8 1k
D1 LED-RED
D2 LED-RED
D3 LED-RED
D4 LED-RED
D5 LED-RED
D6 LED-RED
D7 LED-RED
D8 LED-RED

图 1-3-8　硬件电路

按键的机械抖动可采用如图 1-3-10 所示的硬件电路来消除，也可以采用软件方法消除。

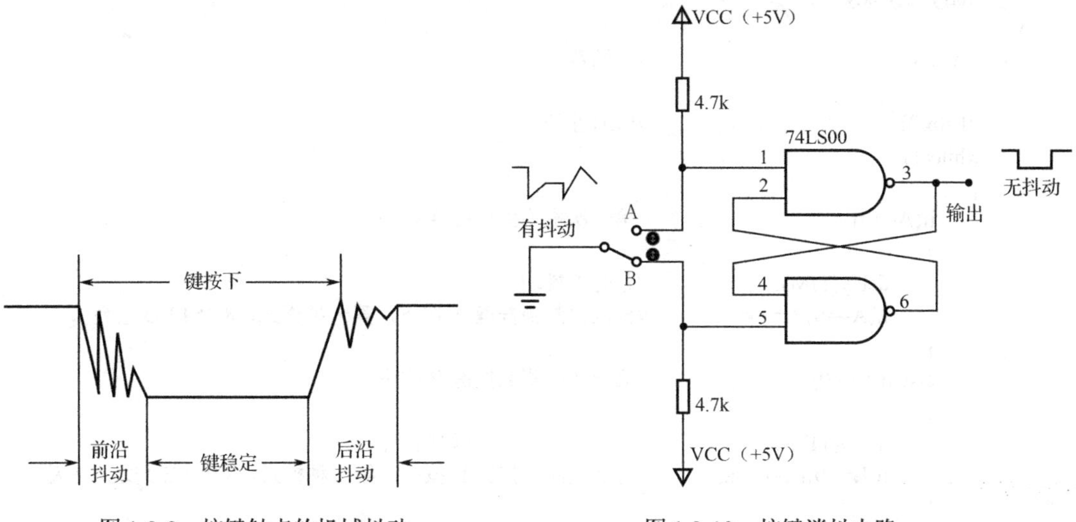

图 1-3-9　按键触点的机械抖动　　　　图 1-3-10　按键消抖电路

软件消抖编程思路：在检测到有键按下时，先执行 10ms 左右的延时程序，然后重新检测该键是否仍然按下，以确认该键按下不是抖动引起的。同理，在检测到该键释放时，也采用先延时再判断的方法消除抖动的影响。软件消抖流程如图 1-3-11 所示。

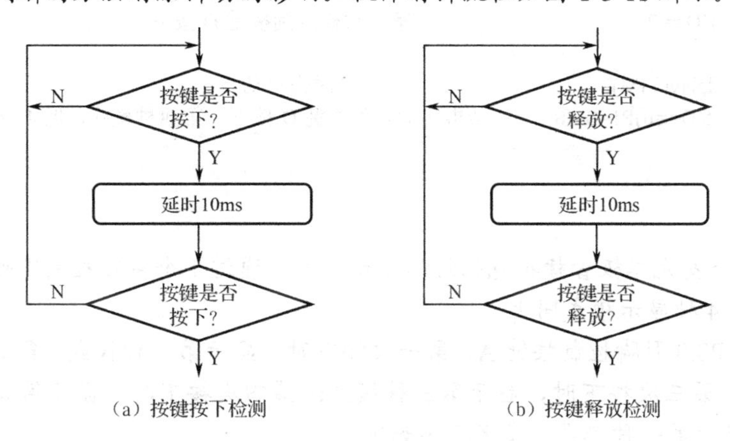

图 1-3-11　软件消抖流程

（2）源程序设计。

4 个按键为 A、B、C、D，由 P2 口的 P2.0～P2.3 引脚控制，当按下按键时显示相应模式。参考程序如下。

```
//功能：多个按键控制多种霓虹灯显示模式
#include <reg51.h>                 //包含头文件 reg51.h，定义了 51 单片机专用寄存器
#define TIM 1000                   //宏定义，定义符号常量 TIM，代表常数 1000
sbit     A=P2^0;                   //定义位名称
sbit     B=P2^1;
sbit     C=P2^2;
sbit     D=P2^3;
void  delay (unsigned int x)       //延时子函数
{
```

```
    unsigned int y;
      for(y=0;y<x;y++);
}
void    main()                         //主函数
{
    P1=0xff;                           //LED 全灭
    while(1)
    {
        if(A==0)                       //第一次检测到按键 A 按下
        {
            delay(TIM);                //延时去抖动
            if(A==0)P1=0x00;           //再次检测到按键 A 按下，第一种模式，8 个 LED 全亮
        }
        else if(B==0)                  //第一次检测到按键 B 按下
        {
            delay(TIM);                                   //延时去抖动
            if(B==0)P1=0xaa;           //再次检测到按键 B 按下，第二种模式，8 个 LED 交叉亮灭
        }
        else if(C==0)                  //第一次检测到按键 C 按下
        {
            delay(TIM);                             //延时去抖动
            if(C==0)P1=0x0f;           //再次检测到按键 C 按下，第三种模式，高 4 位亮
        }
        else if(D==0)                         //第一次检测到按键 D 按下
        {
            delay(TIM);                             //延时去抖动
            if(D==0)P1=0xf0;           //再次检测到按键 D 按下，第四种模式，低 4 位亮
        }
    }
}
```

2. 采用 8 个发光二极管模拟霓虹灯的显示效果，通过 1 个按键控制霓虹灯在 4 种显示模式之间切换。4 种显示模式同上。

用 P0 口的 P0.0 引脚控制按键 A，第一次按下时，显示第一种模式；第二次按下时，显示第二种模式；第三次按下时，显示第三种模式；第四次按下时，显示第四种模式；第五次按下时，又显示第一种模式。参考程序如下。

```
//功能：单个按键控制多种霓虹灯显示模式
#include <reg51.h>                          //包含头文件 reg51.h，定义了 51 单片机专用寄存器
sbit        A=P0^0;                         //定义位名称
void    delay (unsigned int x)              //延时子函数
{
    unsigned int y;
      for(y=0;y<x;y++);
}
void main()
{
        unsigned char k=0;                  //定义变量 k，记录按下次数
        P1=0xff;                            //LED 全灭
        while(1)
      {
```

```
            if(A==0)                    //第一次判断有键按下
            {
                delay(1200);            //延时消除抖动
                if(A==0)                //再次判断有键按下
                {
                    if(++k==5)k=1;      //k 增 1，且增加到 5 后，重新赋值 1
                                        //++为自增 1 运算符
                }
            }
            switch(k)                           //根据 k 的值显示不同模式
            {
                case   1:P1=0x00;break;         //k=1 显示第一种模式
                case   2:P1=0xaa;break;         //k=2 显示第二种模式
                case   3:P1=0x0f;break;         //k=3 显示第三种模式
                case   4:P1=0xf0;break;         //k=4 显示第四种模式
                default:break;
            }
            while(!A);                          //等待按键释放
            delay(1200);                        //延时消除抖动
        }
}
```

3. 要求通过两个按键控制 8 个 LED 的两种流水灯效果。按下第一个按键时，实现流水灯左移；按下第二个按键时，实现流水灯右移。

四、单片机显示技术应用

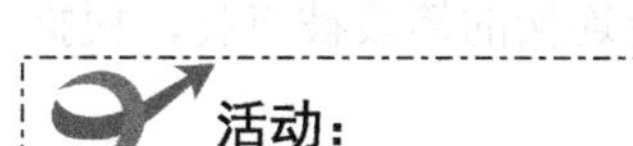

活动：

控制扫地机器人的时钟显示。

1. LED 数码管的结构与原理

1）LED 数码管的结构

在单片机系统中，通常用 LED 数码管来显示各种数字或符号。常用的 LED 数码管有七段 LED 数码管和十六段 LED 数码管（米字管）等，如图 1-4-1 所示。七段 LED 数码管主要用于显示数字；米字管不但可以显示数字，也可以显示其他字符和符号。

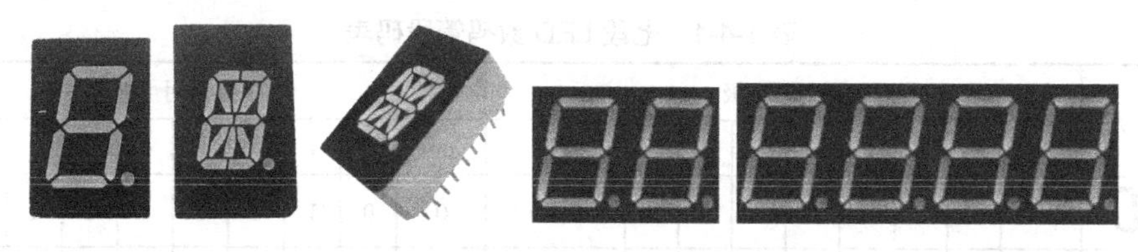

图 1-4-1　常用的 LED 数码管

欲对数码管进行控制，首先要了解数码管的结构及工作原理。

七段 LED 数码管由 8 个发光二极管组成，其中 7 个长条形的发光二极管排列成“8”字形（对应 a、b、c、d、e、f、g 七个笔段），右下角的圆形发光二极管用于显示小数点（对应

dp），通过点亮相应笔段可显示数字 0～9、符号“–”及小数点“.”等。

七段 LED 数码管结构图如图 1-4-2 所示。根据内部发光二极管的连接方式，七段 LED 数码管可分为共阴极型和共阳极型两种。8 个发光二极管的阴极连在一起构成公共端 COM，称之为共阴极型；8 个发光二极管的阳极连在一起构成公共端 COM，称之为共阳极型。

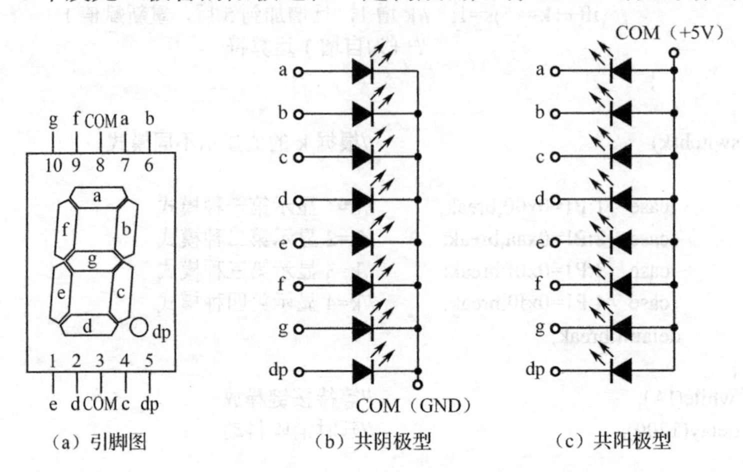

图 1-4-2　七段 LED 数码管结构图

通常，共阴极型数码管的 8 个发光二极管的公共端（公共阴极）接低电平，其他引脚接笔段驱动电路输出端，当笔段驱动电路的输出端为高电平时，则所连接的笔段被点亮，根据发光笔段的不同组合可显示出各种数字或字符。

同理，共阳极型数码管的 8 个发光二极管的公共端（公共阳极）接高电平，其他引脚接笔段驱动电路输出端。当笔段驱动电路的输出端为低电平时，则所连接的笔段被点亮，根据发光笔段的不同组合可显示出各种数字或字符。

2）数码管字形段码

共阴极型和共阳极型 LED 数码管各笔段的名称和位置是相同的，分别用 a、b、c、d、e、f、g 和 dp 表示，如图 1-4-2（a）所示。将单片机的一个 8 位并行 I/O 端口与七段 LED 数码管的 a～g 及 dp 引脚对应相连，并输出不同的 8 位二进制数，即可显示不同的数字或字符。控制 8 个发光二极管的 8 位二进制数称为段码。例如，对于共阳极型 LED 数码管，当公共阳极接高电平，单片机并行端口输出二进制数 11000000（对应十六进制数 C0）时，显示数字“0”，则数字“0”的段码是 0xC0。依此类推，可求得数码管所有段码，见表 1-4-1。

表 1-4-1　七段 LED 数码管段码表

显示字符	字形	共阳极									共阴极								
		dp	g	f	e	d	c	b	a	段码	dp	g	f	e	d	c	b	a	段码
0	0	1	1	0	0	0	0	0	0	0xC0	0	0	1	1	1	1	1	1	0x3F
1	1	1	1	1	1	1	0	0	1	0xF9	0	0	0	0	0	1	1	0	0x06
2	2	1	0	1	0	0	1	0	0	0xA4	0	1	0	1	1	0	1	1	0x5B
3	3	1	0	1	1	0	0	0	0	0xB0	0	1	0	0	1	1	1	1	0x4F

续表

显示字符	字形	共阳极									共阴极								
		dp	g	f	e	d	c	b	a	段码	dp	g	f	e	d	c	b	a	段码
4	4	1	0	0	1	1	0	0	1	0x99	0	1	1	0	0	1	1	0	0x66
5	5	1	0	0	1	0	0	1	0	0x92	0	1	1	0	1	1	0	1	0x6D
6	6	1	0	0	0	0	0	1	0	0x82	0	1	1	1	1	1	0	1	0x7D
7	7	1	1	1	1	1	0	0	0	0xF8	0	0	0	0	0	1	1	1	0x07
8	8	1	0	0	0	0	0	0	0	0x80	0	1	1	1	1	1	1	1	0x7F
9	9	1	0	0	1	0	0	0	0	0x90	0	1	1	0	1	1	1	1	0x6F
熄灭	—	1	1	1	1	1	1	1	1	0xFF	0	0	0	0	0	0	0	0	0x00

注意：在进行单片机系统开发时，为了接线方便，有时不按 I/O 端口的高低位与数码管各段的顺序接线，这时的段码就需要根据接线情况进行调整。

本书配套资料中有一个 LED 数码管编码器，利用它可以方便地计算出共阴极型或共阳极型数码管的段码，如图 1-4-3 所示。

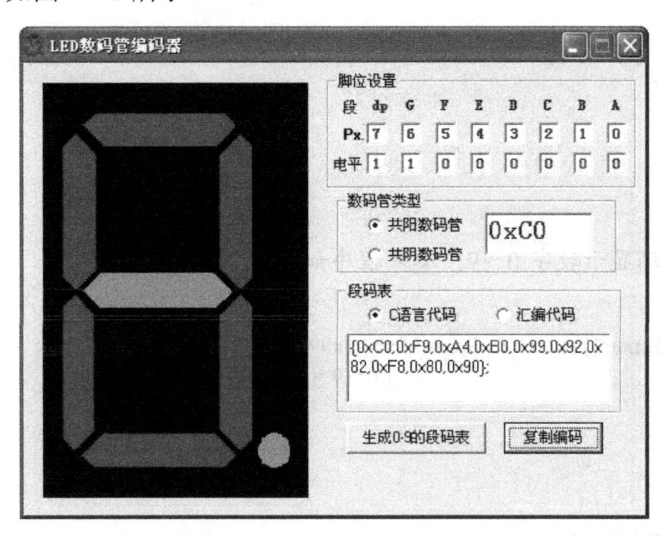

图 1-4-3　LED 数码管编码器

2. LED 数码管显示控制技术

1）数码管的静态显示方式

数码管的静态显示是指数码管显示某一数字或字符时，相应的发光二极管恒定导通或恒定截止。这种显示方式的各位数码管相互独立，公共端恒定接地（共阴极）或接正电源（共阳极）。每个数码管的 8 个笔段分别与一个 8 位 I/O 端口相连，I/O 端口只要有段码输出，相应字符即显示出来并保持不变，直到 I/O 端口输出新的段码，其示意图如图 1-4-4 所示。采用静态显示方式占用 CPU 时间少、编程简单、便于控制，但是每个数码管要占用一个并行 I/O 端口，所以只适用于显示位数很少的场合。

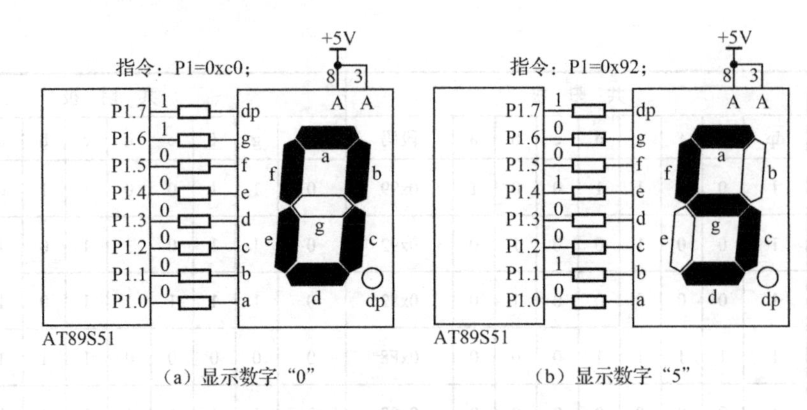

图 1-4-4　数码管静态显示方式示意图

实现显示数字“0”的程序如下：

```
#include <reg51.h>
unsigned char code nom[]={0xc0,0xf9,0xa4,0xb0,0x99,0x92,0x82,0xf8,0x80,0x90};
                                          //0～9 十个数字的段码
void main()
{
      while(1)
      {
            P1=nom[0];                    //P1 口输出数字“0”的段码
      }
}
```

练一练

试编程实现循环显示数字 0～9。参考程序如下：

```
#include <reg51.h>
unsigned char code nom[]={0xc0,0xf9,0xa4,0xb0,0x99,0x92,0x82,0xf8,0x80,0x90};
                                          //0～9 十个数字的段码
void main()
{
      while(1)
      {
            unsigned char x;
            unsigned int y;
            for (x=0;x<=9;x++)
            {
                  P1=nom[x];                  //依次输出 0～9 的段码
                  for (y=0;y<20000;y++);      //延时设置
            }

      }
}
```

2）数码管的动态扫描显示方式

当单片机系统中用到多个数码管时，如果采用静态显示方式，并行 I/O 端口的引脚数量

将不能满足需要，这时可采用动态扫描显示方式。

动态扫描显示是指一位接一位轮流点亮各位数码管。

动态扫描显示方式在接线上不同于静态显示方式，它是将所有七段 LED 数码管的 8 个显示笔段 a、b、c、d、e、f、g、dp 中相同的笔段连接在一起，称为段控端；每个数码管的公共端 COM 不再接固定高电平或低电平，而是由独立的 I/O 端口控制，称为位控端。两位数码管动态扫描显示方式接线示意图如图 1-4-5 所示。

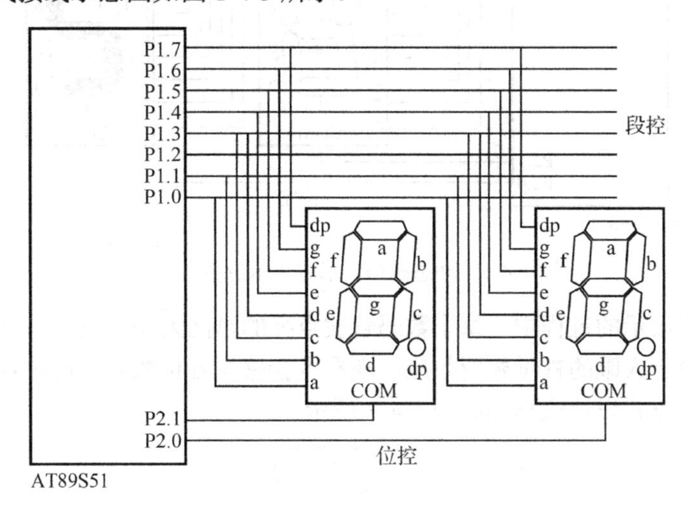

图 1-4-5　两位数码管动态扫描显示方式接线示意图

动态扫描显示方式的显示过程：当 CPU 送出某个数字的段码时，所有的数码管都会收到，但只有需要显示的数码管的位控端 COM 被选通，其在收到有效电平后被点亮，而没有被选通的数码管不会点亮。这种通过分时轮流控制各个数码管的 COM 端送出相应段码，使各个数码管轮流受控、依次显示且循环往复的方式称为动态扫描显示方式。动态扫描显示方式示意图如图 1-4-6 所示。

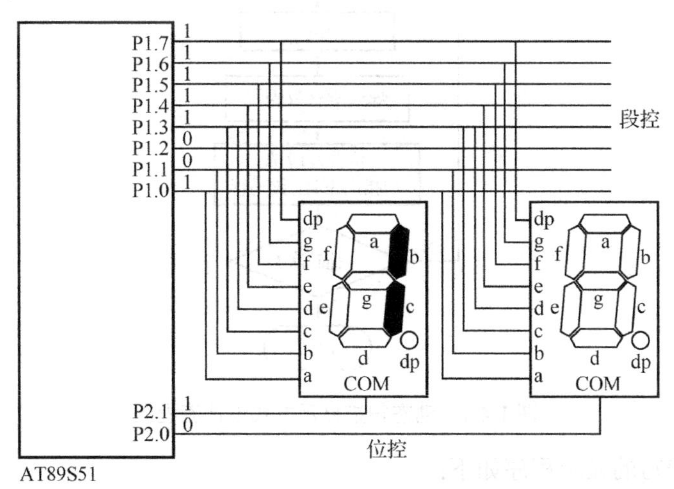

图 1-4-6　动态扫描显示方式示意图

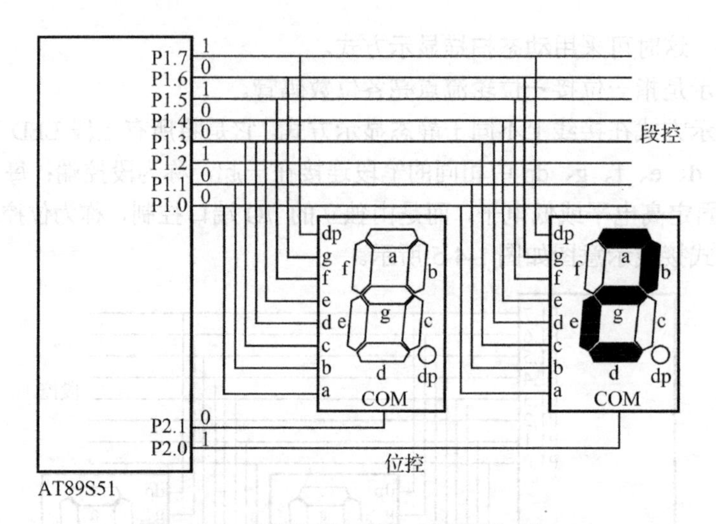

图 1-4-6　动态扫描显示方式示意图（续）

在数码管轮流显示的过程中，每个数码管被点亮的时间为 1ms 左右，虽然各位数码管并非同时点亮，但由于人眼的视觉暂留效应，观看者会感觉各位数码管同时点亮。

动态扫描显示方式设计流程图如图 1-4-7 所示。

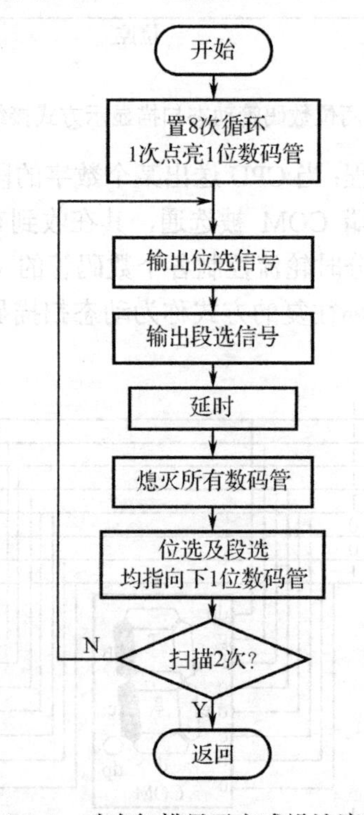

图 1-4-7　动态扫描显示方式设计流程图

根据流程图编写的显示程序如下：

```
#include <reg51.h>
unsigned char code nom[]={0xc0,0xf9,0xa4,0xb0,0x99,0x92,0x82,0xf8,0x80,0x90};
                                        //0～9 十个数字的段码
void delay()
```

```
{
    unsigned char x;
    for (x=0;x<200;x++);
}
void main()
{
    while(1)
    {
        unsigned char i,wk;          //设置变量 i 控制循环次数、变量 wk 作为位控
        wk=0x20;                     //位控 wk 初始选通左边第 1 位
        for (i=0;i<10;i++)
        {
            P2=wk;                   //输出位控
            P1=nom[i];               //依次输出 0～9 的段码
            delay();                 //延时
            P1=0xff;                 //熄灭所有数码管（消隐）
            wk=wk>>1;                //位控左移 1 位
        }
    }
}
```

小贴士

在数码管动态扫描显示中，熄灭所有的数码管，即消隐控制信号是必要的。因为如果不进行消隐，上 1 位数码管的位控信号处于锁存输出的同时，下 1 位数码管的段控信号便输出到段控端，其结果就是下 1 位数码管上会显示上 1 位数码管所显示数字的影子，俗称“鬼影”。数码管动态扫描时，消除“鬼影”一般不需要同时熄灭位和段，基本原则是后送位控信号就消位，后送段控信号就消段。

练一练

试编程实现两位数码管分别显示变量 x 的十位和个位，参考程序如下：

```
#include <reg51.h>
unsigned char x;
unsigned char code nom[]={0xc0,0xf9,0xa4,0xb0,0x99,0x92,0x82,0xf8,0x80,0x90};
                                        //0～9 十个数字的段码
void delay()
{
    unsigned char a;
    for (a=0;a<200;a++);
}
void main()
{
    while(1)
    {
```

```
        P2=0x01;                //输出位控
        P1=nom[x%10];           //输出 x 的个位的段码
        delay();                //延时
        P1=0xff;                //熄灭所有数码管（消隐）
        P2=0x02;                //输出位控
        P1=nom[x/10%10];        //输出 x 的十位的段码
        delay();                //延时
        P1=0xff;                //熄灭所有数码管（消隐）
    }
}
```

小贴士

如何确定一个变量的个、十、百、千、万位，并将每一位在LED数码管上显示出来呢？

获取一个变量的每一位数字，要用到除法运算符“/”和模运算符“%”两个算术运算符。当两个整数做除法运算时结果仍为整数，余数则会被丢弃，因此可作为取整操作；模运算可作为取余操作。

例如，求变量x的个、十、百、千、万位，程序设计如下：

```
个位：x%10;
十位：x/10%10;
百位：x/100%10;
千位：x/1000%10;
万位：x/10000%10;
```

为了使用方便，有专门生产的供动态扫描显示的多位数码管，表1-4-2给出了共阳极型动态扫描显示数码管的实物图、引脚图及内部结构。

表1-4-2　共阳极型动态扫描显示数码管的实物图、引脚图及内部结构

	2位数码管	4位数码管
实物图		
引脚图	10 9 8 7 6 Y2 g f a b d dp c e Y1 1 2 3 4 5	12 11 10 9 8 7 Y1 a f Y2 Y3 b e d dp c g Y4 1 2 3 4 5 6
原理图（共阳极型）	5　10 a b c d e f g dp　a b c d e f g dp 7 6 3 1 4 8 9 2	12 Y1　9 Y2　8 Y3　6 Y4 a b c d e f g dp　a b c d e f g dp 11 7 4 2 1 10 5 3

拓 展

制作万年历、倒计时等需要更多的数码管显示信息的系统时，动态扫描显示方式扫描一次的时间变长，会出现闪烁感，这时可采用多位数码管的动态多屏显示控制技术。

多位数码管的级联方法很多，如锁存器分时复用、移位寄存器等。如图 1-4-8 所示的万年历电路，使用 8 位串入并出移位寄存器 74LS164 结合动态扫描的方法。

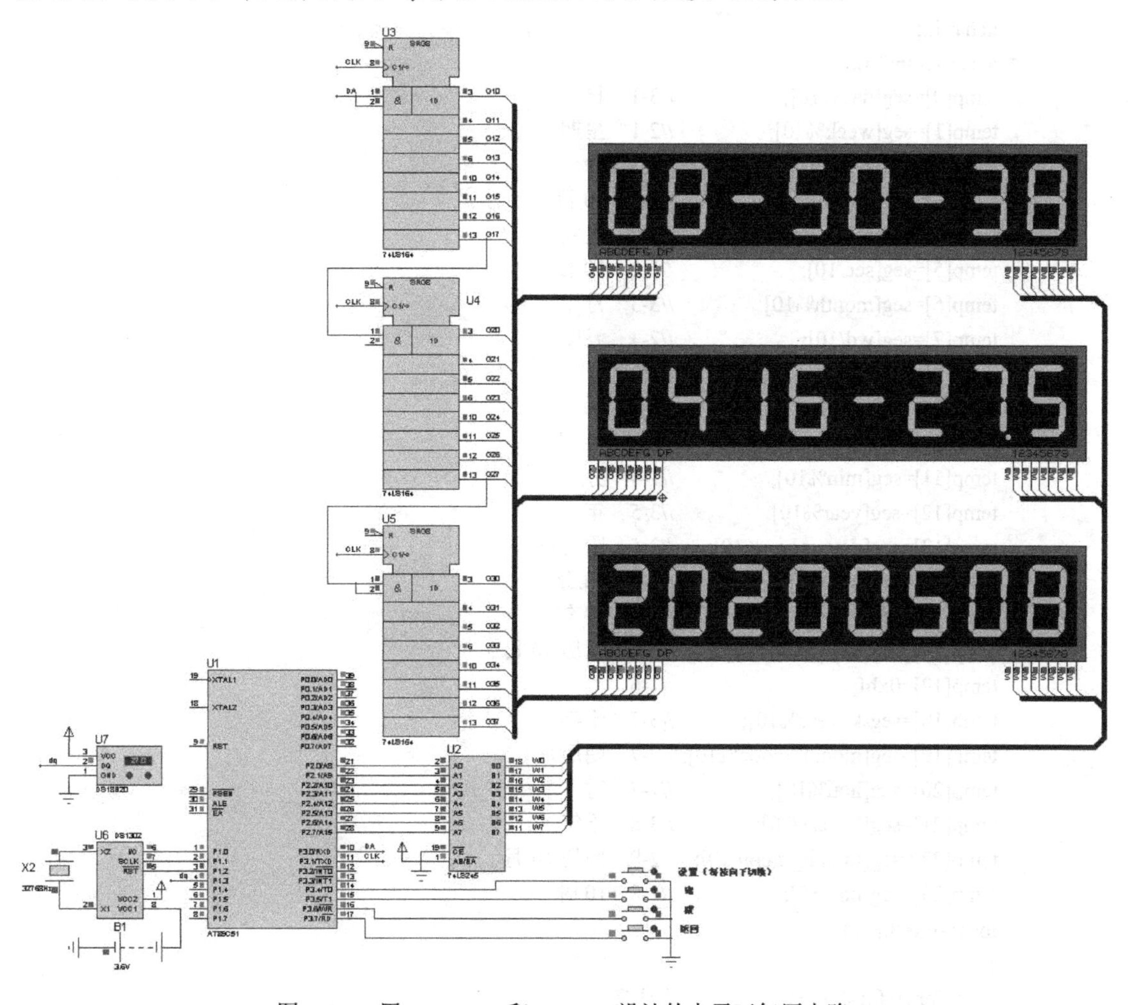

图 1-4-8 用 DS18B20 和 DS1302 设计的电子万年历电路

图中单片机 P3.0 为串行数据输出端，P3.1 为移位脉冲输出端，电路中的 24 位数码管可以看成 3 行 8 列，每一列的 3 位数码管由 P2 口做位控，3 片 74LS164 的并行输出端做段控，从右到左逐列扫描显示。

整个显示过程如下：先由数码管的位控端 P2 口输出全 0，熄灭所有的数码管，接着由单片机以串行传输的方式输出 3 个数字（共 24 位）的段码，在 24 个移位脉冲的作用下，分别由 3 片 74LS164 并行输出，其中第 1 个数字由 U5 输出，第 2 个数字由 U4 输出，第 3 个数字由 U3 输出，再由 P2 口输出位控 0x01 点亮右边第 1 列的 3 位数码管，经过延时后完成第 1 列 3 位数码管的扫描显示。按照同样的方法再扫描第 2 列的 3 位数码管、第 3 列的 3 位数码管，直到扫描完 8 列共 24 位数码管，再进行下一轮循环。

实现 24 位数码管分别显示阳历、阴历、星期和温度的程序如下：

```
//*************
//功能：24 位数码管分别显示阳历、阴历、星期和温度的显示子函数
//*************
Void display()
{
    uchar i,j;
    uchar temp[30];
    temp[0]=seg[day%10];              //3-1  日
    temp[1]=seg[week%10];             //2-1  星期
    temp[2]=seg[sec%10];              //1-1  秒
    temp[3]=seg[day/10];              //3-2  10 日
    temp[4]=seg[wd%10]-0x80;          //2-2  温度
    temp[5]=seg[sec/10];              //1-2  10 秒
    temp[6]=seg[month%10];            //3-3  月
    temp[7]=seg[wd/10];               //2-3  温度
    temp[8]=0xbf;                     //1-3  "-"
    temp[9]=seg[month/10];            //3-4  10 月
    temp[10]=0xbf;                    //2-4  "-"
    temp[11]=seg[min%10];             //1-4  分
    temp[12]=seg[year%10];            //3-5  年
    temp[13]=seg[day_moon%10];        //2-5  阴历日
    temp[14]=seg[min/10];             //1-5  10 分
    temp[15]=seg[year/10];            //3-6  10 年
    temp[16]=seg[day_moon/10];        //2-6  阴历 10 日
    temp[17]=0xbf;                    //1-6  "-"
    temp[18]=seg[k_year%10];          //3-7  千年
    temp[19]=seg[month_moon%10];      //2-7  阴历月
    temp[20]=seg[hou%10];             //1-7  时
    temp[21]=seg[k_year/10];          //3-8  千年
    temp[22]=seg[month_moon/10];      //2-8  阴历 10 月
    temp[23]=seg[hou/10];             //1-8  10 时
    for (j=0;j<8;j++)
    {
        for (i=0;i<8;i++)             //段控
        {
            dat=temp[3*j]&0x80;
            clk=0;
            clk=1;
            temp[3*j]<<=1;
        }
        for (i=0;i<8;i++)             //段控
        {
            dat=temp[3*j+1]&0x80;
            clk=0;
```

```
                clk=1;
                temp[3*j+1]<<=1;
            }
            for (i=0;i<8;i++)                    //段控
            {
                dat=temp[3*j+2]&0x80;
                clk=0;
                clk=1;
                temp[3*j+2]<<=1;
            }
            P2=wk[j];       //位控
            delay(60);
            //消隐
            P2=0x00;
        }
    }
```

3. C 语言函数的定义、分类和调用

一个 C 语言程序是由一个或若干个函数组成的，每个函数完成相对独立的功能。每个 C 语言程序都必须有且仅有一个主函数 main()，程序的执行是从主函数开始的，在调用其他函数后返回主函数，不管函数的排列顺序如何，最后都在主函数中结束整个程序，主函数内部一般有一个死循环程序。

1）函数的分类

C51 语言函数从结构上可以分为主函数和普通函数，主函数是程序执行时首先进入的函数，它可以调用普通函数，而普通函数可以调用其他普通函数，不能调用主函数。

普通函数又可分为标准库函数和用户自定义函数两种。标准库函数是由 C51 编译器提供的函数，可以通过#include 包含相应的头文件调用这些库函数。

库函数说明可以参见 Keil μVision 的帮助文件。这里重点介绍用户自定义函数。

2）函数的定义

从定义的形式上，函数分为无参数函数和有参数函数。无参数函数是为了完成某种特定功能而编写的，没有输入变量，可以使用全局变量完成参数的传递；有参数函数在调用时必须按照形式参数提供对应的实际参数。两种函数都可以提供返回值以供其他函数使用。

（1）函数定义的一般格式。

函数定义的一般格式如下：

```
函数类型 函数名（形式参数列表）
{
    函数体
}
```

其中，函数类型是函数返回值的类型，如果没有返回值则使用 void。函数名由用户自定义，命名规则和变量名相同。形式参数是指调用函数时要传入函数体内参与运算的变量，一个函数可以有一个、多个参数或没有参数。当不需要参数时就是无参数函数，括号内为空或写入“void”，但括号不能少；有多个参数时，参数之间要用“,”隔开。大括号中的语句块用于实现函数的功能。不能在同一个程序中定义同名的函数。

函数定义举例如下：

```
delay()                                                //无参数无返回值函数定义
{
}
delay(unsigned int i)                                  //有参数无返回值函数定义
{
}
unsigned int sum(unsigned char a, unsigned char b)     //有参数有返回值函数定义
{
    unsigned int k;                                    //用于存放返回值的变量
    …
    return k;                                          //返回值
}
```

（2）函数的参数。

C51 语言的函数采用参数传递方式，使一个函数可以对不同的变量数据进行功能相同的处理，在调用函数时实际参数被传入被调用函数的形式参数中，在执行完函数后使用 return 语句将一个和函数类型相同的值返回给调用语句。

函数定义好以后，要被其他函数调用才能被执行。定义函数时在函数名称后面的括号里列举的变量称为“形式参数”；调用函数时，函数名称后面的括号里的量称为“实际参数”。

例如，采用有参数函数的延时程序如下：

```
delay(unsigned int i)                       //这里 i 是形式参数
{
    while(i--);
}
void main()
{
    while(1)
    {
        led=0;
        delay(25000);                       //25000 是实际参数
        led=1;
        delay(50000);                       //50000 是实际参数
    }
}
```

由此可以看出，有参数函数在被调用时将实际参数传递给了形式参数，相当于将实际参数的值赋给了形式参数，用于被调用函数的执行。需要注意的是实际参数也可以是变量或变量表达式，但必须与形式参数的类型相同。

（3）函数的返回值。

函数的返回值是在函数执行完成之后通过 return 语句返回给调用函数语句的一个值，返回值的类型和函数的类型相同，函数的返回值只能通过 return 语句返回。

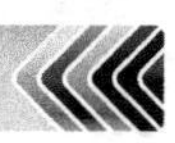

调用求和子函数并返回计算结果的程序如下：

```
unsigned int sum(unsigned char i, unsigned char j)
{
        unsigned int temp;
        temp=i+j;
        return temp;
}
void main()
{
        unsigned char a,b;
        unsigned int c;
        a=2;
        b=3;
        c=sum(a,b);
}
```

3）函数的调用

函数调用的一般格式如下：

```
函数名（实际参数列表）;
```

由于函数有的有参数，有的无参数，有的有返回值，有的无返回值，所以在调用时也有多种形式，如：

```
delay();                //无参数无返回值的函数调用
c=sum(a,b);             //将函数的返回值赋给一个变量
d=sum(a,b)+c;           //函数的返回值参与表达式的运算
result=max(sum(a,b),sum(c,d));
                        //将函数的返回值作为另一个函数的实际参数
```

4．数组相关知识

前面使用的字符型、整型等数据类型都是基本类型，使用时通过一个命名的变量来存取一个数据。然而，在实际应用中经常要处理具有同一性质的成批数据，如统计 100 个学生的成绩并求出最高分和平均分。这时就需要使用数组。

数组并不是一种数据类型，而是一组相同类型的变量的集合。

在程序中使用数组的最大好处是可以用一个数组名代表逻辑上相关的一批数据，用下标表示该数组中的各个元素，与循环语句结合使用，使程序简洁，操作方便。

数组必须先声明后使用。根据数组的下标的个数不同，数组可分为一维数组和多维数组。

1）一维数组

具有一个下标的数组称为一维数组，声明一维数组的一般格式如下：

```
数据类型 [存储类型] 数组名[元素个数];        //元素个数可以不写
```

其中，数组名的命名规则和变量名相同；元素个数是一个常量，不能是变量或变量表达式。

数组声明后，数组元素可表示为：数组名[下标]。下标必须用方括号括起来，下标可以是整数或整型表达式。

在声明数组时，可以不赋初值，也可以给部分或全部元素赋初值，但如果定义成 ROM 中的数组则必须赋初值。例如：

```
unsigned char a[6];            //有 6 个元素的数组 a
char tab[3]={1,2,3};           //声明数组 tab 并赋值：tab[0]=1,tab[1]=2,tab[2]=3
int shu[10]={1,2,3};           //声明有 10 个元素的数组 shu 并对前 3 个元素赋值
unsigned char code sky[]={0x02,0x34,0x22,0x32,0x21,0x12}; //数据保存在 code 区
```

小贴士

C51 语言不检查数组下标是否越界（超出范围），如第一个例子中数组 a 共有 6 个元素：a[0]～a[5]，但如果在程序中写上 a[6]，编译器不会认为语法错误，也不会给出警告，在使用中一定要注意。

应用举例：计算从 1 加到 100 的和，程序如下。

```
unsigned char i;               //循环次数计数
unsigned int sum=0;            //存放和值
for(i=1;i<=100;i++)
{
     sum=sum+i;
}
```

2）多维数组

具有两个或两个以上下标的数组称为多维数组。常用的是二维数组，声明二维数组的一般格式如下：

```
数据类型 [存储类型] 数组名[常量 1][常量 2];
```

在声明二维数组时，可以不赋初值，也可以给部分或全部元素赋初值，但如果定义成 ROM 中的数组则必须赋初值。例如：

```
unsigned char zimo[4][5]={
{1,2,3,4,5},{6,7,8,9,10},{11,12,13,14,15},{16,17,18,19,20}
};                    //第一维下标为 0～3，第二维下标为 0～4，共 4×5 个元素
```

初值个数必须小于或等于数组长度，不指定数组长度则会在编译时由实际的初值个数自动设置。

在声明并为数组赋初值时，初学者一般会搞错初值个数和数组长度的关系或者下标和元素的对应关系，致使编译出错。上例中声明的二维数组 zimo 共有 4×5 个元素，具体见表 1-4-3。

表 1-4-3　二维数组 zimo 各元素的排列

zimo[0][0]=1	zimo[0][1]=2	zimo[0][2]=3	zimo[0][3]=4	zimo[0][4]=5
zimo[1][0]=6	zimo[1][1]=7	zimo[1][2]=8	zimo[1][3]=9	zimo[1][4]=10
zimo[2][0]=11	zimo[2][1]=12	zimo[2][2]=13	zimo[2][3]=14	zimo[2][4]=15
zimo[3][0]=16	zimo[3][1]=17	zimo[3][2]=18	zimo[3][3]=19	zimo[3][4]=20

由表 1-4-3 可以看出，二维数组 zimo 的元素共有 4 组，每组有 5 个元素，第一维下标表

示元素所在的组，第二维下标表示该组中第几个元素。

3）字符数组

计算机对数据的接收、发送和存储均采用 ASCII 码的形式，比如要向计算机发送字符 2，则须向计算机发送 2 的 ASCII 码，即 0x32。在单片机系统中发送 ASCII 码有两种方法：第一，对于数字 0～9，只要加上 0x30 就是其对应的 ASCII 码，对于其他字符，需要查阅 ASCII 码表；第二，对于所有字符，只要加上引号，如'2'，就会自动编译为 ASCII 码。因此，使用字符数组和字符串将会非常方便。

（1）字符数组的定义与初始化。

字符数组的初始化，最容易理解的方式就是逐个字符赋给数组中各元素。例如：

```
char str[10]={ 'I',' ','a','m',' ', 'h','a','p','p','y'};
```

上述语句把 10 个字符分别赋给 str[0]～str[9]这 10 个元素。

（2）字符数组与字符串。

在 C 语言中，将字符串作为字符数组来处理。

在实际应用中，人们关心的是有效字符串的长度而不是字符数组的长度。例如，定义一个字符数组长度为 100，而实际有效字符只有 40 个，为了测定字符串的实际长度，C 语言规定了一个字符串结束标志，即字符'\0'。如果有一个字符串，其中第 10 个字符为'\0'，则此字符串的有效字符为 9 个。也就是说，在遇到第一个字符'\0'时，表示字符串结束，由它前面的字符组成字符串。

系统对字符串常量也自动加一个'\0'作为结束符。例如，"C Program"共有 9 个字符，但在内存中占 10 字节，最后一字节'\0'是系统自动加上的。

有了结束标志'\0'后，字符数组的长度就显得不那么重要了，在程序中往往依靠检测'\0'的位置来判定字符串是否结束，而不是根据数组的长度来确定字符串长度。在实际字符串定义中，常常并不指定数组长度，如 char str[ ]。

说明：'\n'代表 ASCII 码为 0 的字符，从 ASCII 码表中可以查到 ASCII 码为 0 的字符不是一个可以显示的字符，而是一个“空操作符”，即它什么也不干。用它作为字符串结束标志不会产生附加的操作或增加有效字符，只是一个供辨别的标志。

对 C 语言处理字符串的方法有所了解后，下面介绍一种初始化字符数组的方法——用字符串常量来初始化字符数组：

```
char str[ ]={"I am happy"};          //可以省略花括号，如下所示
char str[ ]="I am happy";
```

小贴士

上述这种字符数组的整体赋值只能在字符数组初始化时使用，不能用于字符数组的赋值，字符数组的赋值只能对其元素一一赋值，下面的赋值方法是错误的：

```
char str[ ];
str="I am happy";
```

这里不是用单个字符作为初值，而是用一个字符串（注意：字符串是用双引号而不是单

引号括起来的）作为初值。显然，这种方法更直观方便，字符串常量"I am happy"的最后由系统自动加上一个'\0'。

因此，上面的初始化与下面的初始化等价：

```
char str[ ]={'I',' ','a','m',' ','h','a','p','p','y','\0'};
```

而不与下面的等价：

```
char str[ ]={'I',' ','a','m',' ','h','a','p','p','y'};
```

前者的长度是 11，后者的长度是 10。

说明：字符数组并不要求它的最后一个字符为'\0'，甚至可以不包含'\0'，像下面这样的写法是完全合法的。

```
char str[5]={'C','h','i','n','a'};
```

可见，用两种不同方法初始化字符数组后得到的数组长度是不同的。

（3）字符串的表示方法。

在 C 语言中，可以用两种方法表示和存放字符串。

① 用字符数组存放一个字符串。

```
char str[ ]="I love China";
```

② 用字符指针指向一个字符串。

```
char* str="I love China";
```

对于第二种表示方法，有人认为 str 是一个字符串变量，以为定义时把字符串常量"I love China"直接赋给该字符串变量，这是不对的。

C 语言对字符串常量是按字符数组处理的，在内存中开辟了一个字符数组用来存放字符串常量，程序在定义字符串指针变量 str 时只是把字符串首地址（即存放字符串的字符数组的首地址）赋给 str。

小贴士

C51 语言的字符串支持汉字，因此可以向其他计算机系统发送中文字符，也可以接收来自其他计算机系统的中文字符，示例如下：

```
char str[ ]="欢迎来到单片机乐园！";
```

但需要注意的是一个汉字或中文符号占用两字节空间。

练一练

1. 共阳极型数码管和共阴极型数码管在电路的连接上有什么不同？

2. 什么是 LED 数码管静态显示方式？什么是 LED 数码管动态扫描显示方式？简述动态扫描显示方式的工作原理和实现方法。

3. 8 位数码管显示电路如图 1-4-9 所示，编写程序实现以移动的方式显示“12345678”字样，从右往左移动显示的过程如图 1-4-10 所示。

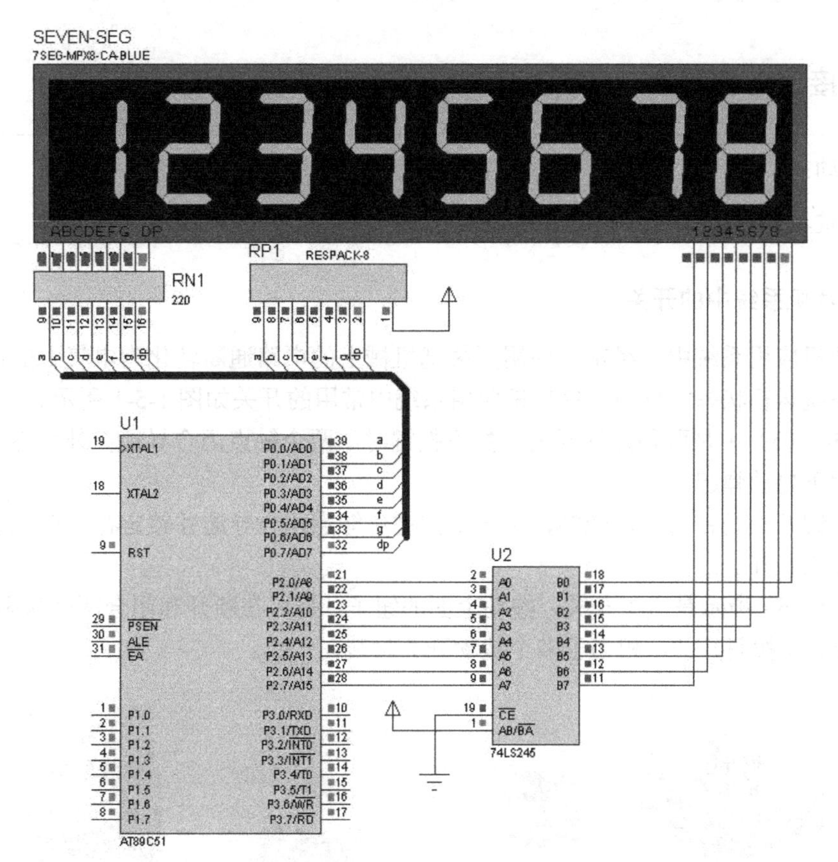

图 1-4-9　8 位数码管显示电路

图 1-4-10　“12345678”移动显示过程

五、键盘接口技术应用

活动：

用按键控制扫地机器人的工作速度。

1. 单片机系统中的开关

在单片机应用系统中，经常要使用开关把机械上的电路通断转化为电气上的逻辑关系，达到控制系统运行状态的目的。单片机应用系统中常用的开关如图 1-5-1 所示。

图 1-5-1（a）中是两种弹性开关，按下按键时，两个触点闭合导通；外力撤去后，按键在弹力作用下自动弹起。

有些按键开关是带自锁功能的，按一下按键后触点闭合导通并锁定在闭合状态，再按一下按键后触点断开。

图 1-5-1（b）所示是钮子开关，拨动上面的钮子，可以在断开和闭合两个状态之间切换；图 1-5-1（c）是拨码开关，相当于多个拨动开关封装在一起。

（a）弹性开头

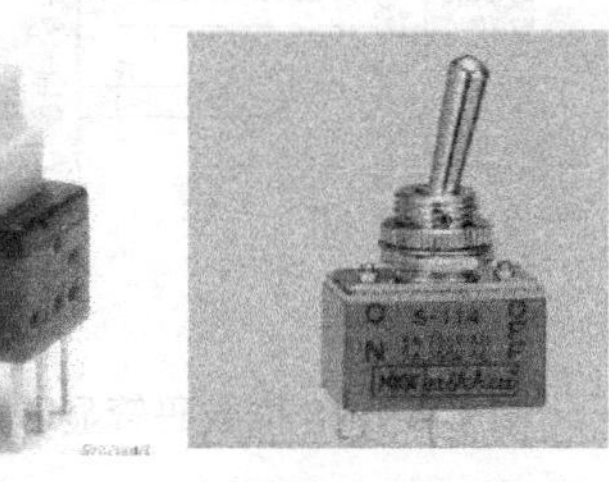

（b）钮子开关

（c）拨码开关

图 1-5-1　单片机应用系统中常用的开关

1）用一个开关控制一个 LED

前面介绍了如何点亮一个发光二极管。下面用一个钮子开关来控制发光二极管的状态（图 1-5-2），首先需要在程序中对开关的状态进行查询：如果开关是“接通”的（即 P1.1 为低电平），LED 就“亮”；如果开关是“断开”的（即 P1.1 不为低电平），LED 就“灭”。

为了编写具有判断功能的程序，介绍一种新的语句——if 语句。if 语句有两个关键字：if 和 else，翻译成中文就是“如果”和“否则”。if 语句共有三种格式，具体如下。

（1）if 格式。

```
if (条件表达式)
{
    语句组;
}
```

执行过程：如果条件表达式的值为“真”，则执行语句组；如果条件表达式的值为“假”，则不执行语句组。语句组中如果只有一条语句，那么花括号可以省略。如果语句组为空，则条件判断失去意义。if 流程图如图 1-5-3 所示。

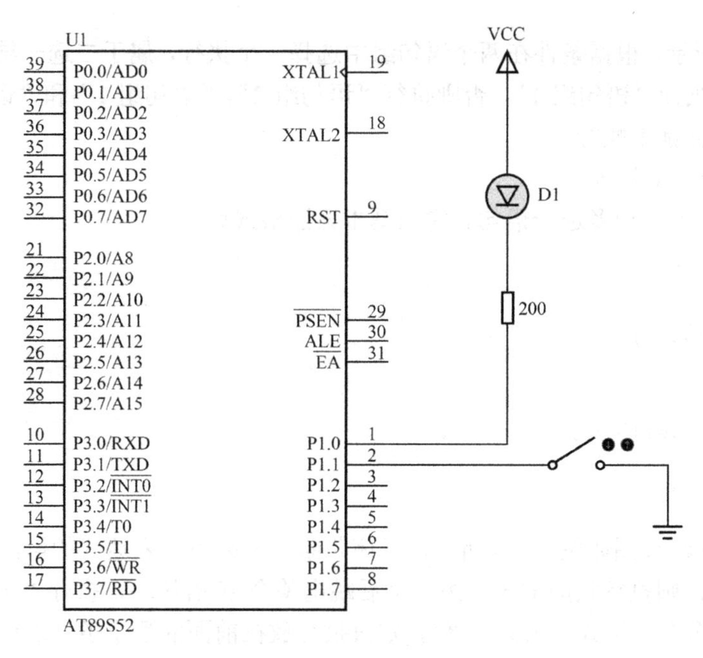

图 1-5-2　用一个开关控制一个 LED

（2）if-else 格式。

有些情况下，要求在满足括号里的条件时执行相应的语句，在不满足该条件时，执行另外的语句，这时就要用到 if-else 语句，它的基本语法格式如下。

```
if (条件表达式)
{
    语句组 1;
}
else
{
    语句组 2;
}
```

if-else 流程图如图 1-5-4 所示。

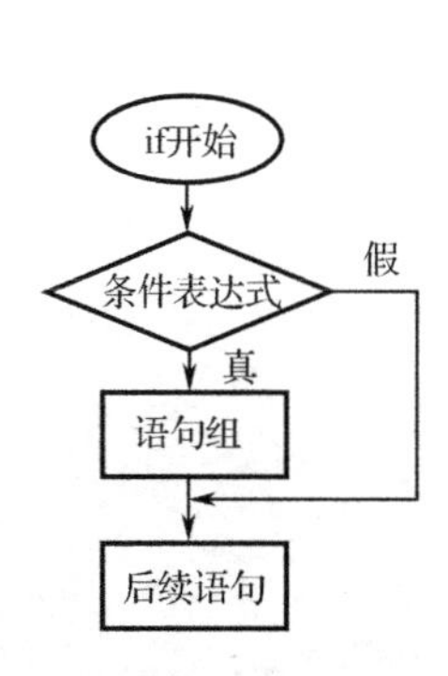

图 1-5-3　if 流程图

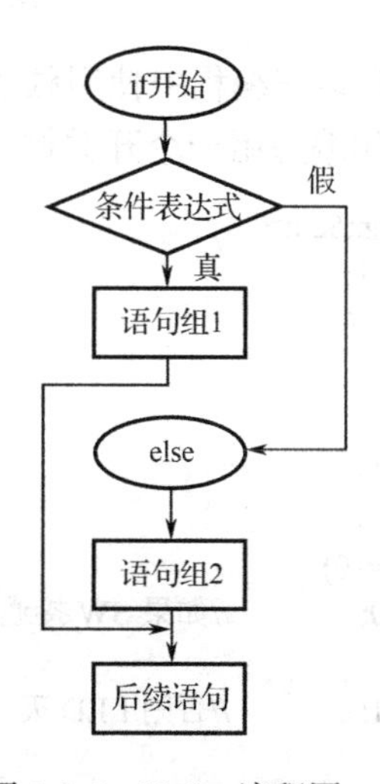

图 1-5-4　if-else 流程图

如图 1-5-4 所示，根据条件在两个语句组中选择一个执行，属于二选一结构。当条件表达式为“真”时，执行“语句组 1”，否则执行“语句组 2”。“语句组 1”和“语句组 2”既不会同时执行，也不会都不执行。

（3）if-else if-else 格式。

If-else if-else 是一种多选一语句。它的基本语法格式如下。

```
if (条件表达式 1)
{语句组 1;}
else if (条件表达式 2)
{语句组 2;}
...
else if (条件表达式 n)
{语句组 n;}
else   {语句组 n+1;}
```

if-else if-else 流程图如图 1-5-5 所示，顺序判断一系列条件表达式的值，当某条件表达式的值为“真”时，则执行相应的语句组，然后跳出整个 if 语句块，执行“语句组 n+1”后面的程序；如果有多个表达式的值为“真”，则只执行放在前面的那个条件表达式所对应的语句组；如果所有表达式的值都为“假”，则执行 else 分支中的“语句组 n+1”后，再执行后面的程序。

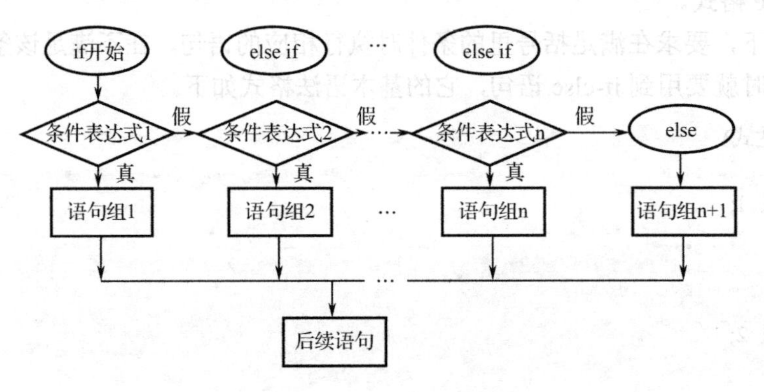

图 1-5-5　if-else if-else 流程图

if 语句在 C 语言编程中使用频率很高，用法并不复杂，所以需要熟练掌握。

使用 if 语句编写用一个开关控制一个 LED 的程序，参考源程序如下：

```
#include <regx52.h>
sbit SW=P1^1;
sbit LED=P1^0;
void main()
{
    while(1)
    {
    if(SW==0)
    LED=0;          //如果 SW 接通，则 LED 亮
    else
    LED=1;          //否则 LED 灭
    }
}
```

练一练

1. 实现用一个开关控制两个 LED，当开关 SW 闭合时，LED1 亮，LED2 灭。当开关 SW 断开时，LED1 灭，LED2 闪烁。电路如图 1-5-6 所示。

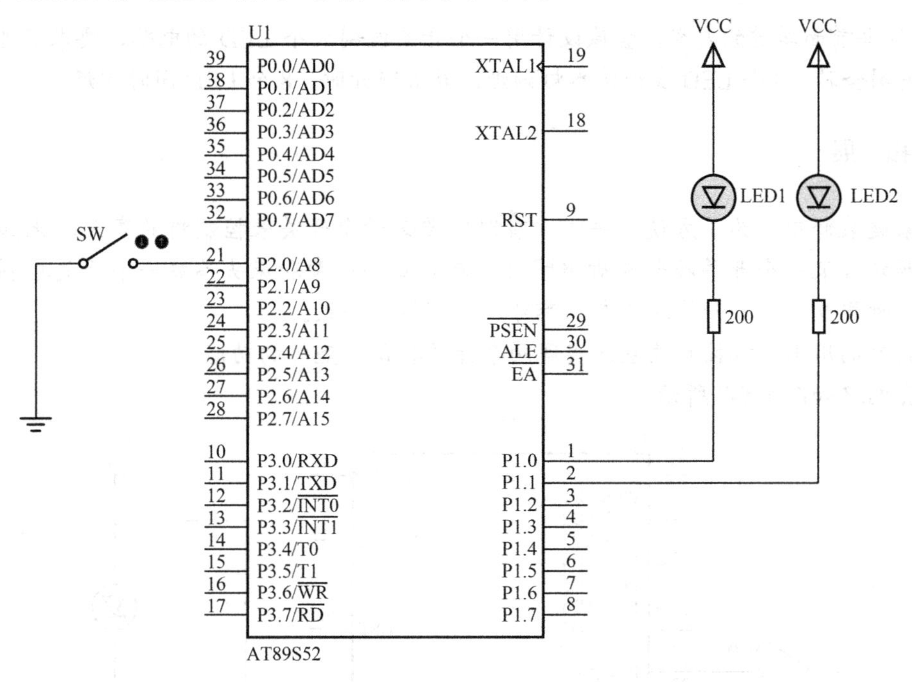

图 1-5-6　用一个开关控制两个 LED 的电路

参考源程序如下：

```
#include <regx52.h>
sbit SW=P2^0;
sbit LED1=P1^0;
sbit LED2=P1^1;
/*延时函数*/
void delay(unsigned int i)
{
        while(i--);
}
    main()
    {
    while(1)
{
        if(SW==0)                //SW 闭合
        {
            LED1=0;              //LED1 亮
            LED2=1;              //LED2 灭
        }
        else                     //SW 关断
        {
```

```
            LED1=1;          //LED1 灭
            LED2=!LED2;  //LED2 翻转（闪烁）
        }
        delay(20000);
    }
}
```

2. 结合前面学过的内容，尝试设计用一个开关控制 8 个 LED 的电路，要求实现以下功能：开关闭合时，8 个 LED 实现流水灯闪烁；开关断开时，8 个 LED 同时闪烁。

拓 展

在家庭装修中，为了方便开关灯，有时需要装两个开关来控制灯的亮灭，比如在长长的走廊两端各装一个开关控制走廊照明灯，在卧室的门旁和床头各装一个开关控制卧室灯等。任何时候改变两个开关的状态，都可以控制灯的亮灭。

下面我们用单片机控制装置来实现两个开关控制一盏灯的功能。

仿真电路如图 1-5-7 所示。

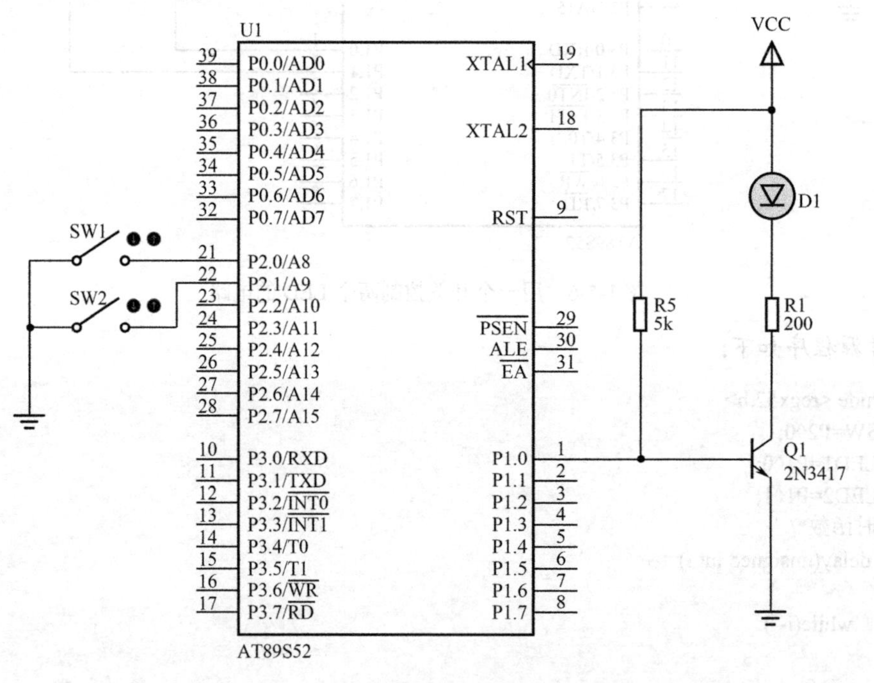

图 1-5-7 两个开关控制一盏灯的仿真电路

两个开关的状态共有 4 种组合：00、01、10、11。假设两个开关一个断开一个闭合（01 和 10）时，灯亮；两个开关都断开或者闭合（00 或者 11）时，灯灭。

参考源程序如下：

```
#include <regx52.h>
#define on 1                //定义“开”的常量
#define off 0               //定义“关”的常量
sbit SW1=P2^0;
sbit SW2=P2^1;
```

```
sbit LED=P1^0;
main(){
        while(1){
    if((SW1==1&&SW2==0)||(SW1==0&&SW2==1))
            LED=on;                                    //SW1 与 SW2 一开一关时灯亮
      else LED=off;                                    //否则灯灭
        }
}
```

这段程序中使用了复合逻辑条件表达式，“&&”是“逻辑与”运算符，它表示前后两个表达式同时成立，结果才成立。“||”是“逻辑或”运算符，它表示前后两个表达式中只要有一个成立，结果就成立。

“(SW1==1&&SW2==0)||(SW1==0&&SW2==1)”表示两个开关 SW1 和 SW2 一个“开”一个“关”，条件就成立，灯就点亮，即 LED=on。

小贴士

逻辑运算符有以下三种。

&&：逻辑与，表达式为 A&&B。只有 A 和 B 都为真，结果才为真。

||：逻辑或，表达式为 A||B。A 和 B 其中之一为真，结果就为真。

!：逻辑非，表达式为!A。如果 A 为真，结果就为假；如果 A 为假，结果就为真。

当一个表达式中有多种运算符时，就需要考虑运算顺序，也就是优先级的问题。C 语言运算符优先级比较复杂，使用时应查询清楚，如果不清楚，可以用括号来强制优先级。

2）单片机与独立式按键接口电路

在前面的实例中我们使用的是钮子开关，接下来介绍按键开关在单片机控制电路中的使用。按键开关的特点是，当按住按键不放时，开关保持闭合状态，外力撤去后回到断开状态。

常用的按键电路有两种形式，即独立式按键和矩阵式按键（也称矩阵键盘），独立式按键比较简单，每个按键各自与独立的输入线相连，如图 1-5-8 所示。

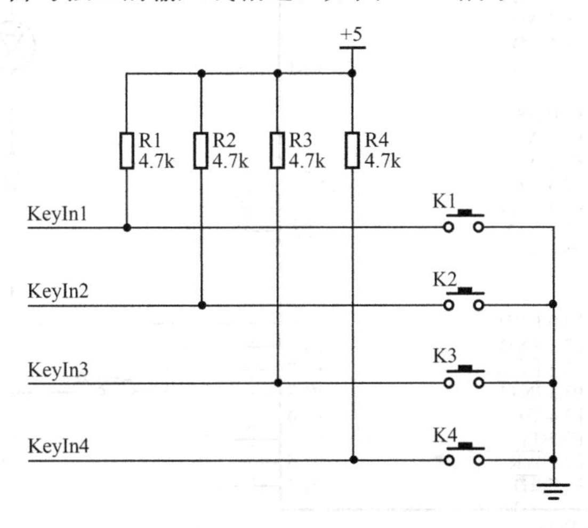

图 1-5-8　独立式按键

独立式按键电路配置灵活、结构简单，其特点是每个按键单独占用一个 I/O 端口引脚，每个按键的工作不会影响其他 I/O 端口的状态。如图 1-5-8 所示，4 条输入线接到单片机的 I/O 端口上，当按键 K1 被按下时，+5V 电源通过电阻 R1 及按键 K1 连至 GND 形成一条通路，这条线路的全部电压都加到了 R1 这个电阻上，KeyIn1 这个引脚就是低电平。当松开按键后，线路断开，就不会有电流通过，那么 KeyIn1 和+5V 就是等电位，即高电平。因此，可以通过 KeyIn1 是高电平还是低电平来判断是否有按键被按下。

小贴士

弹性按键开关通常有 4 个引脚（图 1-5-9）或 6 个引脚，在焊接时，必须先用万用表测试其引脚通断状态，再进行正确连接。

按键开关按照结构原理可分为两类：一类是触点式开关，如导电橡胶式开关、机械式开关等；另一类是无触点开关，如磁感应开关、电气式开关等。触点开关造价低，无触点开关寿命长。图 1-5-1 中的开关都是触点式开关。

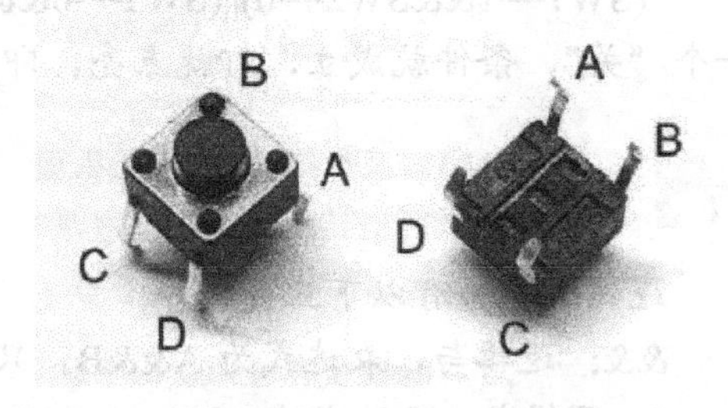

图 1-5-9　弹性按键开关

（1）独立式按键程序设计。

独立式按键程序设计一般采用查询方式。查询 I/O 端口线的输入状态，如果为低电平，则确认该 I/O 端口线所对应的按键已被按下，并转向该键的功能处理程序。按键释放后，一次按键动作完成。

结合图 1-5-10，编写程序实现以下功能：按一下按键，点亮 LED；再按一下按键，熄灭 LED，如此循环。

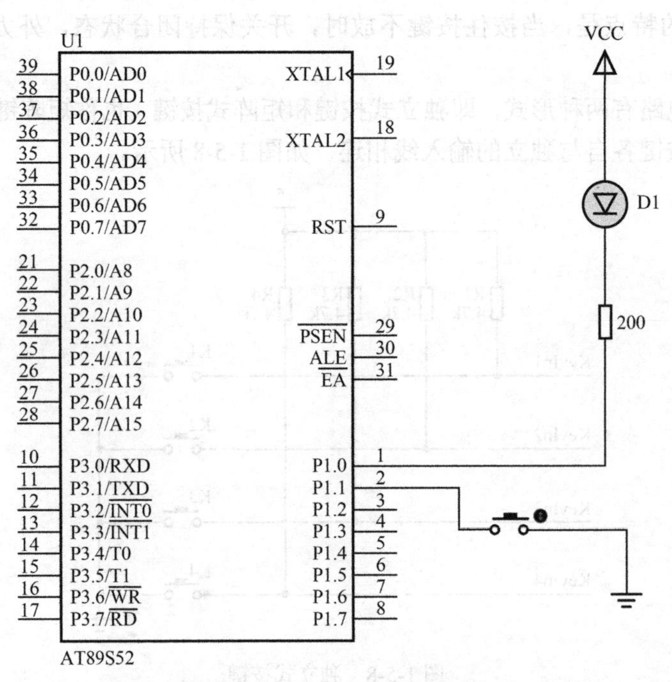

图 1-5-10　用一个按键控制一个 LED

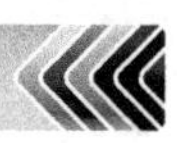

编写程序时，首先要查询按键是否已被按下，如果已被按下，则等待按键释放，按键释放后，一次按键动作就完成了。然后编写 LED 状态变化的语句，实现 LED 状态在“亮”和“灭”之间切换。

参考源程序如下：

```
#include <REGX52.H>
#define on 0
#define off 1
sbit K=P1^1;
sbit LED=P1^0;
delay(unsigned int i){
    while(i--);
}
main(){
    while(1){
        if(K==0){                       //如果按键被按下就进入
            delay(1110);                //延时约 10ms，按键消抖
            if(K==0){                   //确认按下
                LED=!LED;               //松开按键，LED 反转
            }
        }
    }
}
```

在上面的程序中，delay(1110)起到了按键消抖的作用。

（2）按键抖动和按键消抖。

通常所用的按键开关都是机械弹性开关，当机械触点断开或闭合时，由于机械触点的弹性作用，按键开关在闭合时不会马上就稳定地接通，在断开时也不会一下子彻底断开，而是在闭合和断开的瞬间伴随一连串的抖动，如图 1-5-11 所示。

抖动时间是由按键的机械特性决定的，一般在 10ms 以内，在按键触点抖动期间检测按键的通断状态可能会导致判断出错。为了确保程序对按键的一次闭合或者一次断开只响应一次，必须进行按键消抖处理。

按键消抖可分为硬件消抖和软件消抖。

硬件消抖是通过增加相应的硬件电路来消抖，如图 1-5-12 所示。这种方法的实际应用效果不是很好，而且会增加成本和电路复杂度，所以使用得并不多。

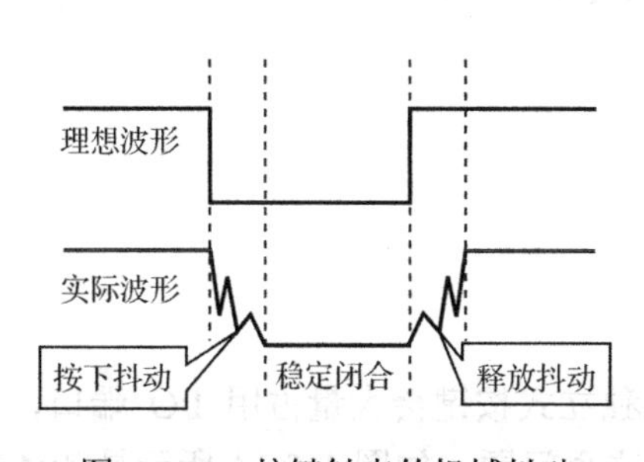

图 1-5-11　按键触点的机械抖动

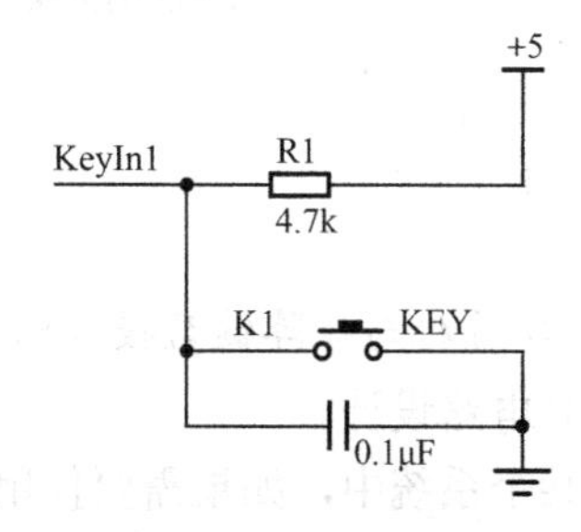

图 1-5-12　硬件消抖

软件消抖的思路是，当检测到有按键被按下时，先执行 10ms 的延时程序，然后再次检测

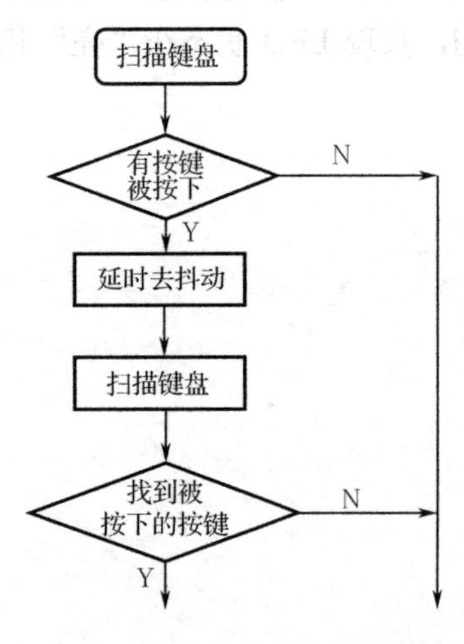

图 1-5-13　软件消抖流程图

该按键是否被按下，以确认该按键被按下不是抖动引起的。软件消抖流程图如图 1-5-13 所示。

按键稳定闭合的时间由操作者的动作决定，为了保证在这段时间内，单片机对按键闭合只做一次处理，需要等待按键释放后再执行后面的程序。所以一般来说，需要“按键消抖”的地方也需要“等待按键释放”。

主循环的语句是被反复执行的，一般情况下循环速度非常快，在按键状态查询语句中，一旦确认按键被按下，就会执行相应的“键被按下后的语句组”。如果没有“等待按键释放”的语句，则“键被按下后的语句组”很快执行完毕，返回进行下一次按键状态查询，若按键还没有释放，则会再次执行“键被按下后的语句组”，如此下去，直到松开按键，造成按键功能不能正常实现。

增加“等待按键释放”的语句后，当“键被按下后的语句组”执行完，程序将等待按键释放，避免程序返回按键状态查询语句，这样就不会重复执行“键被按下后的语句组”。

通常使用 while 循环语句对按键状态进行监测。

增加“等待按键释放”语句后的参考源程序如下：

```
#include <REGX52.H>
#define on 0
#define off 1
sbit K=P1^1;
sbit LED=P1^0;
delay(unsigned int i){
    while(i--);
}
main(){
    while(1){
        if(K==0){                       //如果按键被按下就进入
            delay(1110);                //延时约 10ms，按键消抖
            if(K==0){                   //确认按下
                while(K==0);            //等待按键释放，若没有释放就继续等待
                LED=!LED;               //松开按键，LED 反转
            }
        }
    }
}
```

3）单片机与矩阵键盘接口电路

（1）电路设计。

在某个系统中，如果需要使用很多按键，做成独立式按键会大量占用 I/O 端口，甚至导致 I/O 端口不够用，这时可以引入矩阵键盘来解决这个问题。如图 1-5-14 所示是 4×4 矩阵键盘电路结构，使用 8 个 I/O 引脚来实现对 16 个按键的查询。

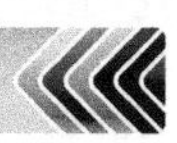

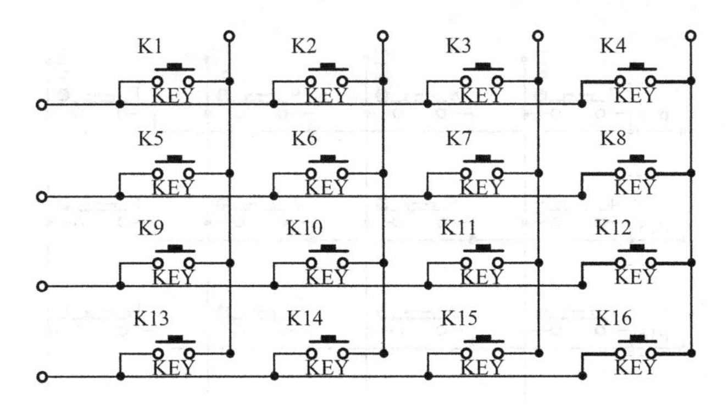

图 1-5-14　4×4 矩阵键盘电路结构

常用的矩阵键盘识别按键的方法可以分为以下两个步骤。

首先，判断有无按键被按下。将所有的行线置低电平，再读入所有的列信号，若读入的列信号全为高电平，则说明无按键被按下；只要有一个列信号为低电平，就说明有按键被按下。如图 1-5-14 所示，向所有行线输入低电平，假设 K4 键被按下，那么 K4 键所在的第 0 行和第 3 列导通，第 3 列被拉低，读入的列信号为低电平，说明此时有按键被按下。

其次，在有按键被按下的情况下，确定具体是哪个按键被按下，通常使用以下两种方法。

① 逐行扫描法。

确定具体按键的方法是，从第一行开始依次往行线上送低电平（某行线为低电平，其余行线为高电平）。将某行线置低电平后，逐行检测各列线的电平，如果某列线为低电平，则按键位于被置低电平的行线和被检测为低电平的列线交叉处。

逐行扫描法的参考函数如下，仿真电路如图 1-5-15。

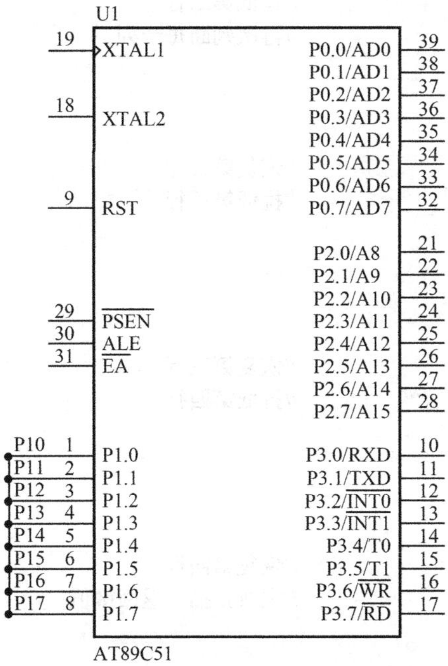

图 1-5-15　4×4 矩阵键盘仿真电路

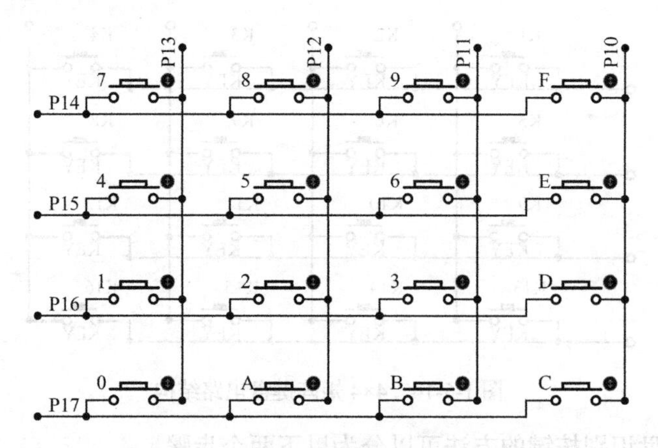

图 1-5-15　4×4 矩阵键盘仿真电路（续）

```
//函数名 key_get()
sbit row0=P1^4;sbit row1=P1^5;sbit row2=P1^6;sbit row3=P1^7;
sbit col0=P1^3;sbit col1=P1^2;sbit col2=P1^1;sbit col3=P1^0;
unsigned char key_get(){
    unsigned char k=255;                        //用 255 表示无键被按下
    row0=row1=row2=row3=col0=col1=col2=col3=1; //复位所有线
    row0=0;                                     //拉低第一行
    if(col0==0)k=7;                             //依次判断每一列，为 0，则赋值
    else if(col1==0)k=8;
    else if(col2==0)k=9;
    else if(col3==0)k='F';                      //字母键使用 ASCII 码
    row0=1;                                     //恢复第一行
    row1=0;                                     //拉低第二行
    if(col0==0)k=4;                             //再次判断每一列
    else if(col1==0)k=5;
    else if(col2==0)k=6;
    else if(col3==0)k='E';
    row1=1;                                     //恢复第二行
    row2=0;                                     //拉低第三行
    if(col0==0)k=1;
    else if(col1==0)k=2;
    else if(col2==0)k=3;
    else if(col3==0)k='D';
    row2=1;                                     //恢复第三行
    row3=0;                                     //拉低第四行
    if(col0==0)k=0;
    else if(col1==0)k='A';
    else if(col2==0)k='B';
    else if(col3==0)k='C';
    row3=1;                                     //恢复第四行
    return k;                                   //完成扫描，返回键值
}
```

② 行列反转法。

行列反转法也是矩阵键盘扫描常用的方法之一。使用行列反转法时，键盘行、列线要通过上拉电阻（P1～P3 口均有上拉电阻）连接到电源上。

首先，将行线设为输出线，列线为输入线，让行线输出低电平，当某列线为低电平时，该列就为闭合按键所在列。

然后，将矩阵键盘的行线和列线反转：将列线设为输出线，行线为输入线，让列线全部输出低电平，当某行线为低电平时，该行就是闭合按键所在行。

最后，根据行值和列值确定闭合按键的位置。

行列反转法键盘扫描程序如下：

```
#define  key  P1
uchar lian;                          //连按标志位
uchar keynum;                        //键值

void scanKey()                       //键盘函数
{
    uchar keypress;                  //临时键值
    uchar col;                       //键盘列信息
    uchar row;                       //键盘行信息
    keynum=0xff;                     //键值无效

    key=0xf0;                        //低4位输出0（扫描），高4位输出1（回读）
    _nop_();
    if((key&0xf0)!=0xf0)             //是否有按键被按下
    {
        if(lian==0)                  //判断连按标志位是0（第一次按下）还是1（连按）
        {
            delayms(10);             //延时消抖
            if((key&0xf0)!=0xf0)     //再次判断是否有按键被按下
            {
                col=key&0xf0;    //获取列信息

                key=0x0f;        //反转：高4位输出0（扫描），低4位输出1（回读）
                _nop_();
                row=key&0x0f; //获取行信息
                keypress=col|row;     //合成键值

                lian=1;               //连按标志位置位
                switch(keypress)
                {
                    case 0xee:keynum=7; break;
                    case 0xde:keynum=8; break;
                    case 0xbe:keynum=9; break;
                    case 0x7e:keynum='F';break;

                    case 0xed:keynum=4; break;
                    case 0xdd:keynum=5; break;
                    case 0xbd:keynum=6; break;
                    case 0x7d:keynum='E';break;

                    case 0xeb:keynum=1; break;
                    case 0xdb:keynum=2; break;
                    case 0xbb:keynum=3; break;
                    case 0x7b:keynum='D';break;

                    case 0xe7:keynum=0;break;
```

```
                        case 0xd7:keynum='A'; break;
                        case 0xb7:keynum='B';break;
                        case 0x77:keynum='C';break;
                        default:   lian=0;     break;  //若为干扰
                    }
                }
            }
        }
        else                                                //若无按键被按下
        lian=0;                                             //连按标志位复位
}

void delayms(uint x)                                        //延时函数
{
        uchar i;
        while(x--)
        for(i=0;i<123;i++);
}
```

（2）switch 语句、break 语句和 continue 语句。

用 if-else 语句处理多分支时，分支太多就会显得不方便，且容易出现 if 和 else 配对出错的情况。在 C 语言中提供了另外一种多分支选择的语句——switch 语句。

它的基本语法格式如下：

```
switch(表达式)
{
case  常量表达式 1:  语句 1;
case  常量表达式 2:  语句 2;
...
case 常量表达式 n:  语句 n; default:  语句 n+1;
}
```

它的执行过程如下：首先计算“表达式”的值，然后从第一个 case 开始，依次与“常量表达式”进行比较，如果与当前常量表达式的值不相等，那么就不执行冒号后边的语句；一旦发现和某个常量表达式的值相等，就执行之后所有的语句；如果直到“常量表达式 n”都没有找到相等的值，那么就执行 default 后的“语句 n+1”。要特别注意一点，当找到一个相等的 case 分支后，会执行该分支及之后所有分支的语句。很明显，这不是我们想要的结果。

在 C 语言中还提供了 break 语句，其作用是跳出当前的循环语句，包括 for 循环和 while 循环；同时，它还能用来结束 switch 语句块。

switch 的分支语句共有 n+1 条，而我们通常希望选择其中的一个分支来执行，执行完后就结束整个 switch 语句，然后执行 switch 后面的语句，这可以通过在每个分支后加上 break 语句来实现。格式如下：

```
switch (表达式)
{
case  常量表达式 1:  语句 1; break;
case  常量表达式 2:  语句 2; break;
...
case  常量表达式 n:  语句 n; break; default:  语句 n+1; break;
}
```

加了 break 语句后，一旦“常量表达式 n”的值与“表达式”的值相等，那么就执行“语句 n”，执行完毕后，由于有了 break 语句，会直接跳出 switch 语句，继续执行 switch 语句后面的程序，这样就可以避免执行不必要的语句。

在一个循环中，我们可以通过循环语句中的表达式来控制循环程序结束与否，还可以通过 break 语句强行退出循环结构，如图 1-5-16（a）所示。前面已经介绍过 break 语句，它不仅可以跳出“循环体”，还可以跳出 switch 语句。但事实上，break 语句也只能用于这两种情况。break 语句不能用于循环语句和 switch 语句之外的任何其他语句中。

continue 语句的用途是结束本次循环，直接判定下一次循环是否执行，如图 1-5-16（b）所示。continue 只能在循环语句中使用，即只能在 for、while 和 do-while 循环中使用。

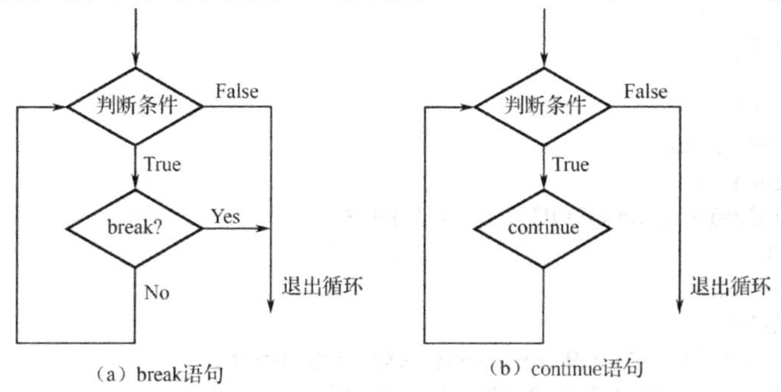

图 1-5-16　break 语句和 continue 语句

continue 语句和 break 语句的区别是，continue 语句只结束本次循环，而不是终止整个循环；break 语句则是结束整个循环过程，不再判断执行循环的条件是否成立。

拓　展

用数码管显示矩阵键盘的键值，后两位显示新按下的键值，前两位显示上次按下的键值。仿真电路如图 1-5-17 所示。

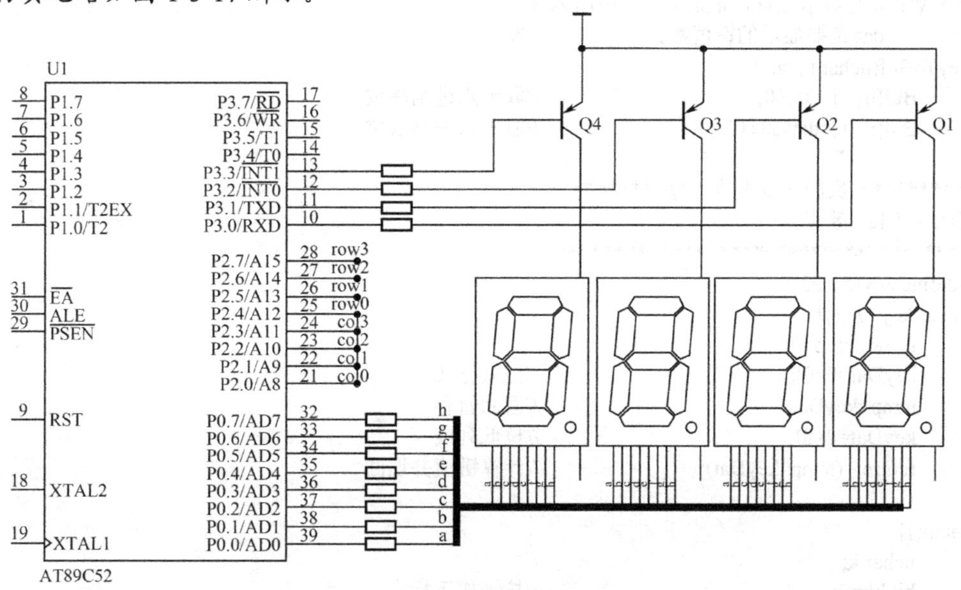

图 1-5-17　数码管显示键值仿真电路

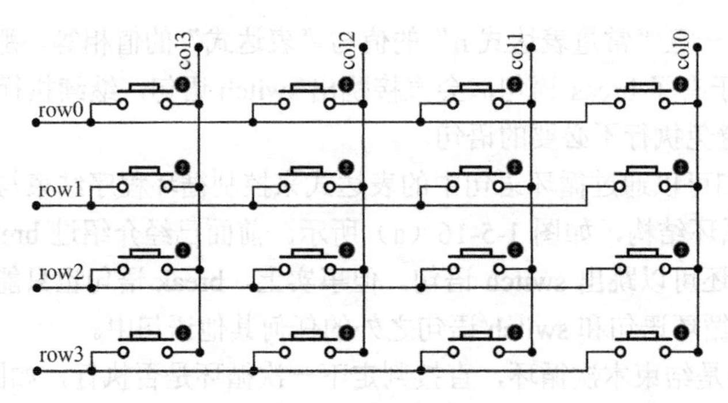

图 1-5-17　数码管显示键值仿真电路（续）

参考源程序如下：

```
#include <REGX52.H>
#define uchar unsigned char
#define uint unsigned int
sbit Q1=P3^0;sbit Q2=P3^1;sbit Q3=P3^2;sbit Q4=P3^3;
#define LEDdat P0
delay(uint i){while(i--);}
uchar code LEDcode[]={
      0xc0,0xf9,0xa4,0xb0,0x99,0x92,0x82,0xf8,0x80,0x90,//0～9
      0x88,0x83,0xc6,0xa1,0x86,0x8e,0xff}; //A～F，黑
uchar Buf[4]={16,16,16,16};                    //显存，初值为“黑”，即全灭
/************* 基础显示函数 ************/
display(){
      LEDdat=LEDcode[Buf[3]];Q1=0;delay(50);Q1=1;
      LEDdat=LEDcode[Buf[2]];Q2=0;delay(50);Q2=1;
      LEDdat=LEDcode[Buf[1]];Q3=0;delay(50);Q3=1;
      LEDdat=LEDcode[Buf[0]];Q4=0;delay(50);Q4=1;
}
/************ 送 1 字节到显存 ***********/
/*参数：n 是显示位置，最前为 0，最后为 3    */
/*          dat 是要显示的键值数据               */
keyToBuf(uchar n,dat){
      Buf[n]=dat/0x10;                           //取十六进制高位
      Buf[n+1]=dat%0x10;                         //取十六进制低位
}
/********* 反转法取键值 ***********
返回：8421 键值
*************************************/
#define keyDat P2
uchar key_get(){
      uchar temp=0;
      keyDat=0x0f;                               //拉低行线
      temp=keyDat;                               //读回暂存
      keyDat=0xf0;                               //拉低列线
      return ~(temp^keyDat);                     //计算键值并返回
}
main(){
      uchar k;                                   //
      bit bk=0;                                  //按键按下标志
      while(1){
```

```
        if(key_get()!=0&&0==bk){
            delay(200);                     //消抖
            if(key_get()!=0){
                bk=1;                       //按下标志置 1
                keyToBuf(0,k);              //上次键值显示在前两位
                k=key_get();                //取本次键值
                keyToBuf(2,k);              //本次键值显示在后两位
            }
        }
        if(key_get()==0)bk=0;               //待按键释放，按下标志清零
        display();                          //扫描显示
    }
}
```

2. LED 点阵显示原理及控制技术

LED 点阵显示屏不仅能显示文字，还能显示图像、图形及各种动画效果，是新闻传播、广告宣传的有力工具，具有应用灵活（可任意分割和拼装）、高亮度、长寿命、数字化、实时性等特点，在人们的日常生活中应用非常广泛。

1）LED 点阵的结构及原理

LED 点阵是把若干个发光二极管按矩阵形式排列在一起所组成的，通过对每个发光二极管的状态进行控制，来显示各种字符或者图形。LED 点阵由一个一个的点（即发光二极管）组成，总点数为行数与列数的乘积，引脚数为行数和列数之和。

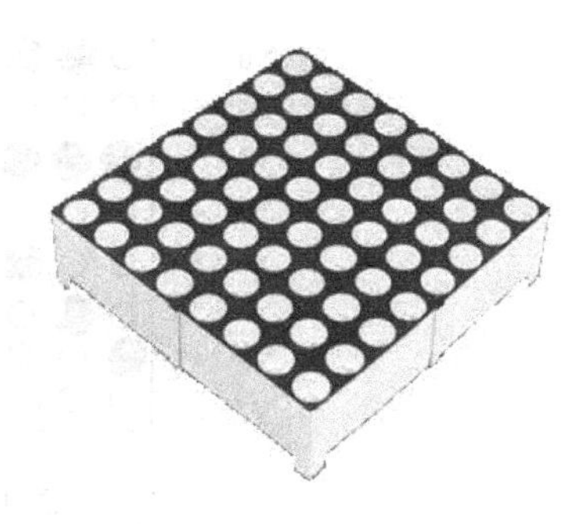

图 1-5-18　8×8 LED 点阵

常见的 LED 点阵显示模块有 5×7（5 列 7 行）、7×9（7 列 9 行）、8×8（8 列 8 行）结构。

8×8 LED 点阵是由 64 个 LED 组成的。图 1-5-18 就是一个 8×8 LED 点阵，图 1-5-19 是它的内部等效电路。

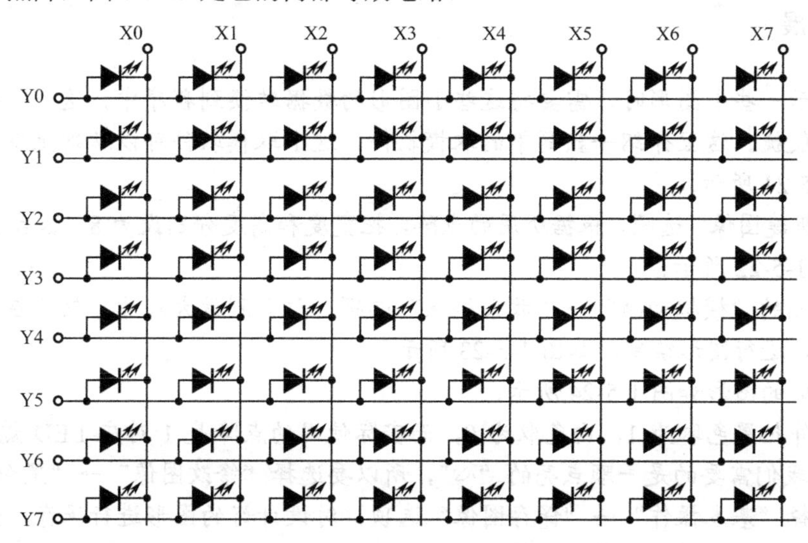

图 1-5-19　8×8 LED 点阵内部等效电路

从电路图中我们可以看出，点亮某个 LED 的条件是，对应的行线输出高电平，对应的列线输出低电平。例如，Y0=1，X0=0 时，左上角的 LED 被点亮。如果在很短的时间内依次点亮若干个发光二极管，由于视觉暂留效应，就可以看到由多个稳定发光的二极管构成的字母、数字或者图形，这就是 LED 点阵动态显示原理。

2）LED 点阵显示字符

这里以显示“天”字为例，介绍如何用 LED 点阵稳定显示一个字符。

为了显示“天”字，8×8 LED 点阵需要点亮的位置如图 1-5-20 所示，显示过程如下：先给第一行送高电平（行高电平有效，即行线 Y0=1，Y1、Y2、Y3、Y4、Y5、Y6、Y7 清零），同时给 8 位列线（X7～X0）送 11000001（列低电平有效）；然后给第二行送高电平，同时给 8 位列线送 11110111，依次进行，最后给第八行送高电平，同时给列线送 11111111。每行点亮时间在 1ms 左右，第八行点亮结束后再送第一行，如此循环，利用人眼视觉暂留效应，就可以显示一个稳定的“天”字。

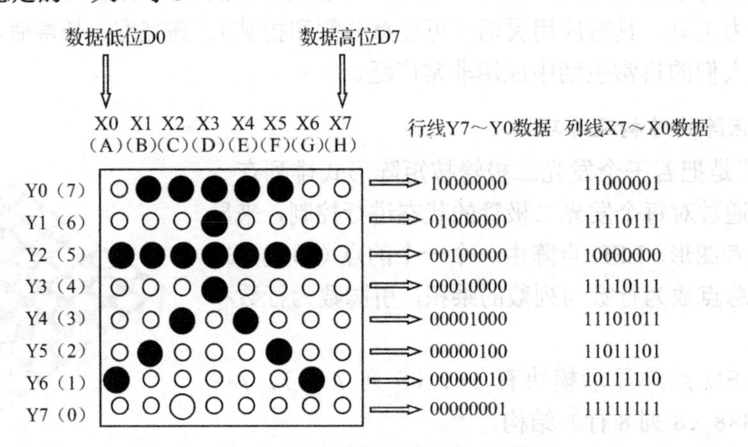

图 1-5-20　8×8 LED 点阵需要点亮的位置

拓　展

当要显示一些小图形时，需要将这些小图形的数据转换到程序中，这个时候使用取模软件就非常便捷。这里介绍一款简单的取模软件，这个取模软件可以从网上下载，其操作界面如图 1-5-21 所示。

单击“新建图像”选项，根据所用的点阵，把宽度和高度分别设为 8，然后单击“确定”按钮，如图 1-5-22 所示。

单击左侧的“模拟动画”→“放大格点”选项，放大到最大尺寸，然后在点阵中用鼠标填充黑点，进行图形绘制，如图 1-5-23 所示。

绘制完成的图形如图 1-5-24 所示。

取模软件把黑色取为 1，白色取为 0，而实际使用的点阵是 1 对应 LED 熄灭，0 对应 LED 点亮，我们需要的是一颗点亮的“心”，所以要选择“修改图像”→“黑白反显图像”选项，再选择“基本操作”→“保存图像”选项，对设计好的图形进行保存，如图 1-5-25 所示。

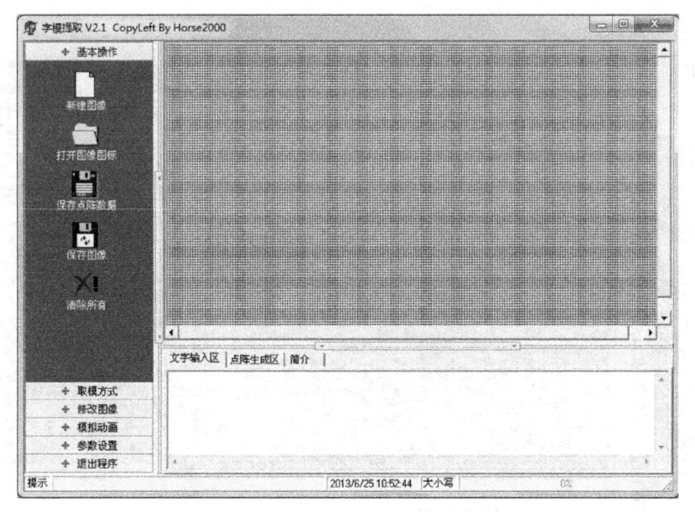

图 1-5-21　取模软件操作界面

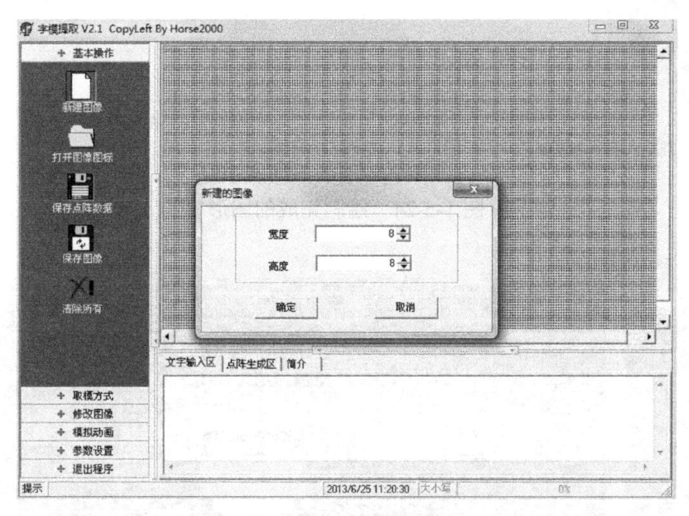

图 1-5-22　新建图像

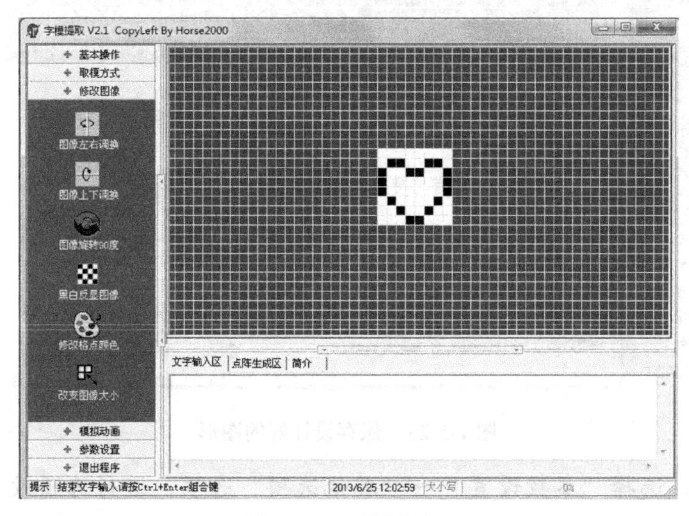

图 1-5-23　绘制图形

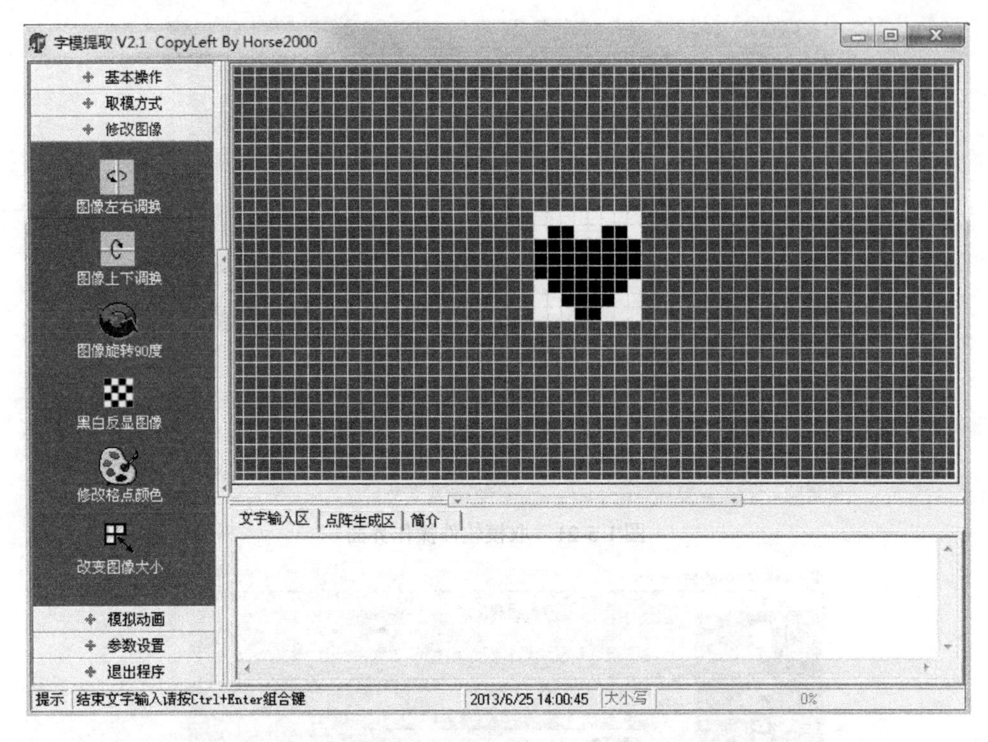

图 1-5-24　绘制完成的图形

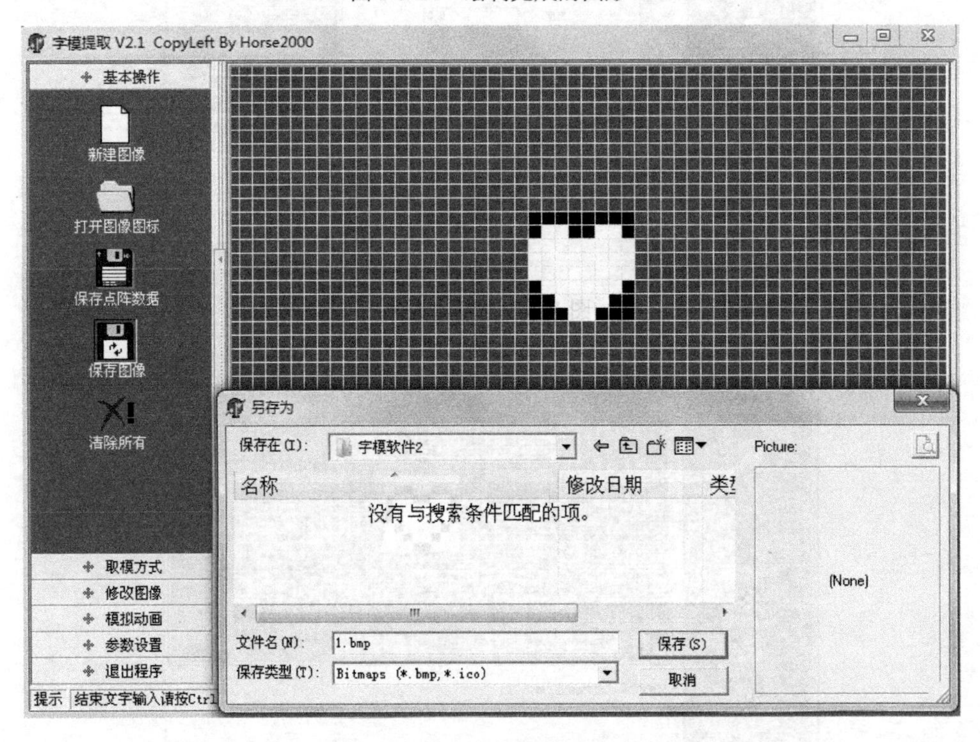

图 1-5-25　保存设计好的图形

保存完成后，选择“参数设置”→“其他选项”选项，进行选项设置，如图 1-5-26 所示。

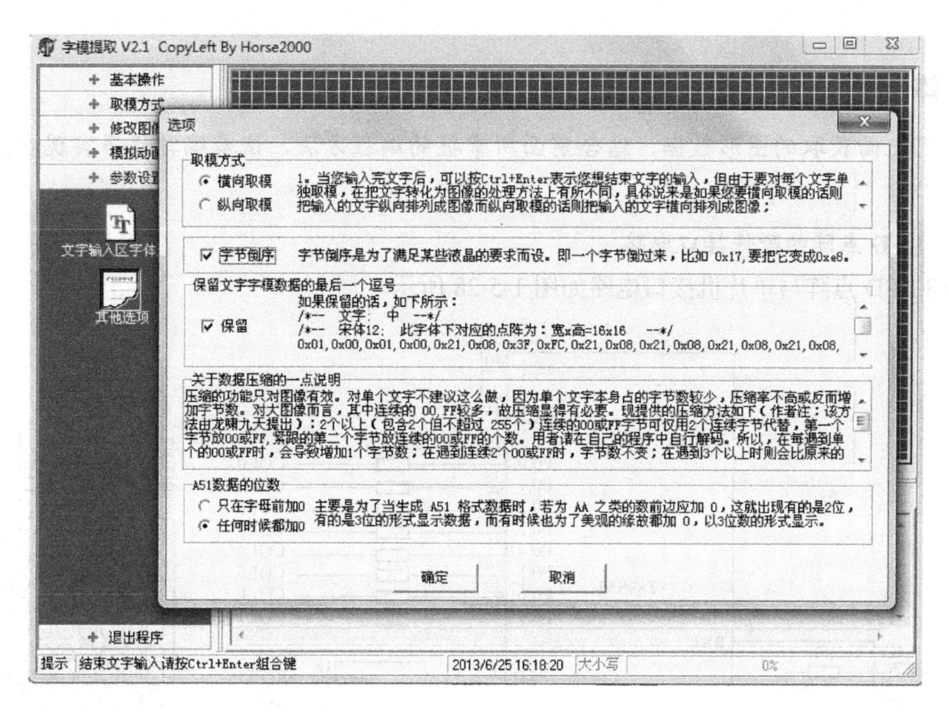

图 1-5-26　选项设置

这里的选项要结合电路来进行设置，P0口控制的是一行，所以选中“横向取模”单选按钮，如果控制的是一列，就要选中“纵向取模”单选按钮。选中“字节倒序”复选框，单击“确定”按钮，然后选择“取模方式”→“C51格式”选项，在“点阵生成区”会自动生成8字节数据，这就是取出来的“模”，如图1-5-27所示。

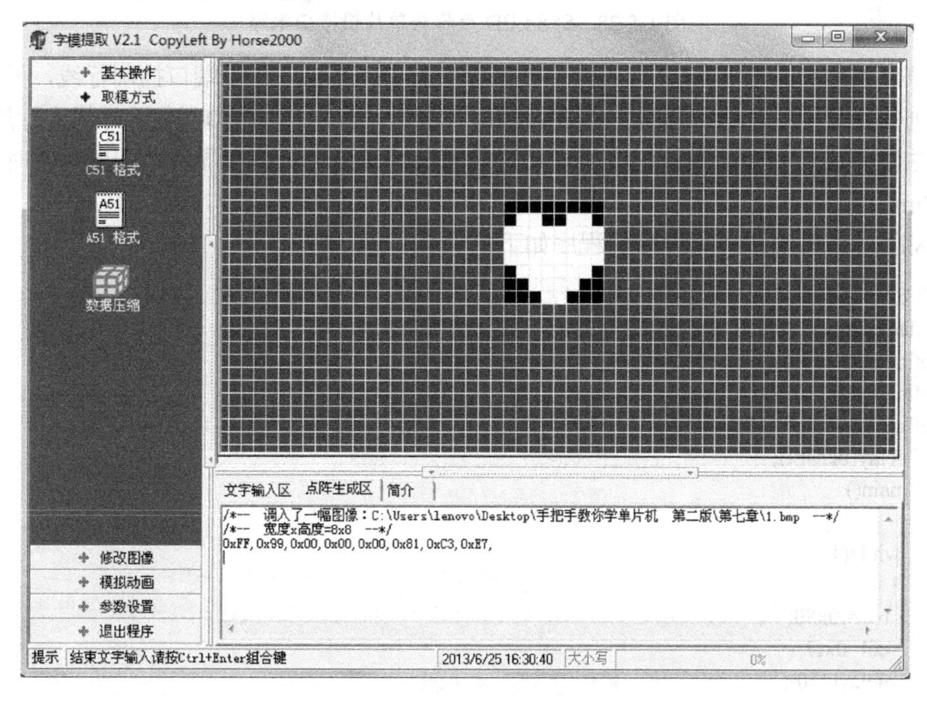

图 1-5-27　获取数据

练一练

利用上面获取的图形数据，结合前面所掌握的编程方法，试着编写程序实现在点阵上显示图形。

3）LED 点阵的硬件接口电路

8×8 LED 点阵与单片机接口电路如图 1-5-28 所示。

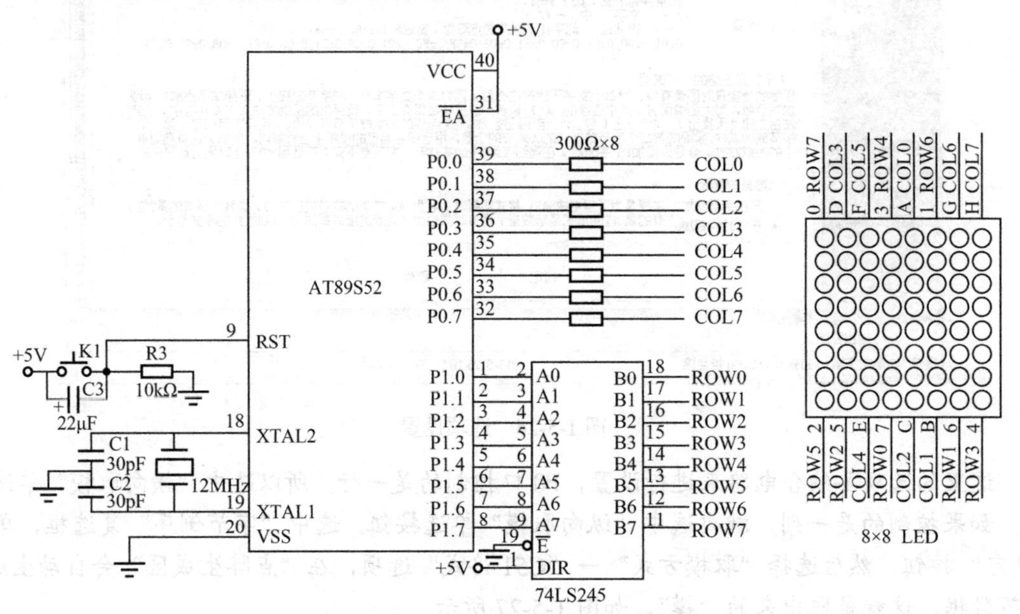

图 1-5-28　8×8 LED 点阵与单片机接口电路

用单片机控制一个 8×8 LED 点阵需要两个并行 I/O 端口，一个端口控制行线，另一个端口控制列线。显示过程以行扫描方式进行，每次显示一行 8 个 LED，显示时间为行周期，8 行依次扫描完成后开始新一轮扫描显示，这段时间为场周期。两行显示之间的延时时间建议为 1～2ms。

8×8 LED 点阵显示“大”字的程序如下：

```
/*在 8×8 LED 点阵上显示字符“大”*/
#include<regx52.h>
#define uchar   unsigned char
#define   row    P1
#define   col    P0
void delay(uchar i);
void main()
{
        while(1)
        {
         row=0x80;
         col=0xf7;
         delay(110);
         row=0x40;
         col=0xf7;
```

```
        delay(110);
        row=0x20;
        col=0x80;
        delay(110);
        row=0x10;
        col=0xf7;
        delay(110);
        row=0x08;
        col=0xeb;
        delay(110);
        row=0x04;
        col=0xdd;
        delay(110);
        row=0x02;
        col=0xbe;
        delay(110);
        row=0x01;
        col=0xff;
        delay(110);
       }
}
void delay(uchar i)
{
 while(i--);
}
```

如果要显示多个字符，在一个字符显示程序的基础上再嵌套一个循环就可以了。例如，在 8×8 LED 点阵上循环显示 0～9，参考源程序如下：

```
#include<regx52.h>
#define uchar   unsigned char
#define uint    unsigned int
#define   row    P1
#define   col    P0
uchar code led[ ]={
0x18,0x24,0x24,0x24,0x24,0x24,0x24,0x18,        //0
0x00,0x18,0x1c,0x18,0x18,0x18,0x18,0x18,        //1
0x00,0x1e,0x30,0x30,0x1c,0x06,0x06,0x3e,        //2
0x00,0x1e,0x30,0x30,0x1c,0x30,0x30,0x1e,        //3
0x00,0x30,0x38,0x34,0x32,0x3e,0x30,0x30,        //4
0x00,0x1e,0x02,0x1e,0x30,0x30,0x30,0x1e,        //5
0x00,0x1c,0x06,0x1e,0x36,0x36,0x36,0x1c,        //6
0x00,0x3f,0x30,0x18,0x18,0x0c,0x0c,0x0c,        //7
0x00,0x1c,0x36,0x36,0x1c,0x36,0x36,0x1c,        //8
0x00,0x1c,0x36,0x36,0x36,0x3c,0x30,0x1c         //9
}
void delay(uchar x);
void main()
{
      uchar w;
      uint i,j,k,m;
      while(1)
```

```
    {
            for(k=0;k<10;k++)
            {
                    for(m=0;m<400;m++)
                    {
                     w=0x01;
                     j=k*8;
                            for(i=0;i<8;i++)
                            {
                                row=w;
                                col=~led[j];
                                delay(110);
                                w<<=1;
                                j++;
                            }
                    }
            }
    }
}
void delay(uchar x)
{
  while(x--);
}
```

拓　展

图 1-5-29 是 8 块 8×8 LED 点阵器件构成的 32×16 点阵显示屏仿真电路图，U1、U2 分别锁存上半屏和下半屏数据，U3、U4、U5、U6 锁存列数据并驱动 LED 显示。

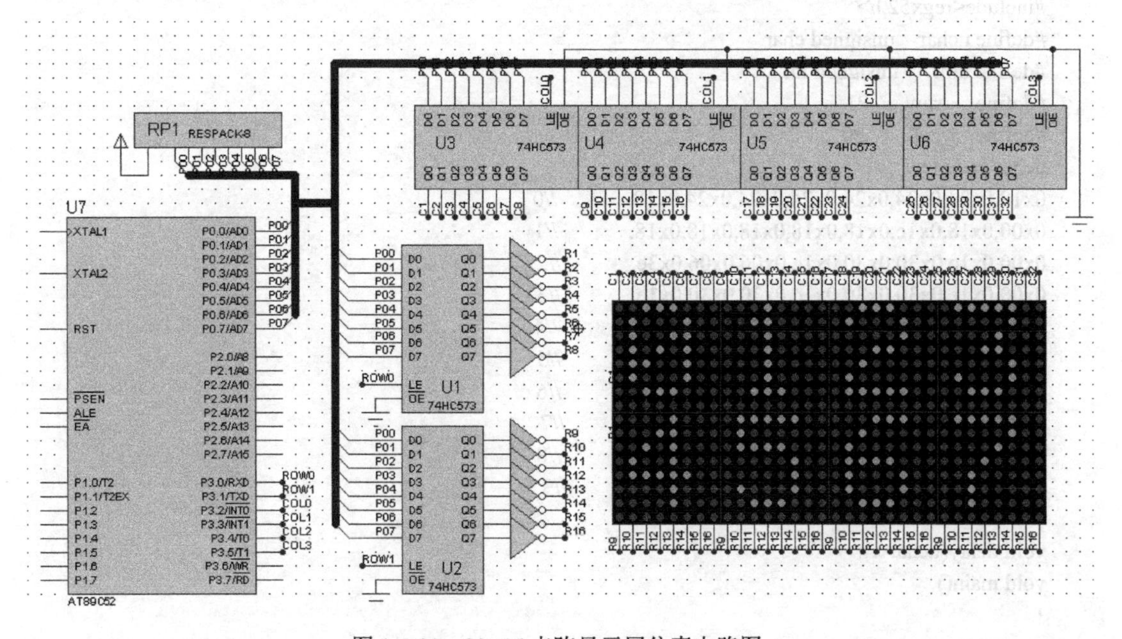

图 1-5-29　32×16 点阵显示屏仿真电路图

在 32×16 点阵上显示 8 个字符，参考源程序如下：

```
#include "regx52.h"
#include "intrins.h"
#define uchar unsigned char
#define uint unsigned int
sbit row0=P3^0;
sbit row1=P3^1;
sbit col0=P3^2;
sbit col1=P3^3;
sbit col2=P3^4;
sbit col3=P3^5;
void delay(uint i){while(--i);}                    //字模数组
uchar code zm[][8] =
{
    0x1C,0x22,0x32,0x2A,0x26,0x22,0x1C,0x00, //-0-
    0x08,0x0C,0x08,0x08,0x08,0x08,0x1C,0x00, //-1-
    0x1C,0x22,0x20,0x18,0x04,0x02,0x3E,0x00, //-2-
    0x3E,0x20,0x10,0x18,0x20,0x22,0x1C,0x00, //-3-
    0x10,0x18,0x14,0x12,0x3E,0x10,0x10,0x00, //-4-
    0x3E,0x02,0x1E,0x20,0x20,0x22,0x1C,0x00, //-5-
    0x38,0x04,0x02,0x1E,0x22,0x22,0x1C,0x00, //-6-
    0x3E,0x20,0x10,0x08,0x04,0x04,0x04,0x00, //-7-
    0x1C,0x22,0x22,0x1C,0x22,0x22,0x1C,0x00, //-8-
    0x1C,0x22,0x22,0x3C,0x20,0x10,0x0E,0x00, //-9-
};
uchar buf[8];                    //显示缓存
void disp( ){
    uchar i,row=0x01;
    for(i=0;i<64;i++){                         //纵向扫描，共 64 次
        P0=row;                                //点亮一行
        switch((i/8)%2){                       //计算行线
            case 0:row0=1;row0=0;break;
            case 1:row1=1;row1=0;break;
        }
        P0=zm[buf[i/16+i/8%2*4]][i%8];         //计算数据
        switch(i/16){                          //计算列线
            case 0:col0=1;col0=0;break;
            case 1:col1=1;col1=0;break;
            case 2:col2=1;col2=0;break;
            case 3:col3=1;col3=0;break;
        }
        delay(60);                             //延时，仿真与真机参数可能不一样
        row=_crol_(row,1);                     //准备下一行并延时
        P0=0;                                  //关显示
        row0=row1=col0=col1=col2=col3=1;
        row0=row1=col0=col1=col2=col3=0;
    }
}
void main( ){
    buf[0]=0;buf[1]=1;buf[2]=2;buf[3]=3;
    buf[4]=4;buf[5]=5;buf[6]=6;buf[7]=7;
    while(1){
```

```
            disp( );
        }
    }
```

环节三　分析计划

经过一系列知识的学习和技能的训练，以及信息资讯的收集，本环节将对任务进行认真分析，并形成简易计划书。简易计划书具体由鱼骨图、“人料机法环”一览表和相关附件组成。

1. 鱼骨图

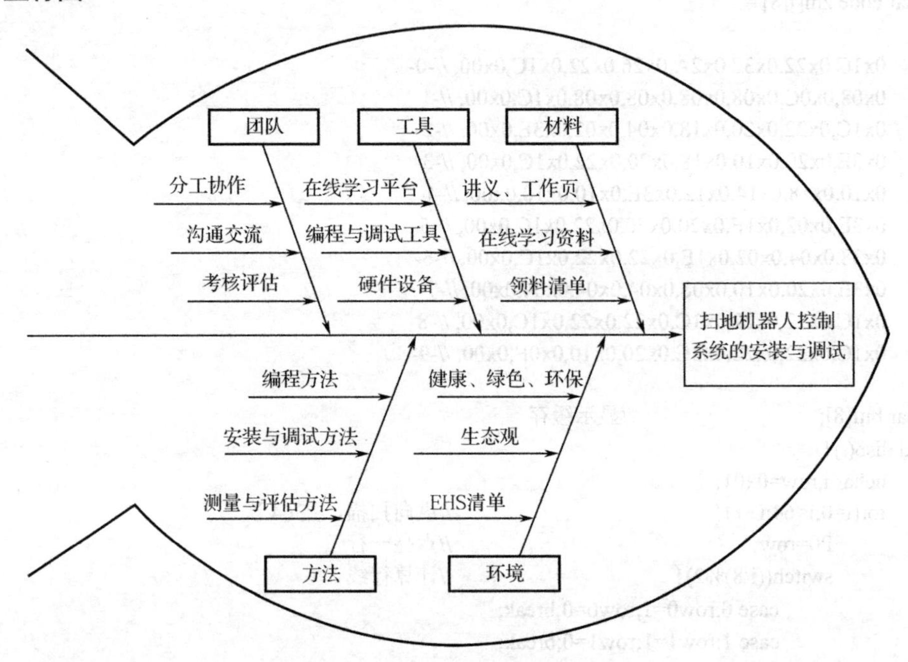

2.“人料机法环”一览表

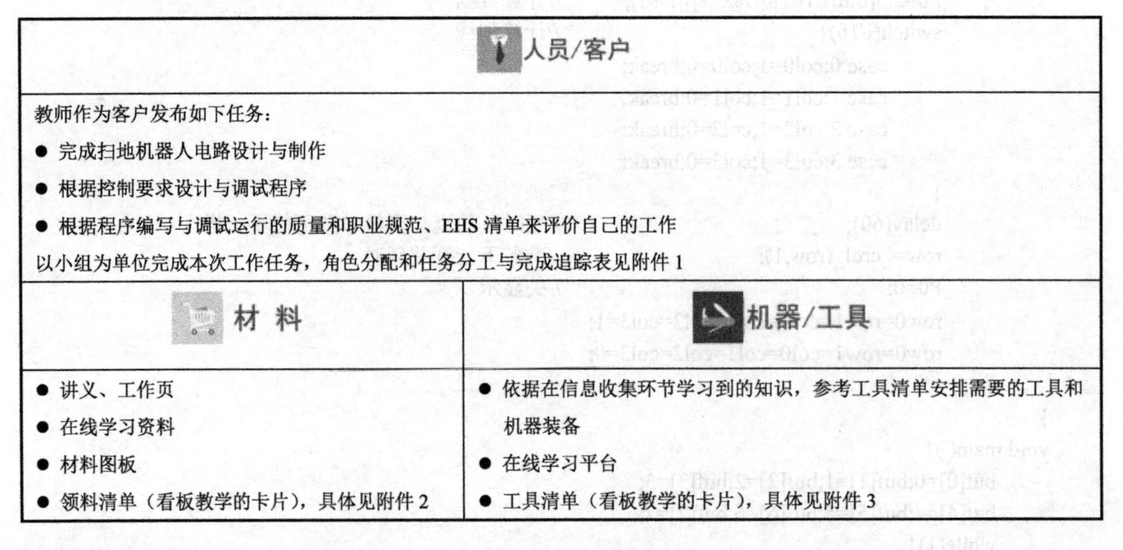

人员/客户	
教师作为客户发布如下任务： ● 完成扫地机器人电路设计与制作 ● 根据控制要求设计与调试程序 ● 根据程序编写与调试运行的质量和职业规范、EHS 清单来评价自己的工作 以小组为单位完成本次工作任务，角色分配和任务分工与完成追踪表见附件 1	
材 料	机器/工具
● 讲义、工作页 ● 在线学习资料 ● 材料图板 ● 领料清单（看板教学的卡片），具体见附件 2	● 依据在信息收集环节学习到的知识，参考工具清单安排需要的工具和机器装备 ● 在线学习平台 ● 工具清单（看板教学的卡片），具体见附件 3

续表

方法	环境（安全、健康）
● 利用在信息收集环节学习到的技能，参考控制要求选择合理的编程方法与调试流程 ● 流程图，具体见附件 4	● 绿色、环保的社会责任 ● 可持续发展的理念 ● 生态观 ● EHS 清单（看板教学的卡片）

附件 1：角色分配和任务分工与完成追踪表。

序　号	任务内容	参加人员	开始时间	完成时间	完成情况

附件 2：领料清单。

序　号	名　称	单　位	数　量

附件 3：工具清单。

序　号	名　称	单　位	数　量

附件 4：流程图。

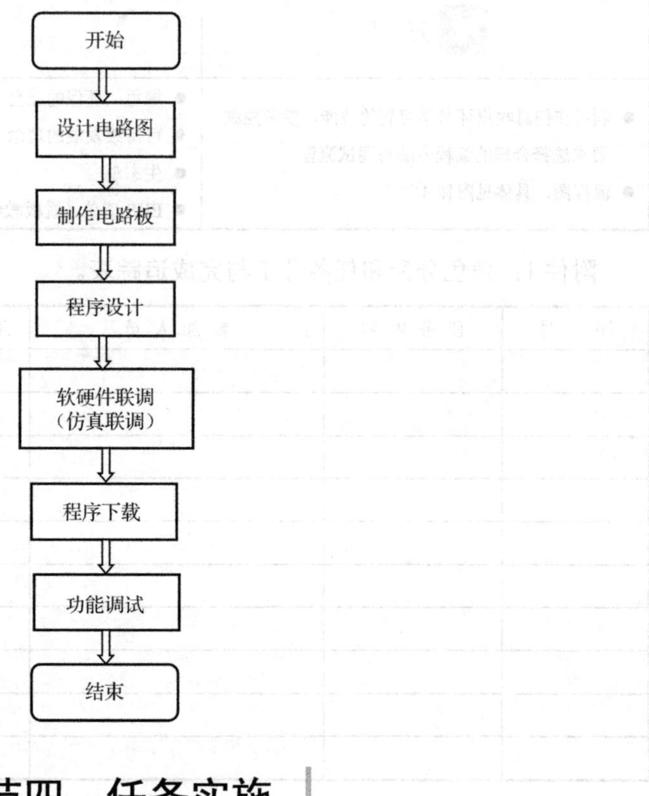

环节四　任务实施

1．任务实施前

参考分析计划环节的内容，全面核查人员分工、材料、工具是否到位，再次确认编程调试的流程和方法，熟悉操作要领。

2．任务实施中

任务实施过程中，按照“角色分配和任务分工与完成追踪表”记录每个学生完成的情况，填写 EHS 落实追踪表。

EHS 落实追踪表			
	通用要素摘要	本次任务要求	落实评价
环境	评估任务对环境的影响		
	减少排放与有害材料		
	确保环保		
	5S 达标		

续表

	通用要素摘要	本次任务要求	落实评价
健康	配备个人劳保用具		
	分析工业卫生和职业危害		
	优化人机工程		
	了解简易急救方法		
安全	安全教育		
	危险分析与对策		
	危险品（化学品）注意事项		
	防火、逃生意识		

3. 任务实施后

在任务实施结束后，严格按照5S要求进行收尾工作。

环节五　检验评估

1. 任务检验

对任务成果进行检验，记录数据，完成以下检验报告。

序　号	检验（测试）项目	记 录 数 据	是 否 合 格
			合格（　　）/不合格（　　）
			合格（　　）/不合格（　　）
			合格（　　）/不合格（　　）
			合格（　　）/不合格（　　）
			合格（　　）/不合格（　　）
			合格（　　）/不合格（　　）
			合格（　　）/不合格（　　）

2. 教学评价

利用评价系统，对任务学习进行评价。

任务二

基于 CC2530 单片机的智能插座的安装与调试

环节一 情境描述

在物联网智能家居系统中主要使用 CC2530 单片机作为微控制器，因此，学习 CC2530 单片机的相关知识是管理和设计智能家居系统的前提。

智能家居系统中常用的智能插座属于新兴的电气产品，国内至今尚无明确的标准规范及定义。一般认为，智能插座是在普通电源插座的基础上，实现多种个性化或定制化控制功能的插座。

智能插座的个性化控制功能一般有如下几种：

（1）短路保护、过载保护、漏电保护、防雷击等功能；

（2）实时温度、湿度显示和能耗监测功能；

（3）远程控制功能；

（4）扫码计时计费功能。

本任务主要利用 CC2530 单片机实现插座的中断处理、定时控制、串口通信及温度显示等功能。

环节二 信息收集

一、认识 CC2530 单片机

活动：

了解 CC2530 单片机的特性、应用、引脚等，掌握相关开发工具的安装和使用方法，初步掌握 CC2530 单片机程序开发的方法和流程。

1. CC2530 单片机简介

CC2530 是以增强型 8051 单片机为核心开发的产品，是支持 IEEE 802.15.4、ZigBee 和 RF4CE 应用的片上系统（SoC）解决方案。SoC 是 System on Chip 的缩写，是指为了实现某些专门的应用功能，将单片机与其他具有特定功能的器件集成在一个芯片上。例如，将无线收发器与 8051 单片机和高频电路进行集成，就构成了“无线单片机”。CC2530 单片机的硬件资源和寄存器比 51 系列单片机丰富，且支持 ZigBee 协议栈。在编程上两者都是 8 位的，基本的寄存器操作略有区别。

CC2530 单片机可用于消费电子、远程控制、智能家居控制、楼宇自动化等领域，它具有以下特点。

（1）强大的无线前端。CC2530 单片机拥有 2.4GHz 的 ZigBee 标准射频收发器，具有出色的接收灵敏度和抗干扰能力，支持运行网状网络系统，适合智能家居控制系统配置，并且符合世界范围的无线电频率法规。

（2）比较低的功耗。接收模式功耗为 24mW，发送模式（1dBm）功耗为 29mW，宽电源电压范围为 2～3.6V。

（3）能实现微控制。采用高性能和低功耗 8051 微控制器内核，以及 32/64/128/256KB 系统可编程闪存，8KB 内存保持在所有功率模式，并且支持硬件调试。

（4）比较丰富的外设接口。CC2530 单片机拥有强大的 5 通道 DMA、标准的 MAC 定时器、通用定时器、32kHz 睡眠计时器、8 通道 12 位 ADC，并可配置分辨率。它还拥有电池监视器和温度传感器、2 个强大的通用同步串口、21 个通用 I/O 端口引脚、看门狗定时器等。

小贴士

智能家居系统设计为什么选择使用 CC2530 单片机呢？因为智能家居系统中很多设备都采用无线控制，而 CC2530 单片机的“无线”功能恰好能实现无线组网，加上它成本低廉，开发应用比较方便，所以被大规模应用在智能家居系统的控制电路中。

2．CC2530 单片机的外部引脚

1）CC2530 单片机的引脚排列和实物图

CC2530 单片机采用 6mm×6mm 的 QFN40 封装，共有 40 个引脚。CC2530 单片机的引脚排列和实物图如图 2-1-1 所示。

2）CC2530 单片机引脚功能分析

CC2530 单片机的引脚可分为 I/O 端口引脚、电源线引脚和控制线引脚 3 类。CC2530 单片机有 21 个可编程的 I/O 端口引脚，P0、P1 口是 8 位端口，P2 口只有 5 个可使用的位。通过软件设定一组 SFR 的位或字节，可使这些引脚作为通用 I/O 端口或作为连接 ADC、定时/计数器、UART 部件的外围设备接口使用。

21 个 I/O 端口引脚具有以下特性，可以通过编程进行配置。

（1）可配置为通用 I/O 端口。

通用 I/O 端口是指可以对外输出逻辑值 0（低电平）或 1（高电平），也可读取从外部输入的逻辑值（低电平为 0，高电平为 1）。可以通过编程将 I/O 端口设置成输出方式或输入方式。

（2）可配置为外设 I/O 端口。

除 8051 内核外，CC2530 单片机还具有其他一些功能模块，如 ADC、定时器和串行通信模块，这些功能模块称为外设。可以通过编程使 I/O 端口与这些外设建立对应关系，以便这些外设与外部电路进行信息交换。需要注意的是，不能随意指定某个 I/O 端口连接某个外设，具体情况要查外设引脚映射表。

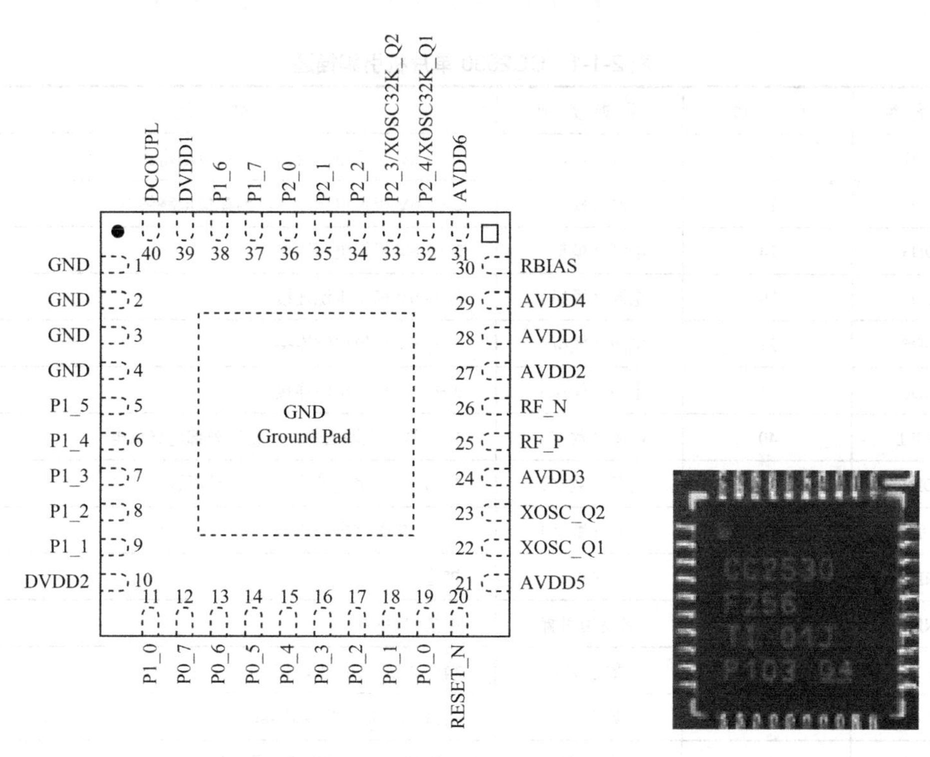

图 2-1-1　CC2530 单片机的引脚排列及实物图

（3）输入端口具有 3 种输入模式。

当 CC2530 单片机的 I/O 端口被配置成通用输入端口时，通用 I/O 端口引脚可以设置为上拉、下拉、三态 3 种模式，可通过编程进行模式选择，以适应多种不同的输入应用。复位以后，所有端口均为高电平输入，想要改变输入的上拉、下拉功能，须将寄存器 PxINP 中的对应位设置为 1。另外，需要注意的是 P1_0 和 P1_1 口没有上拉、下拉功能。

（4）具有外部中断能力。

当用作外部中断时，I/O 端口引脚可以作为外部中断源的输入端口，这使电路设计变得更加灵活。

下面介绍 I/O 端口的相关寄存器。

在单片机内部，有一些具有特殊功能的存储单元，用来存放控制单片机内部器件的命令、数据或运行过程中的一些状态信息，它们统称特殊功能寄存器（SFR）。操作单片机本质上就是对这些特殊功能寄存器进行读写操作，并且某些特殊功能寄存器可以位寻址。例如，通过已配置好的 P1_0 口向外输出高电平可用以下代码实现：

```
P1 = 0x01;
```

或者

```
P1_0= 1;
```

P1 是特殊功能寄存器，P1_0 是 P1 中的第 0 位。为了便于使用，每个特殊功能寄存器都有相应的名称。与 CC2530 单片机 I/O 端口有关的特殊功能寄存器主要有 Px、PxSEL、PxDIR、PxINP 和 PMUX 等，其中 x 的取值为 0～2，分别对应 P0、P1 和 P2 口。

CC2530 单片机引脚描述见表 2-1-1。

表 2-1-1　CC2530 单片机引脚描述

引 脚 名 称	引　　脚	引 脚 类 型	描　　述
AVDD1	28	电源（模拟）	2～3.6V 模拟电源连接，为模拟电路供电
AVDD2	27	电源（模拟）	2～3.6V 模拟电源连接，为模拟电路供电
AVDD3	24	电源（模拟）	2～3.6V 模拟电源连接
AVDD4	29	电源（模拟）	2～3.6V 模拟电源连接
AVDD5	21	电源（模拟）	2～3.6V 模拟电源连接
AVDD6	31	电源（模拟）	2～3.6V 模拟电源连接
DCOUPL	40	电源（数字）	1.8V 数字电源去耦，不使用外部电路供电
DVDD1	39	电源（数字）	2～3.6V 数字电源连接，为引脚供电
DVDD2	10	电源（数字）	2～3.6V 数字电源连接，为引脚供电
GND	—	接地	接地
GND	1、2、3、4	未使用引脚	连接到 GND
P2_3	33	数字 I/O	端口 2.3/32.768kHz XOSC
P2_4	32	数字 I/O	端口 2.4/32.768kHz XOSC
RBIAS	30	模拟 I/O	参考电流的外部精密偏置电阻
RESET_N	20	数字输入	复位，活动到低电平
RF_N	26	RF I/O	在 RX 期间向 LNA（低噪声放大器）输入正向射频信号，在 TX 期间接收来自 PA 的输入正向射频信号
RF_P	25	RF I/O	在 RX 期间向 LNA 输入负向射频信号，在 TX 期间接收来自 PA 的输入负向射频信号
XOSC_Q1	22	模拟 I/O	32MHz 晶振引脚 1 或外部时钟输入
XOSC_Q2	23	模拟 I/O	32MHz 晶振引脚 2
P0、P1、P2	P0、P1 全部引脚和 P2_0～P2_2	数字 I/O	对应引脚号

3. CC2530 单片机最小系统

通过前面的学习我们已经了解了 CC2530 单片机的特点及结构，那么如何使用 CC2530 单片机呢？首先要了解 CC2530 单片机最小系统。

CC2530 单片机最小系统电路图如图 2-1-2 所示，原理框图如图 2-1-3 所示。CC2530 单片机电路电源为 3.3V，外部晶振采用 32MHz 陶瓷晶振，具有极高的频率稳定性。此外，还采用了 32.768kHz 低频晶振，以提供精确的计时时钟。

4. CC2530 单片机开发环境搭建

CC2530 单片机的开发工具见表 2-1-2。本书选用 IAR Embedded Workbench for 8051 版本。

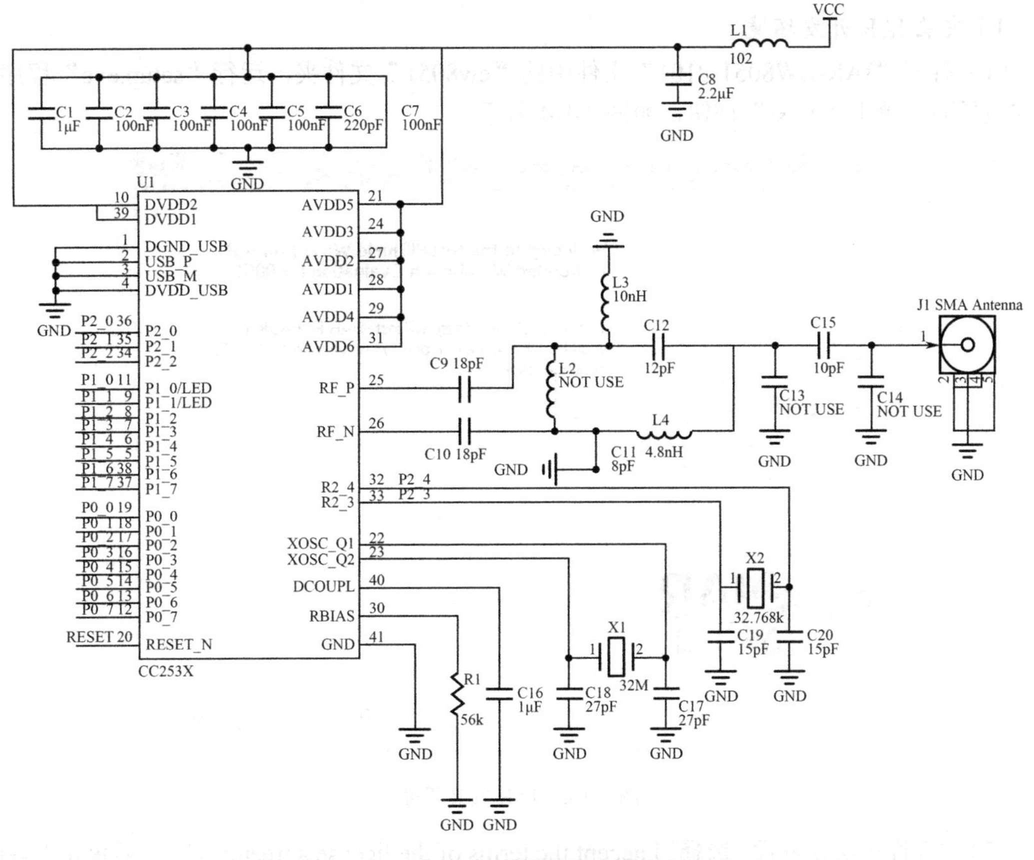

图 2-1-2 CC2530 单片机最小系统电路图

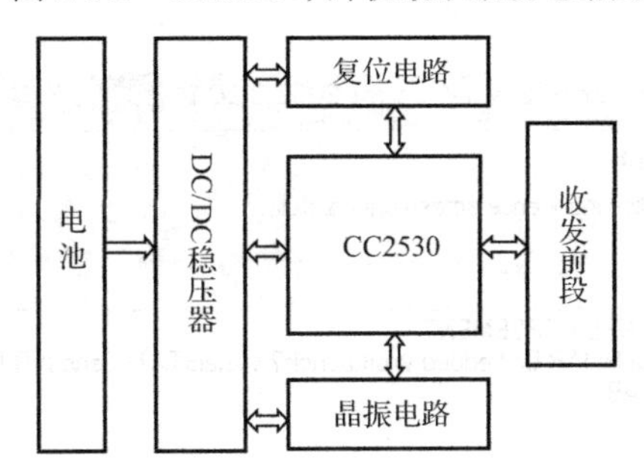

图 2-1-3 CC2530 单片机最小系统原理框图

表 2-1-2 CC2530 单片机的开发工具

序 号	开 发 工 具	功 能 描 述
1	CC2530 开发板	硬件测试及功能验证
2	IAR	程序开发平台
3	SmartRF Flash Programmer	程序烧写及下载
4	CC Debugger 仿真器	程序仿真
5	Z-Stack 协议栈	小型操作系统

1）安装 IAR 开发环境

（1）打开“IAR-EW8051-8101”文件中的“ew8051”文件夹，运行“setup.exe”程序，在安装界面中单击“Next”按钮，如图 2-1-4 所示。

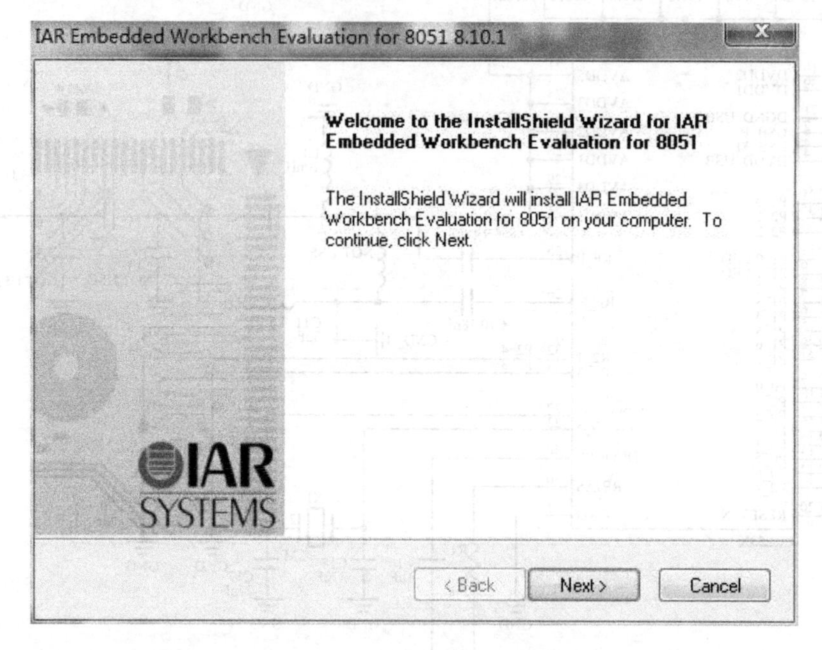

图 2-1-4　IAR 安装界面

（2）进入许可协议界面，选择“I accept the terms of the license agreement”，然后单击“Next”按钮，如图 2-1-5 所示。

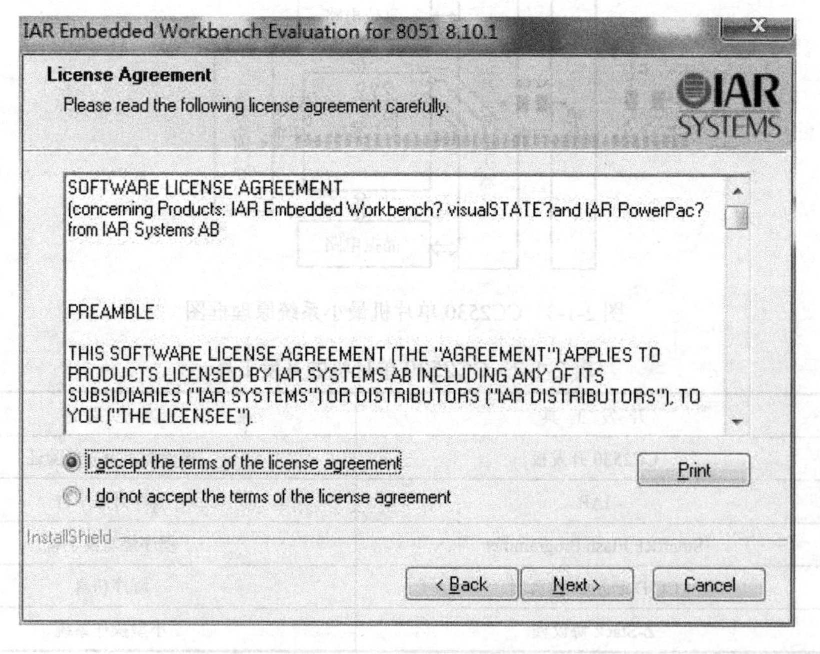

图 2-1-5　许可协议界面

（3）输入用户信息，然后单击“Next”按钮，如图 2-1-6 所示。

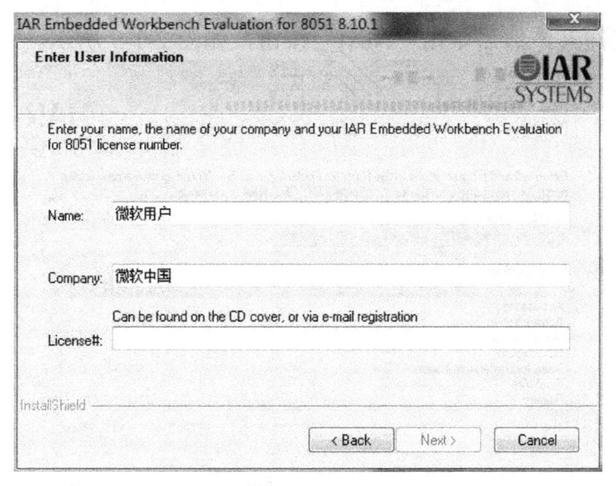

图 2-1-6　输入用户信息

（4）输入对应的许可密钥，选择好安装路径，然后单击“Next”按钮，如图 2-1-7 所示。

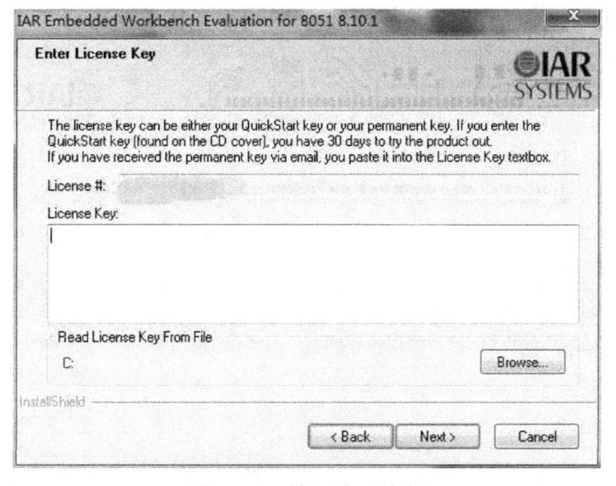

图 2-1-7　输入许可密钥

（5）选择“Complete”，然后单击“Next”按钮，如图 2-1-8 所示。

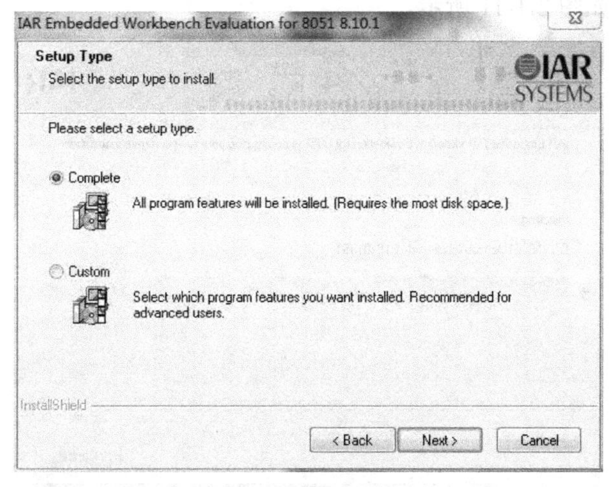

图 2-1-8　设置安装类型

（6）选择项目文件夹，然后单击“Next”按钮，如图 2-1-9 所示。

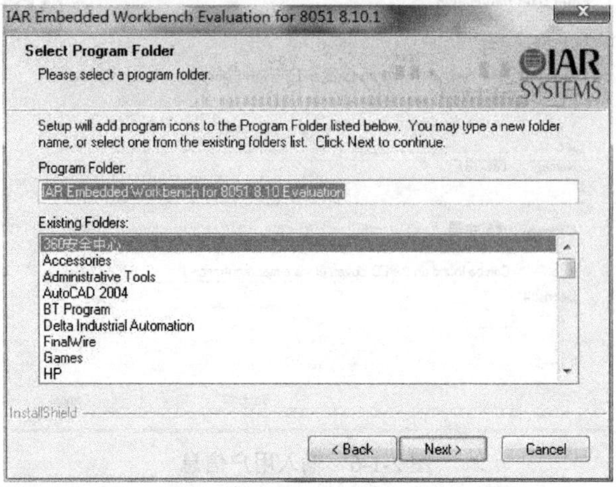

图 2-1-9　选择项目文件夹

（7）单击“Install”按钮，准备安装程序，如图 2-1-10 所示。

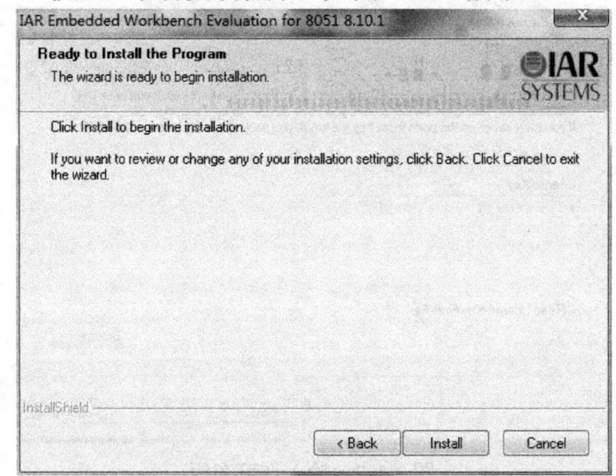

图 2-1-10　准备安装程序

（8）开始安装，如图 2-1-11 所示。

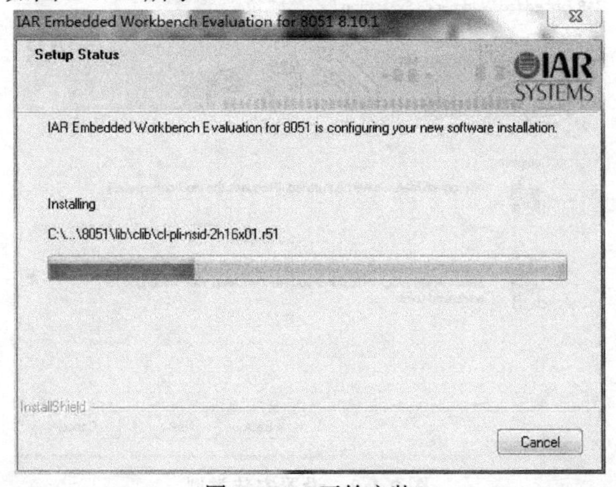

图 2-1-11　开始安装

（9）单击“Finish”按钮，完成安装，如图 2-1-12 所示。

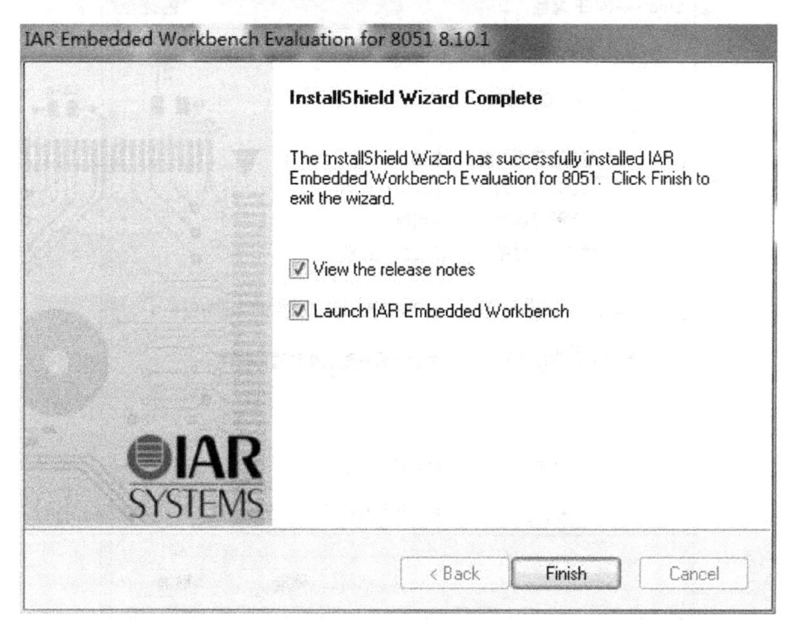

图 2-1-12　安装完成

2）安装 CC Debugger 仿真器驱动程序

（1）插入仿真器，发现驱动程序并未安装，如图 2-1-13 所示。

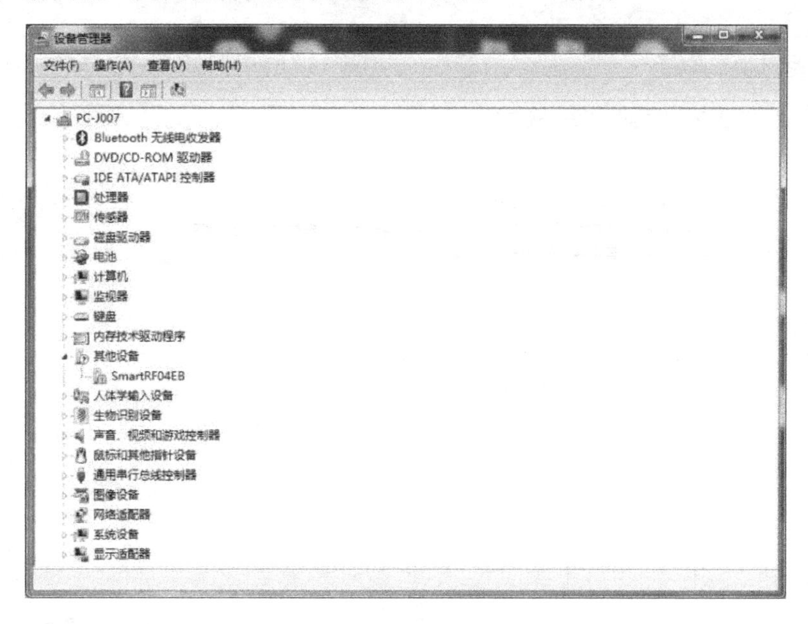

图 2-1-13　未安装仿真器驱动程序

（2）在“SmartRF04EB”上单击鼠标右键，打开属性对话框，单击“更新驱动程序”按钮，如图 2-1-14 所示。

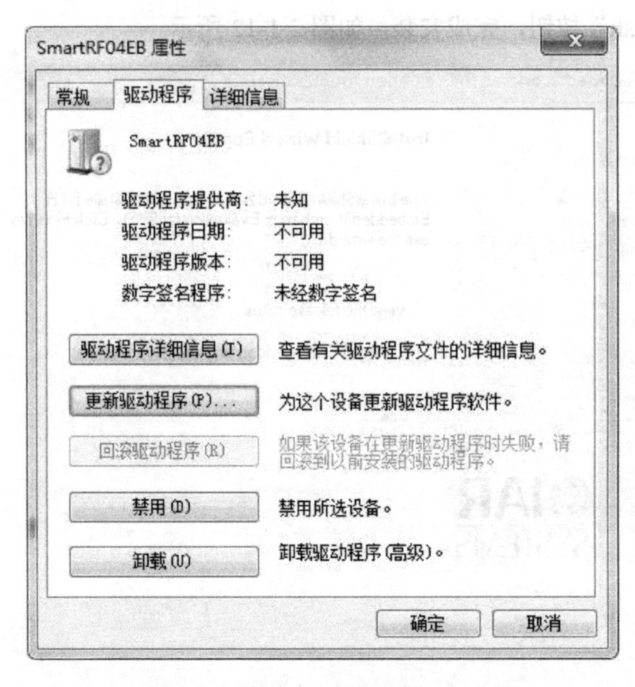

图 2-1-14　单击“更新驱动程序”按钮

（3）选择“浏览计算机以查找驱动程序软件”，如图 2-1-15 所示。

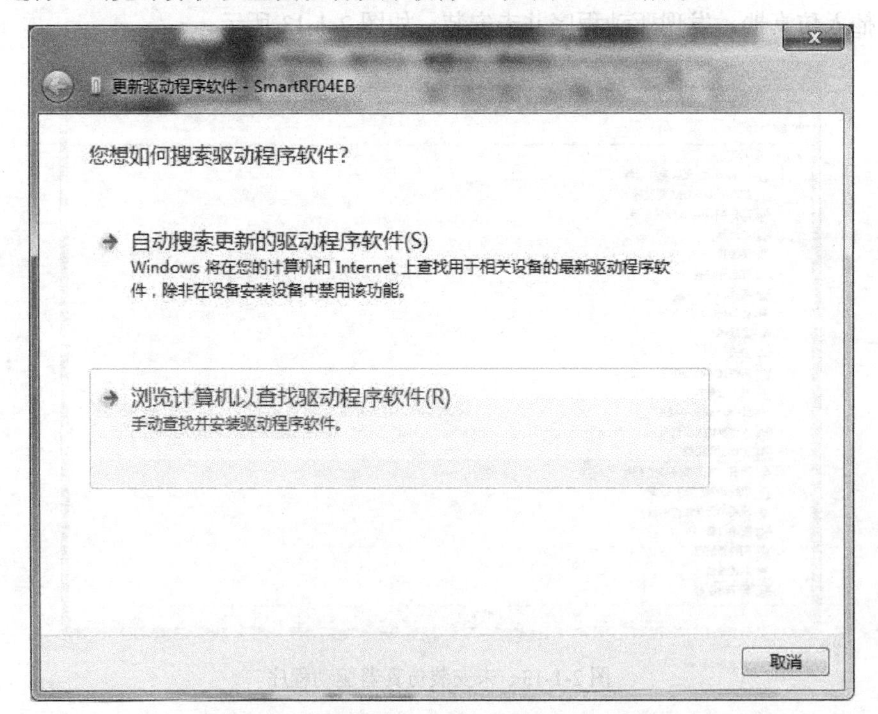

图 2-1-15　选择“浏览计算机以查找驱动程序软件”

（4）单击“浏览”按钮，在计算机上选择驱动程序，如图 2-1-16 所示。

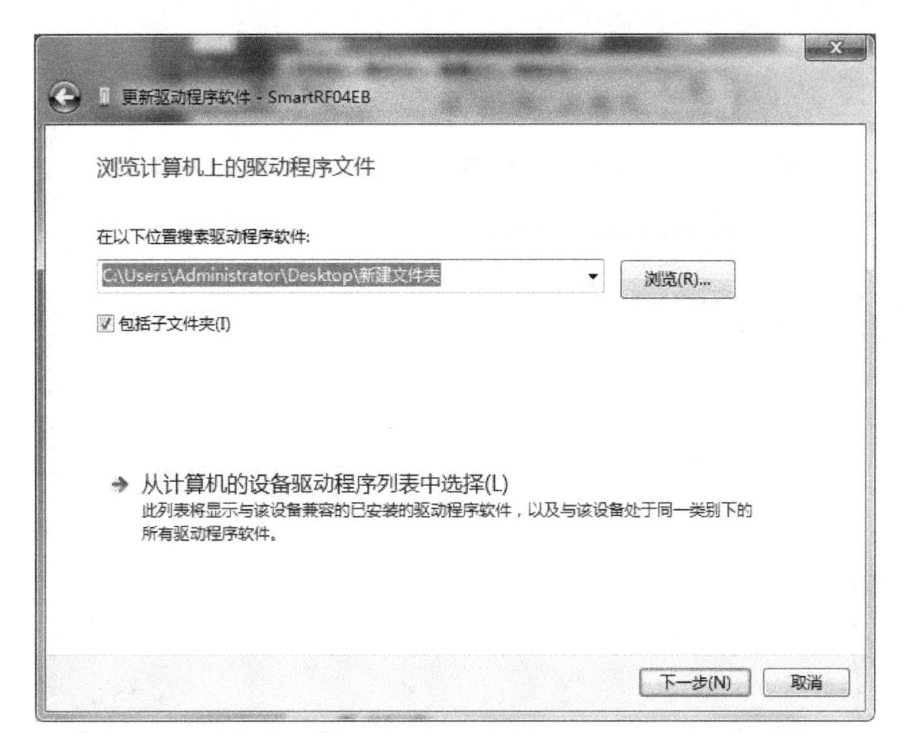

图 2-1-16　单击“浏览”按钮

（5）驱动程序选好后，单击“确定”按钮，开始安装，如图 2-1-17 所示。

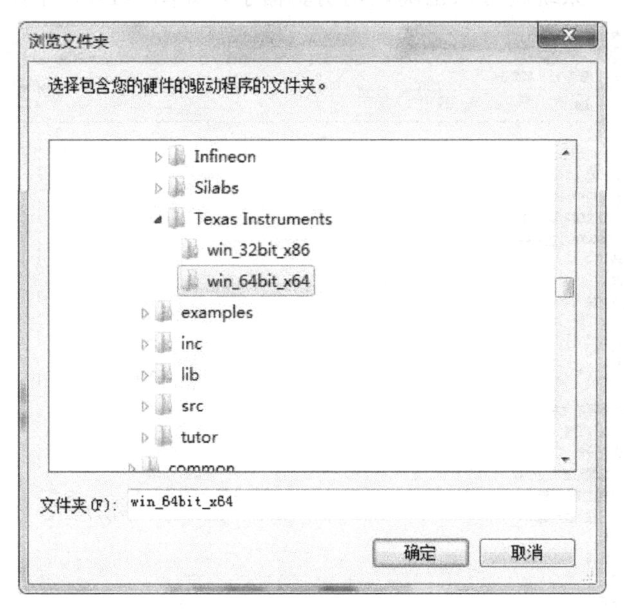

图 2-1-17　选择驱动程序并安装

（6）安装完成后，可以看到 Windows 已经成功更新驱动程序文件，如图 2-1-18 所示。

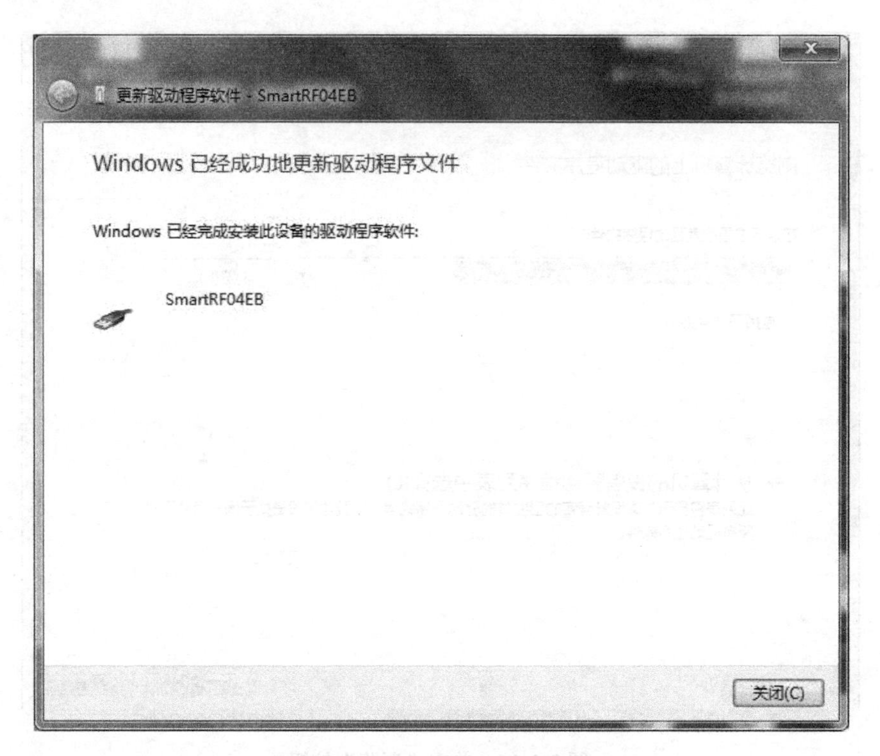

图 2-1-18　完成安装仿真器驱动程序

（7）安装完成后，系统就可以正确识别仿真器了，如图 2-1-19 所示。

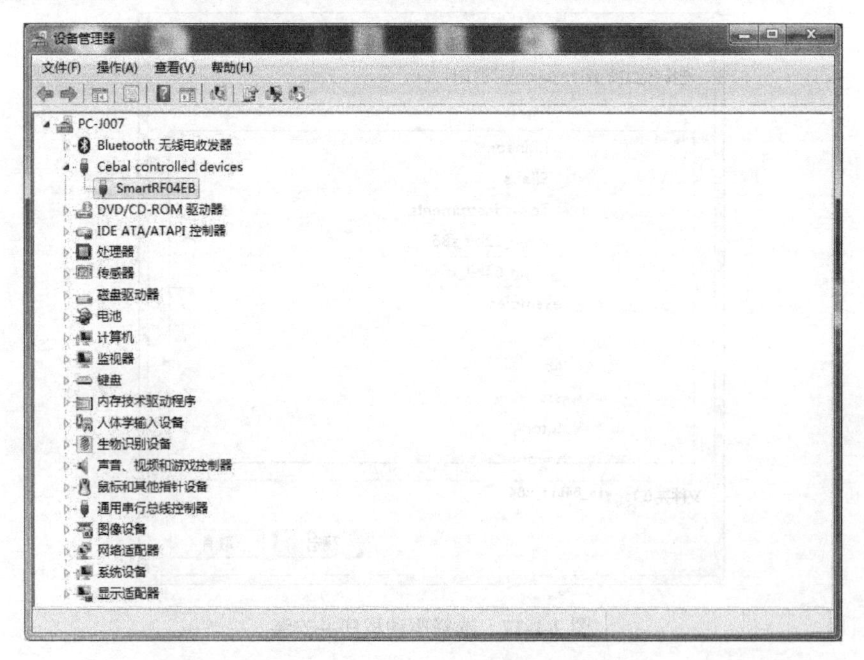

图 2-1-19　系统正确识别仿真器

3）安装程序烧写软件

（1）打开“Setup_SmartRF_Programmer_1.12.7”，在安装界面中单击“Next”按钮，如

图 2-1-20 所示。

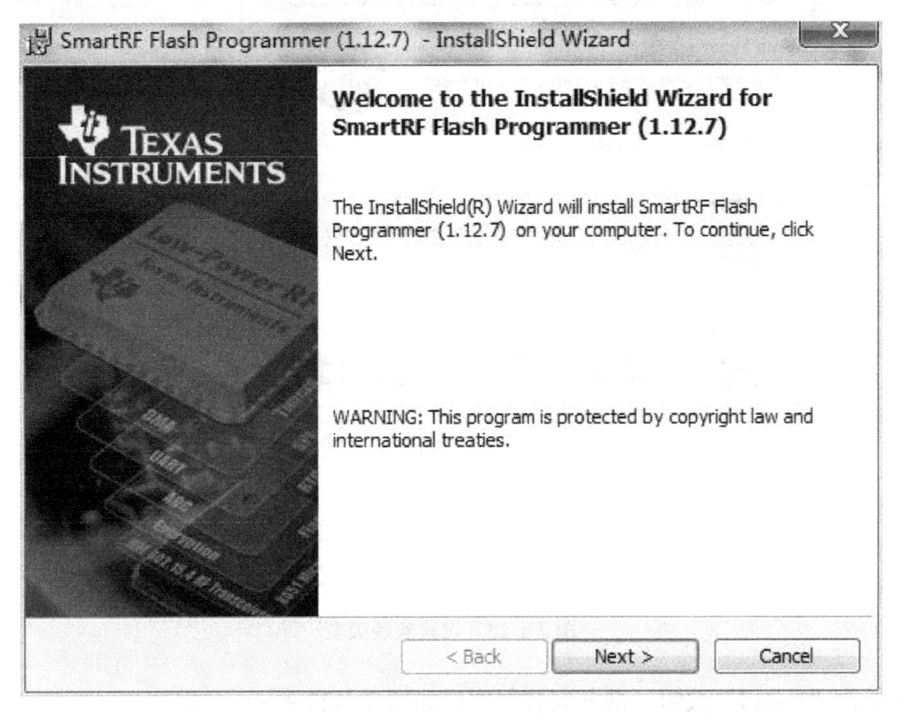

图 2-1-20　安装界面

（2）选择所需要的安装路径，然后单击“Next”按钮，如图 2-1-21 所示。

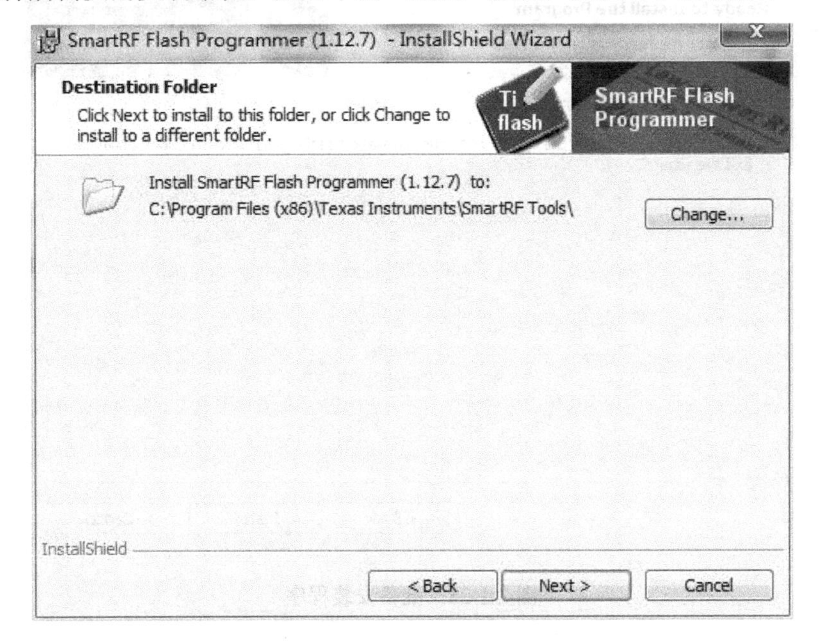

图 2-1-21　选择安装路径

（3）选择“Complete”，然后单击“Next”按钮，如图 2-1-22 所示。

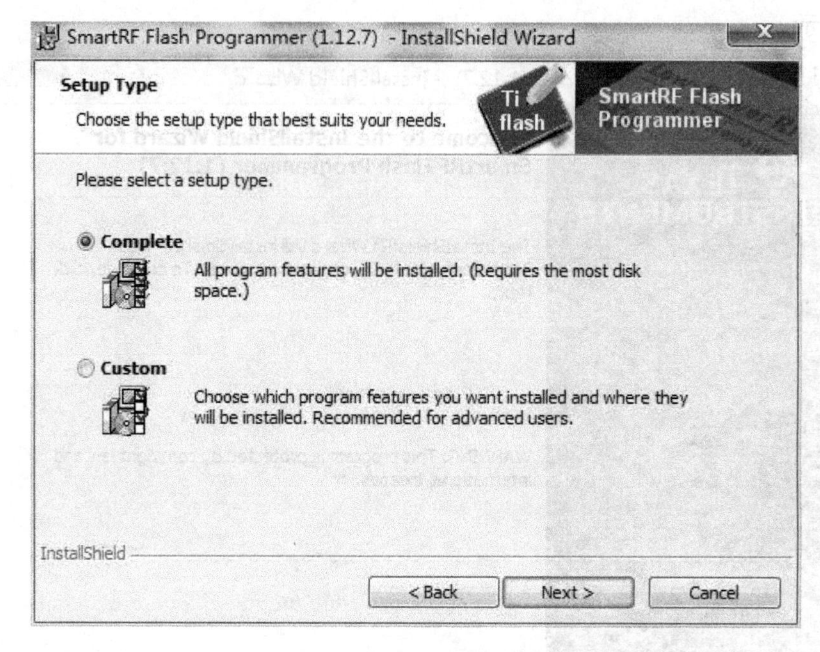

图 2-1-22　设置安装类型

（4）单击“Install”按钮，准备安装程序，如图 2-1-23 所示。

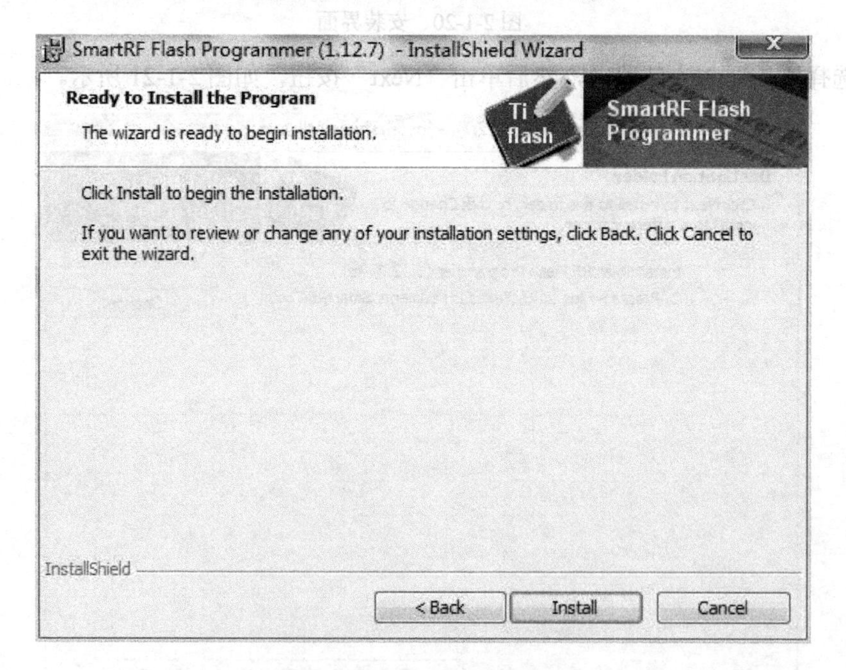

图 2-1-23　准备安装程序

（5）开始安装，如图 2-1-24 所示。

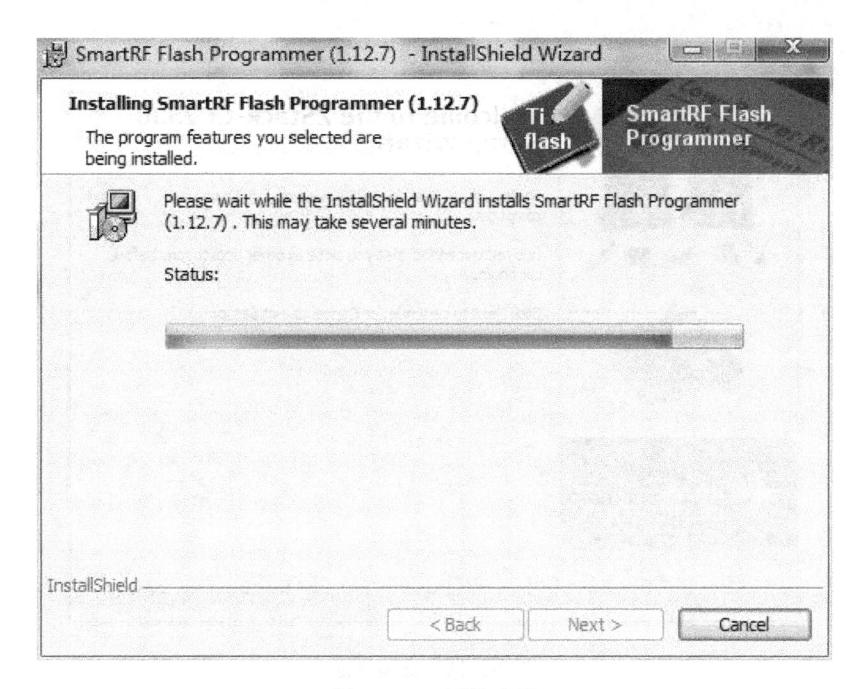

图 2-1-24　开始安装

（6）单击“Finish”按钮，完成安装，如图 2-1-25 所示。

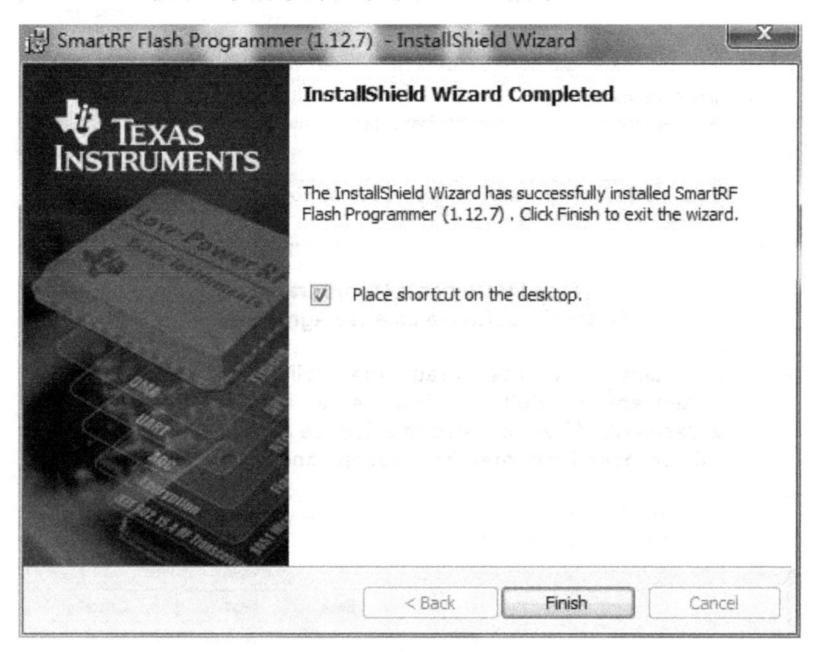

图 2-1-25　安装完成

4）安装 ZigBee 的 Z-Stack 协议栈

（1）双击“ZStack-CC2530-2.5.1a.exe”开始安装，在安装界面中单击“Next”按钮，如图 2-1-26 所示。

图 2-1-26　安装界面

（2）在许可协议界面中选择“I accept the agreement”，然后单击“Next”按钮，如图 2-1-27 所示。

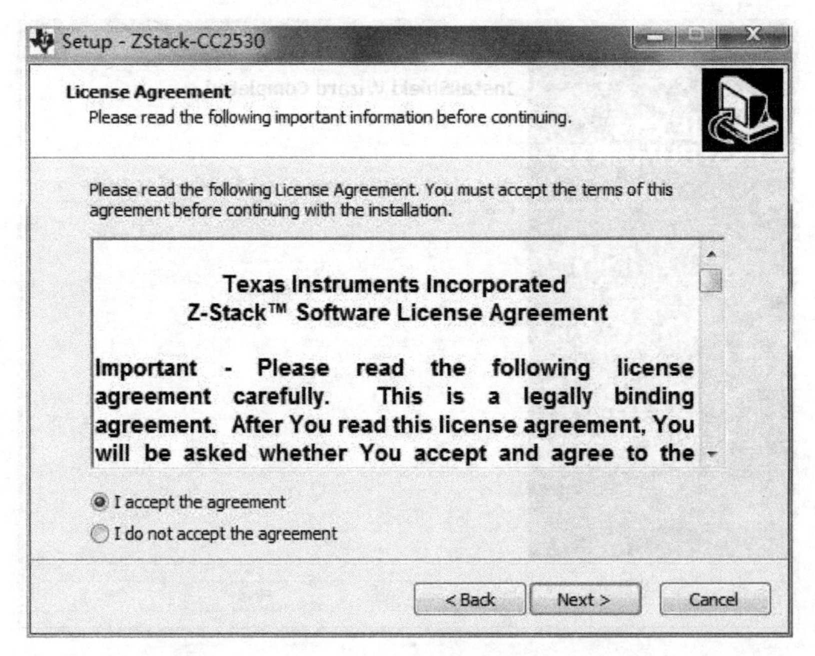

图 2-1-27　许可协议界面

（3）选择所需要的安装路径，然后单击“Next”按钮，如图 2-1-28 所示。

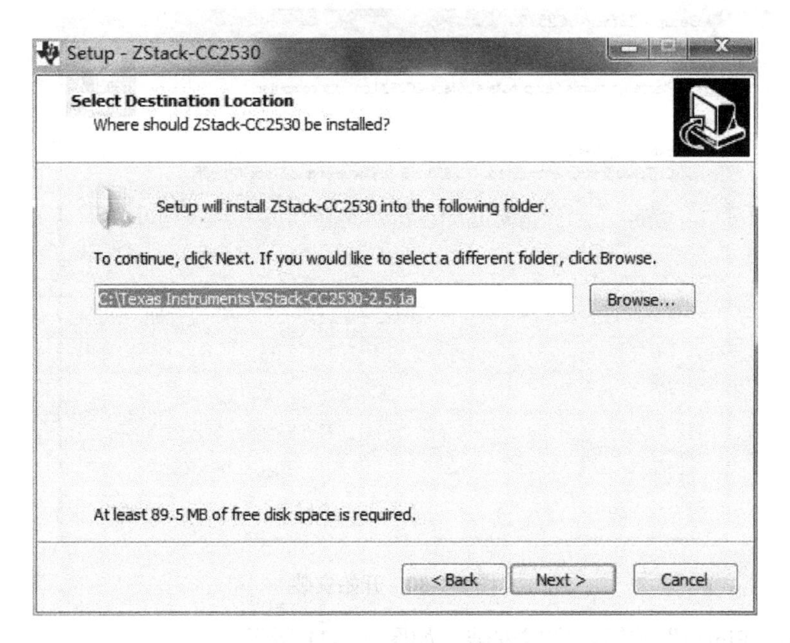

图 2-1-28　选择安装路径

（4）单击“Install”按钮，准备安装，如图 2-1-29 所示。

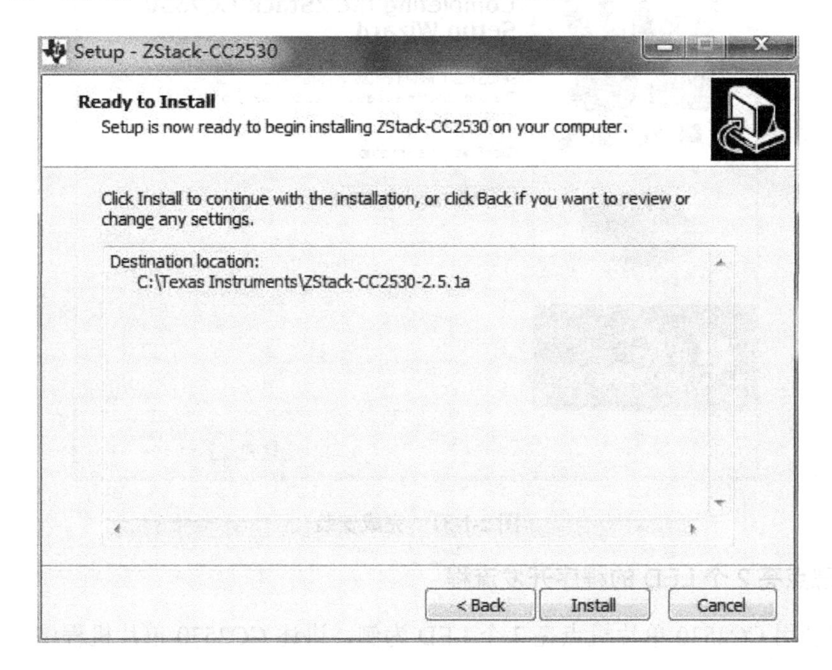

图 2-1-29　准备安装

（5）开始安装，如图 2-1-30 所示。

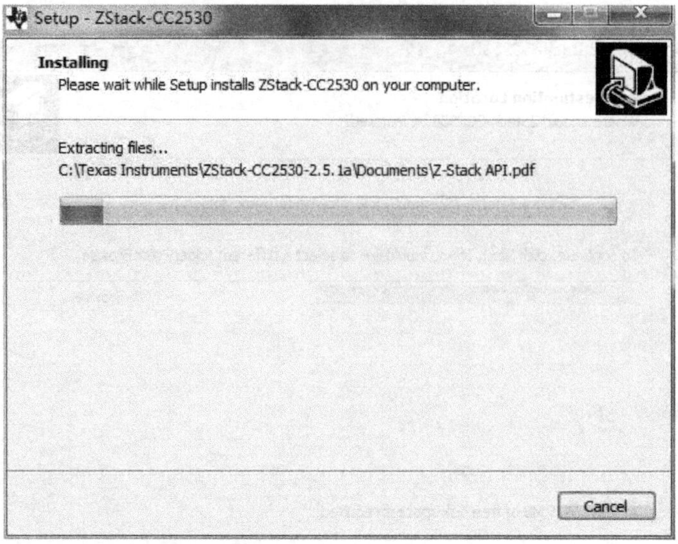

Setup - ZStack-CC2530
Installing
Please wait while Setup installs ZStack-CC2530 on your computer.
Extracting files...
C:\Texas Instruments\ZStack-CC2530-2.5.1a\Documents\Z-Stack API.pdf
Cancel

图 2-1-30　开始安装

（6）单击“Finish”按钮，完成安装，如图 2-1-31 所示。

Setup - ZStack-CC2530
Completing the ZStack-CC2530 Setup Wizard
Setup has finished installing ZStack-CC2530 on your computer. The application may be launched by selecting the installed icons.
Click Finish to exit Setup.
View the Release Notes
Texas Instruments
Finish

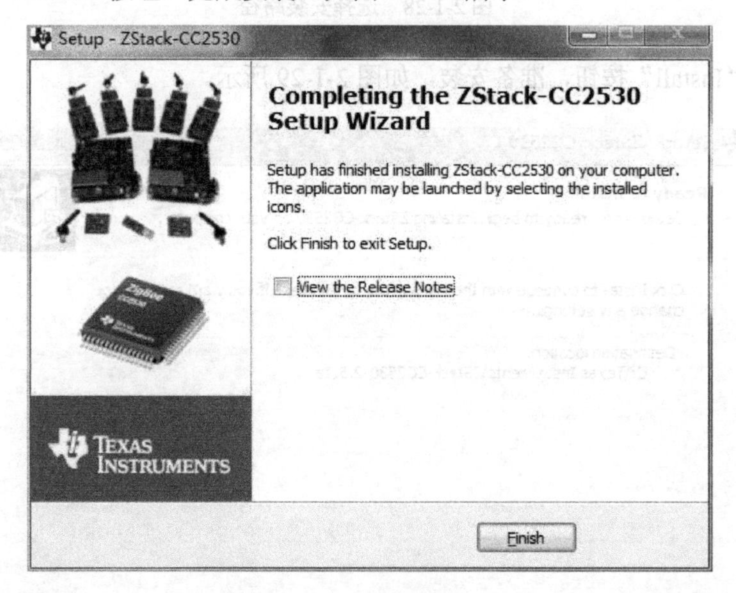

图 2-1-31　完成安装

5. 实现点亮 2 个 LED 的程序开发流程

下面以利用 CC2530 单片机点亮 2 个 LED 为例，讲述 CC2530 单片机程序开发的方法和流程。

1）任务分析

（1）原理分析。

本任务要求点亮 LED1 和 LED2。LED1 和 LED2 的正极分别通过 R1 和 R2 限流电阻接 3.3V 电源（高电平），CC2530 单片机的 P1_0 端口和 P1_1 端口分别与 LED1 和 LED2 的负极相连，如图 2-1-32 所示。要实现该功能，首先要对单片机的 I/O 端口进行设置。这里要对相

关的一些特殊功能寄存器进行操作，将 P1_0 和 P1_1 这个两个 I/O 端口配置成通用 I/O 端口，并且将数据传输方向配置成输出。P1_0 和 P1_1 这两个端口输出低电平（输出 0），才能点亮 LED1 和 LED2。

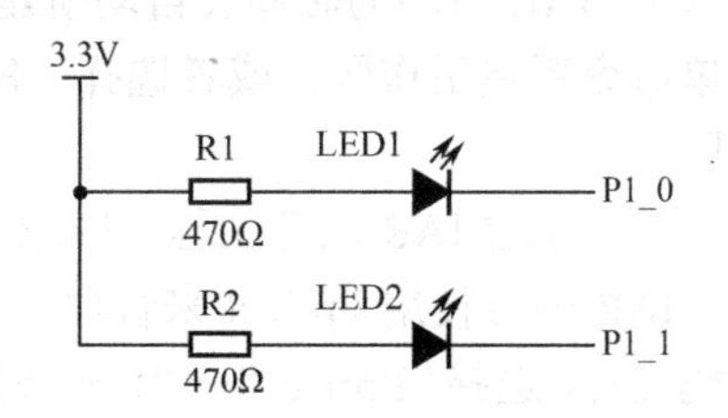

图 2-1-32 电路原理图

（2）寄存器设置及编程要点。

① 操作 PxSEL 寄存器设置端口的功能。

PxSEL 寄存器见表 2-1-3。

表 2-1-3 PxSEL 寄存器

位	名 称	复 位	R/W	描 述
7:0	SELPx_[7:0]	0x00	R/W	设置 Px_7 到 Px_0 的功能 0：通用 I/O 端口 1：外设功能

这里的“x”是指要使用的端口编号，如 P1 端口对应的寄存器是 P1SEL。另外，P0 和 P1 端口功能一样，P2 端口和它们有区别。

本任务需要将 P1_0 和 P1_1 设置为通用 I/O 端口，即将寄存器 P1SEL 的第 0 位和第 1 位设置为 0，其他端口不变。设置方法：P1SEL &=~0X03，将十六进制数 0X03 转换成二进制数 00000011B，通过按位取反（符号“~”）变为 11111100B，然后与寄存器 P1SEL 内值进行按位与（符号“&”）操作，寄存器 P1SEL 内值和 1 对应与操作的结果是其本身，和 0 对应与操作的结果是 0，这样就达到了将寄存器 P1SEL 的第 0 位和第 1 位变为 0，其他端口不变的目的。

② 操作 PxDIR 寄存器设置通用 I/O 端口的数据传输方向。

PxDIR 寄存器见表 2-1-4。

表 2-1-4 PxDIR 寄存器

位	名 称	复 位	R/W	描 述
7:0	DIRPx_[7:0]	0x00	R/W	设置 Px_7 到 Px_0 的传输方向 0：输入 1：输出

这里的“x”是指要使用的端口编号，如 P1 端口对应的寄存器是 P1DIR。另外，P0 和 P1 端口功能基本一样，而 P2 端口和它们有区别。当 P1 端口用于输入时，CC2530 单片机的 P1_0 和 P1_1 端口引脚没有上拉、下拉功能。

本任务需要将 P1_0 和 P1_1 设置为输出，即将寄存器 P1DIR 的第 0 位和第 1 位设置为 1，其他端口不变。设置方法：P1DIR |= 0X03，将十六进制数 0X03 转换成二进制数 00000011B，然后与寄存器 P1DIR 内值进行按位或（符号“1”）操作，寄存器 P1DIR 内值和 0 对应或操作的结果是其本身，和 1 对应或操作的结果是 1，这样就达到了将寄存器 P1DIR 的第 0 位和第 1 位变为 1，其他端口不变的目的。

2）创建 CC2530 工程

（1）创建 IAR 软件工作区（Workspace）。

IAR 软件使用工作区来管理工程项目，一个工作区中可以包含多个为不同应用创建的工程项目。IAR 启动的时候会自动新建一个工作区，也可以选择“File”→“New”→“Workspace”菜单命令新建工作区，或者选择“File”→“Open”→“Workspace”菜单命令打开已有的工作区。

（2）创建 IAR 软件工程（Project）。

IAR 软件使用 Project 来管理一个具体的应用开发项目，其中主要包括开发所需要的各种代码文件。选择“Project”→“Create New Project”菜单命令，在弹出的对话框中将“Tool chain”设为“8051”，在“Project templates”中单击“Empty project”，然后单击“OK”按钮，如图 2-1-33 所示。

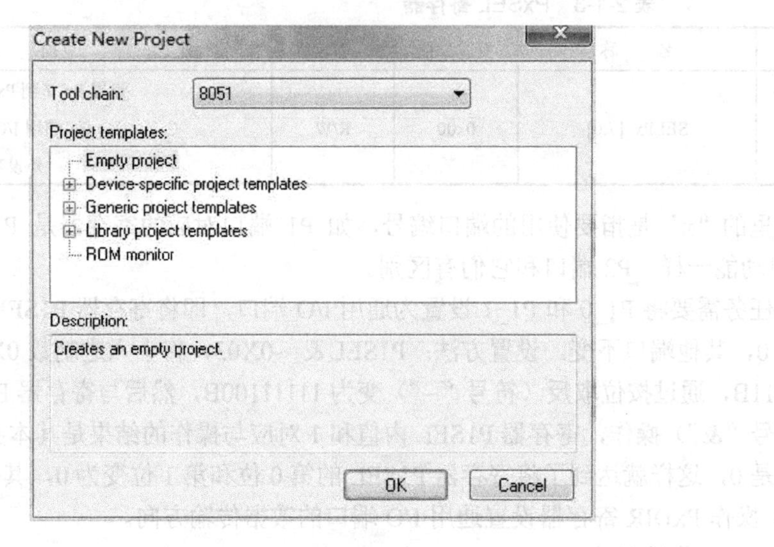

图 2-1-33 建立新工程

在上一步单击“OK”按钮后，弹出保存工程对话框，选择保存工程的位置，并在“文件名”后输入工程名称，命名完成后单击“保存”按钮，如图 2-1-34 所示。

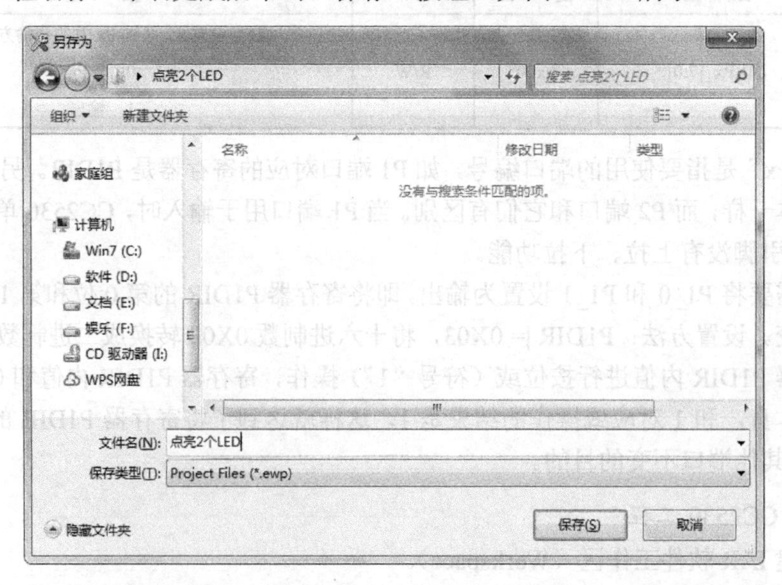

图 2-1-34 保存工程

在 IAR 的工作区中会看到刚建立好的工程，但这个工程中什么都没有，还是一个空工程，如图 2-1-35 所示。

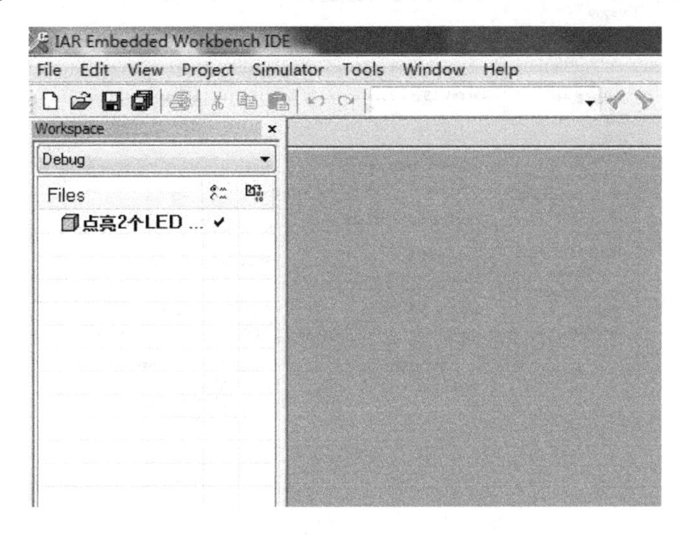

图 2-1-35　工作区中建好的空工程

选择“File”→“Save Workspace”菜单命令对工作区进行保存，在弹出的对话框中选择工作区保存位置，并在“文件名”后输入工作区名称，命名完成后单击“保存”按钮，如图 2-1-36 所示。

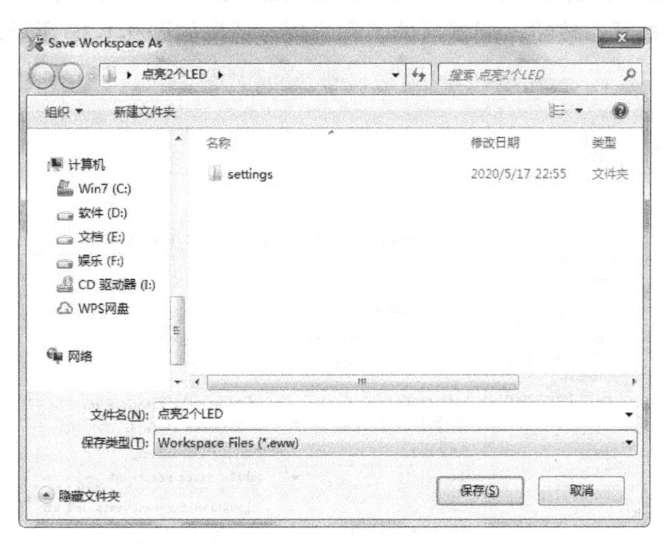

图 2-1-36　保存工作区

（3）工程选项参数设置。

工程项目创建好后，要求该工程项目支持任务使用的 CC2530 单片机型号和生成 HEX 文件等，这就需要对工程选项进行参数配置。

① 配置单片机型号。

在“Workspace”中列出的项目上单击鼠标右键，选择“Options”，打开工程选项对话框，如图 2-1-37 所示。

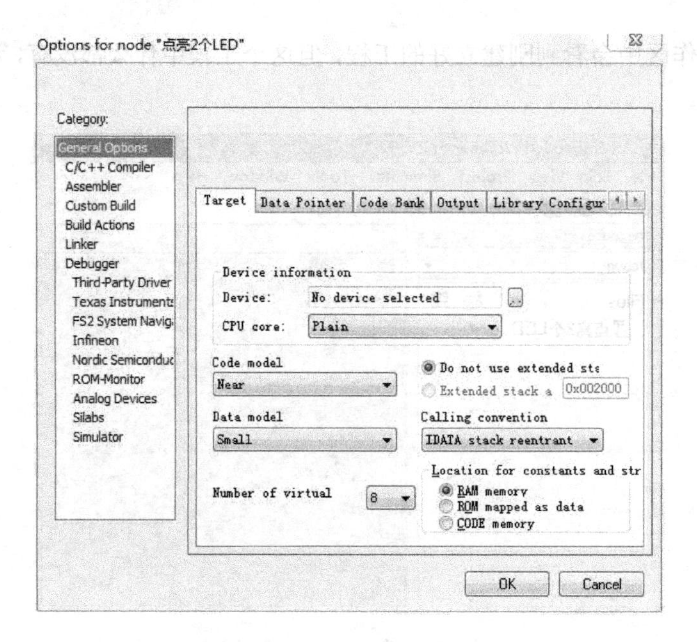

图 2-1-37 工程选项对话框

本任务使用的是 CC2530F256 单片机，按此型号进行参数配置。在工程选项对话框左侧的“Category”列表框中单击“General Options”，在“Target”选项卡中的“Device information”中单击“Device”最右侧的小按钮，从“Texas Instruments”文件夹中选择“CC2530F256.i51”文件，然后单击“打开”按钮，配置后的工程选项对话框如图 2-1-38 所示。

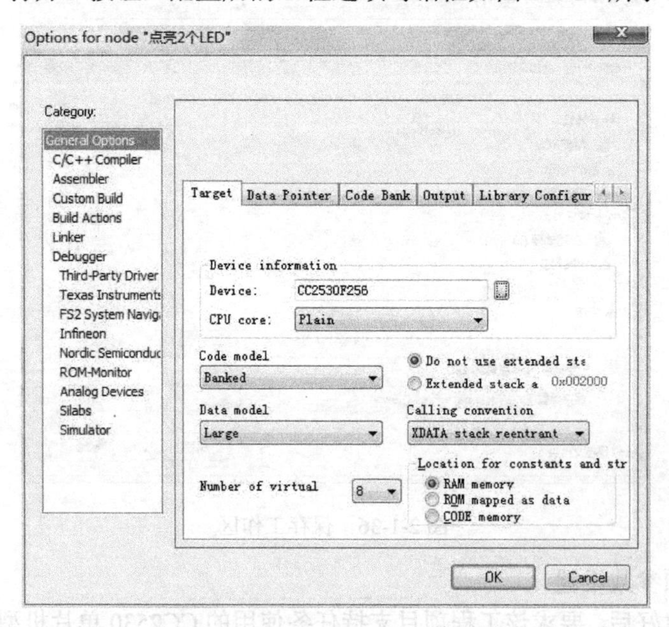

图 2-1-38 配置后的工程选项对话框

② 配置输出下载所需的 HEX 文件。

在工程选项对话框左侧列表框中选择“Linker”，在“Output”选项卡中的“Format”中选中“Allow C-SPY-specific extra output file”复选框，如图 2-1-39 所示。

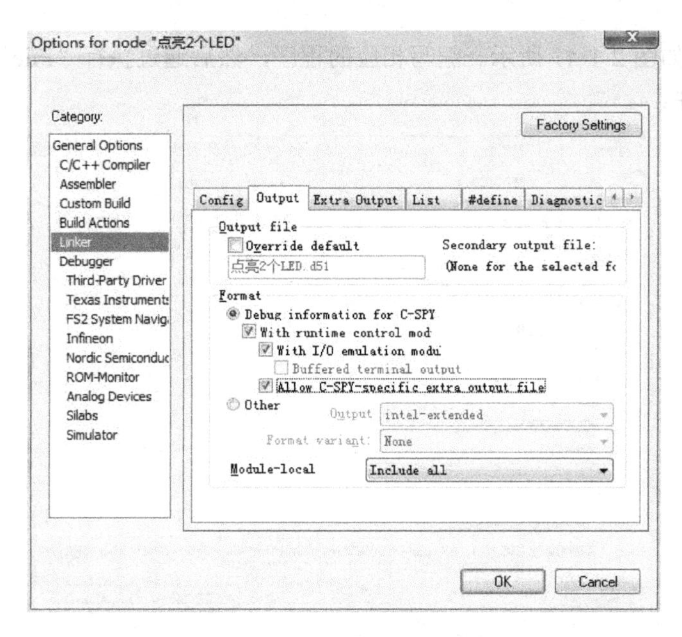

图 2-1-39　“Output”选项卡

在“Extra Output”选项卡中选中“Generate extra output file”复选框，再选中“Output file”中的“Override default”复选框，并在下面的文本框中输入要生成的HEX文件的全名，然后在“Format”中将“Output format”设置为“intel-extended”，最后单击“OK”按钮，如图2-1-40所示。

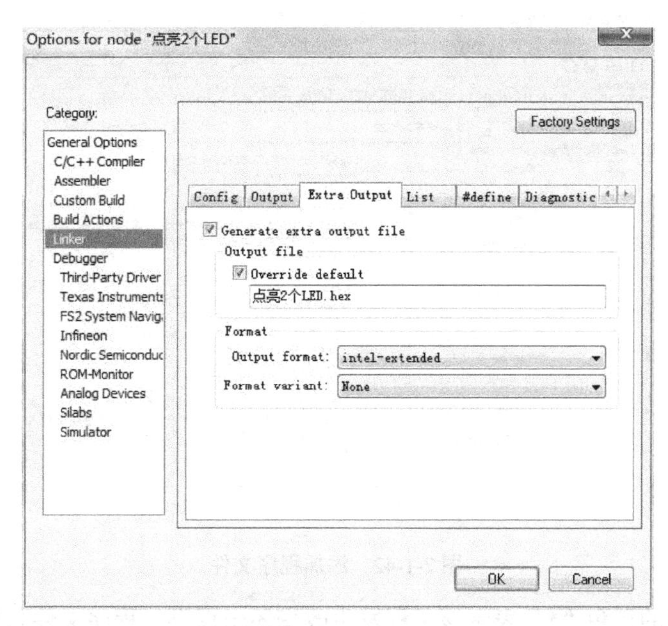

图 2-1-40　“Extra Output”选项卡

（4）创建与添加程序文件。

① 创建程序文件。

选择“File”→“New”菜单命令创建一个空白文件，选择保存路径，并将其命名为“点亮 2 个 LED.c”，如图 2-1-41 所示。编写相应的程序，然后通过执行“File”→“Save”菜单命令保存程序文件。

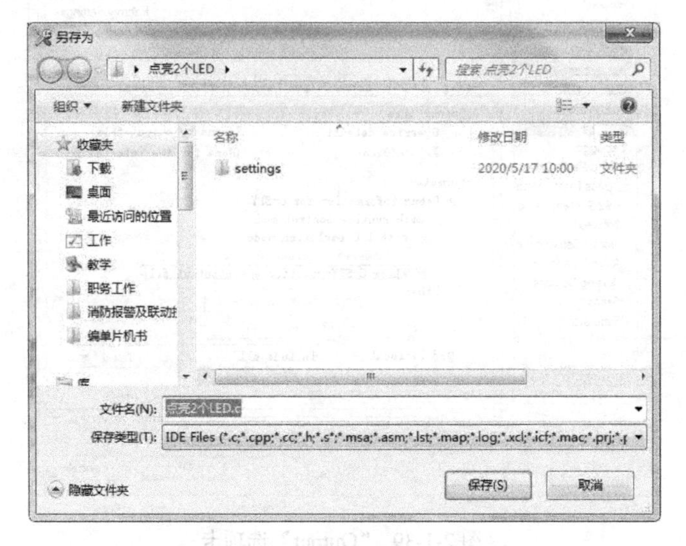

图 2-1-41　创建程序文件

② 添加程序文件到项目工程中。

在“Workspace”中的工程上右击，选择“Add”→“Add"点亮 2 个 LED.c"”菜单命令，如图 2-1-42 所示。

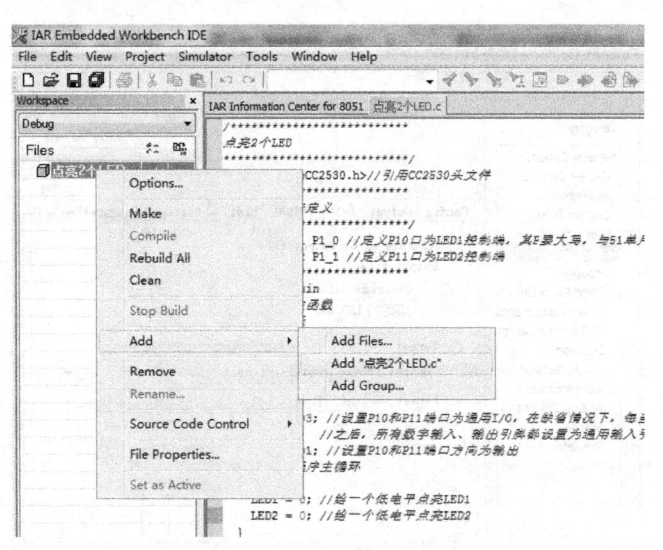

图 2-1-42　添加程序文件

工程名称右侧的黑色“*”表示该工程发生改变还未保存，程序文件名称右侧的红色“*”表示该文件还未编译。

（5）编译工程。

单击“Project”→“Rebuild All”使 IAR 编译代码并生成 HEX 文件，在 IAR 软件工作界面下方的“Messages”窗口中显示“Total number of errors: 0”和“Total number of warnings: 0”，

表示没有出现错误和警告。在创建项目工程目录下的“\Debug\Exe”文件夹下，生成该项目工程配置的 HEX 文件，如图 2-1-43 所示。

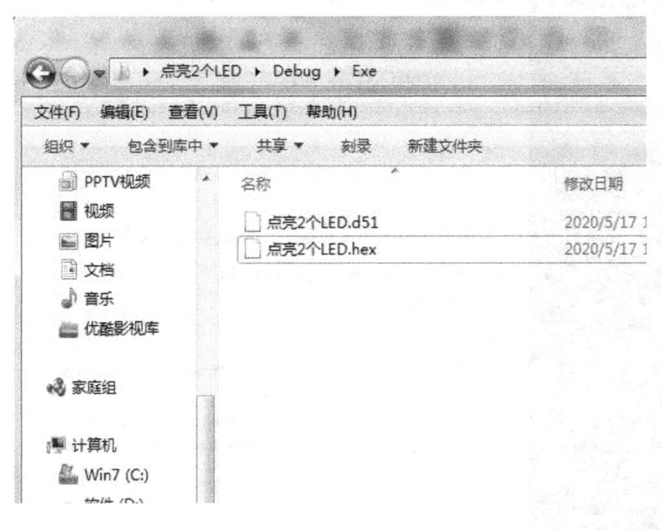

图 2-1-43　生成的 HEX 文件

（6）烧写代码。

① 使用 CC Debugger 仿真器将 CC2530 目标板与计算机连接起来，然后打开烧写软件 SmartRF Flash Programmer，在软件工作界面中选择“System-on-Chip”选项卡，如图 2-1-44 所示。

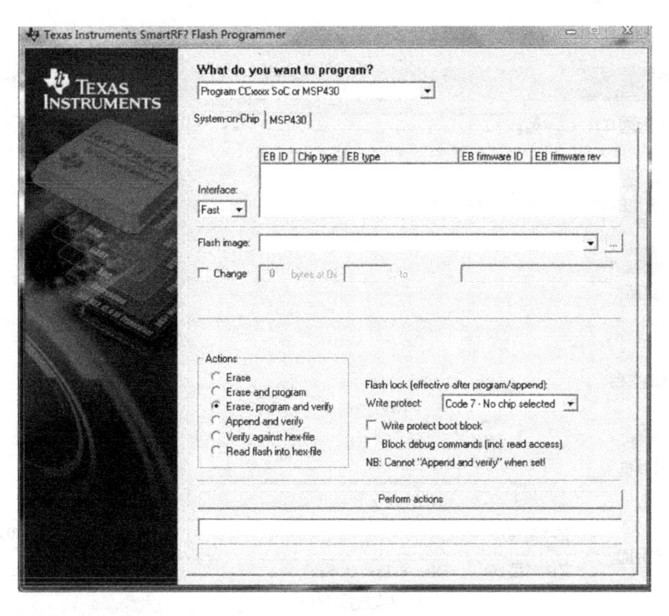

图 2-1-44　SmartRF Flash Programmer 工作界面

② 为目标板供电后，按下 CC Debugger 仿真器上面的复位按钮，可以看到烧写软件 SmartRF Flash Programmer 设备列表区中出现了当前所连接的单片机信息，如图 2-1-45 所示。

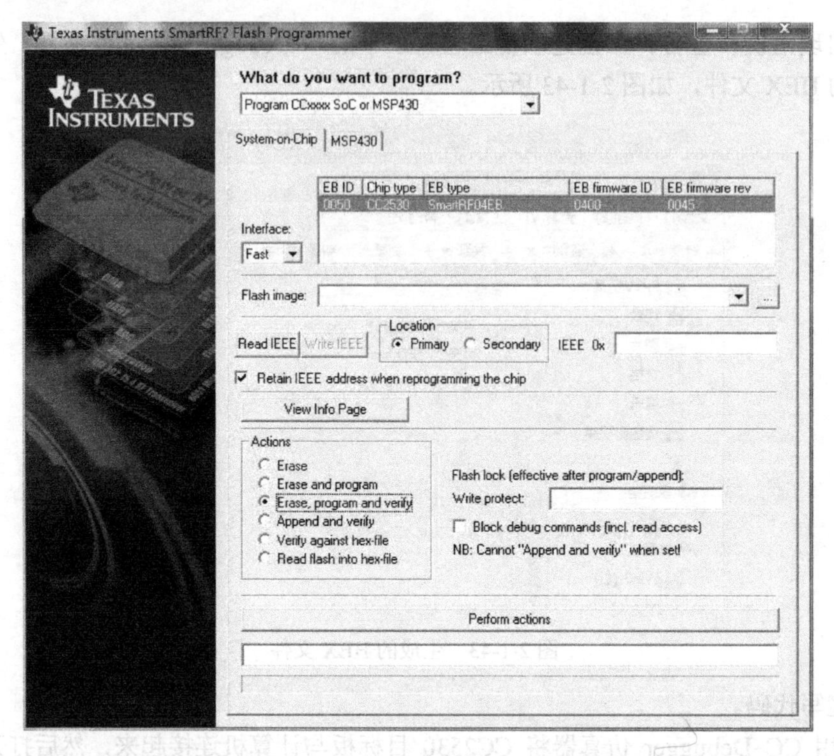

图 2-1-45 显示 CC2530 单片机信息

③ 单击“Flash image”最右侧的按钮，选择要烧写的程序文件（HEX 文件），如图 2-1-46 所示。

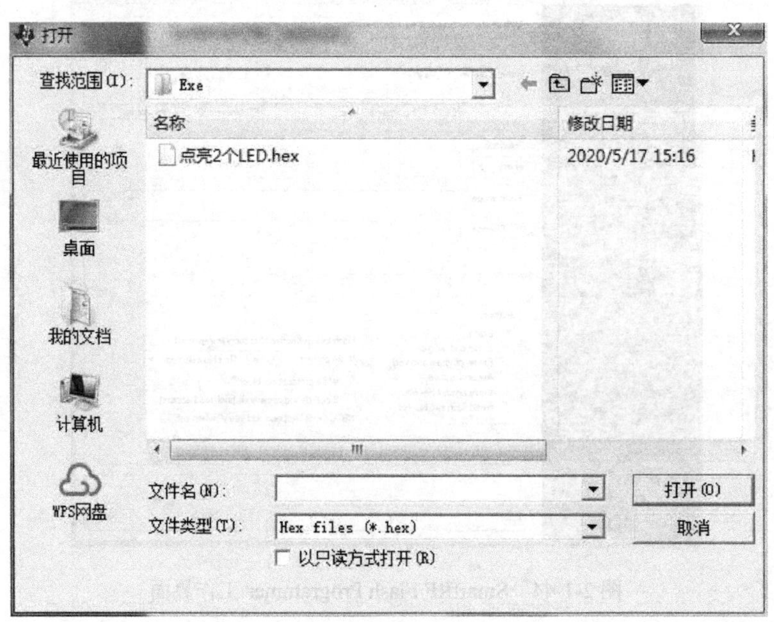

图 2-1-46 选择要烧写的文件

④ 选择打开要烧写的文件，该文件即被添加到“Flash image”中，如图 2-1-47 所示。

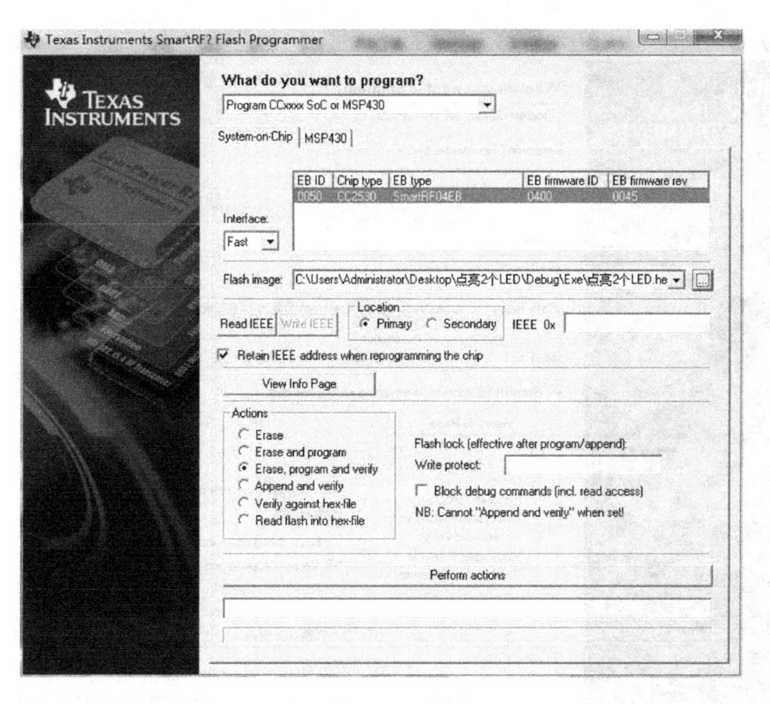

图 2-1-47　添加文件

⑤ 在“Actions”选项组中选择“Erase, program and verify”，即对闪存执行擦除、编程和验证操作，如图 2-1-48 所示。

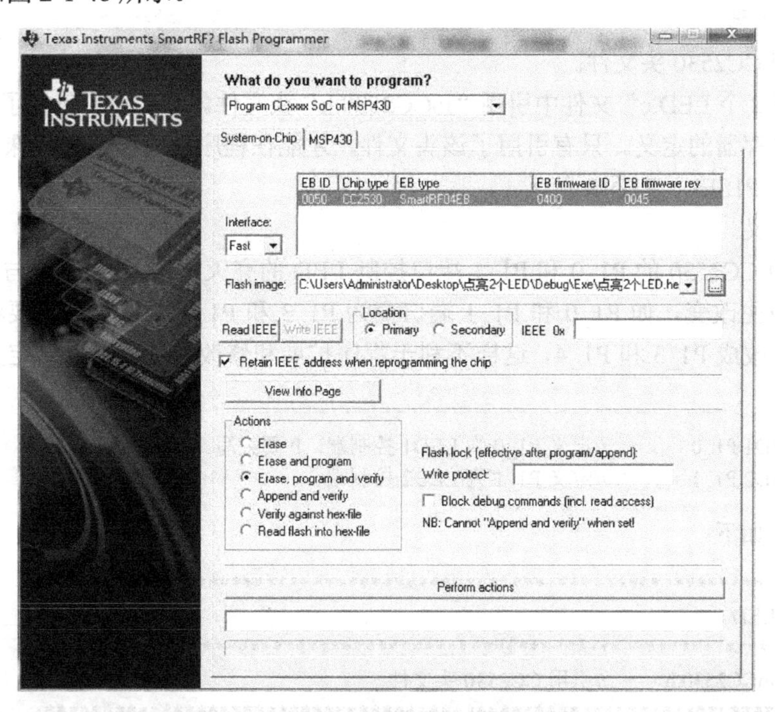

图 2-1-48　“Actions”选项组设置

⑥ 单击“Perform actions”按钮，开始对 CC2530 单片机烧写程序，当信息框中显示“Erase, program and verify OK”时，说明程序烧写完成，如图 2-1-49 所示。

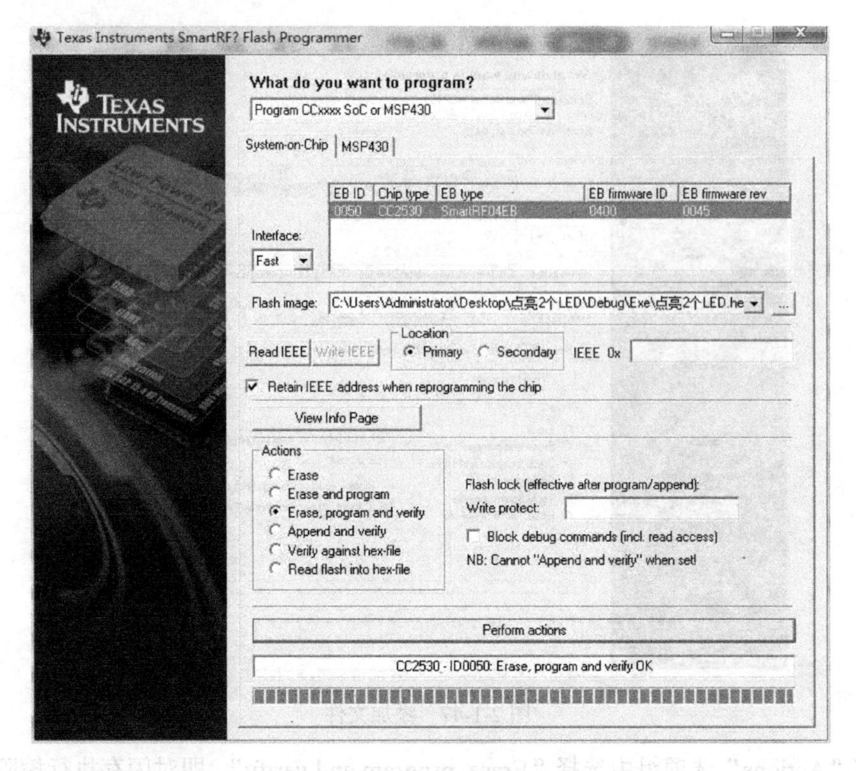

图 2-1-49　程序烧写完成

3）编写代码

（1）引用 CC2530 头文件。

在“点亮 2 个 LED.c”文件中引用“ioCC2530.h”头文件。该文件中包含了 CC2530 中各个特殊功能寄存器的定义。只有引用了该头文件，才能在程序中直接使用特殊功能寄存器的名称，如 P1、P1SEL、P1DIR 等。

（2）宏定义。

直接使用 CC2530 的 P1_0 和 P1_1 端口控制 LED 的亮灭状态，若 LED 与 CC2530 的端口连接方式发生改变，如 P1_0 和 P1_1 端口变为 P1_3 和 P1_4 端口，则需要将程序中所有 P1_0 和 P1_1 改成 P1_3 和 P1_4，这样不利于程序扩展和修改，所以引入宏定义来解决此问题，例如：

```
#define LED1 P1_0           //定义 P1_0 为 LED1 控制端，P 要大写
#define LED2 P1_1           //定义 P1_1 为 LED2 控制端
```

具体代码如下：

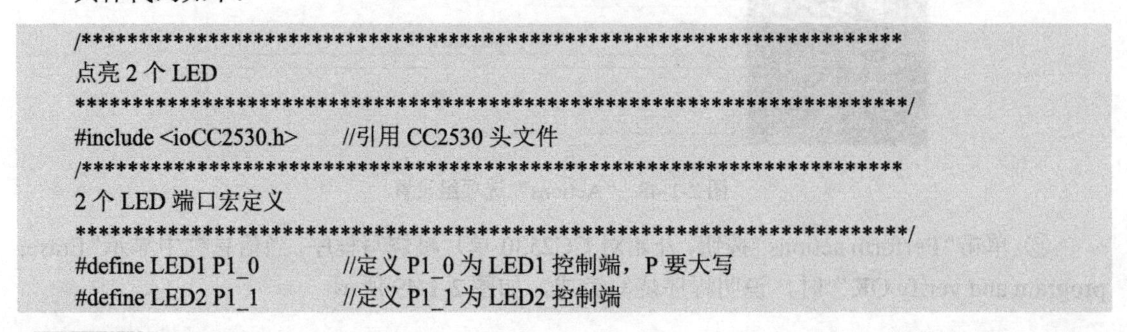

```
/*************************************************************************
点亮 2 个 LED
*************************************************************************/
#include <ioCC2530.h>       //引用 CC2530 头文件
/*************************************************************************
2 个 LED 端口宏定义
*************************************************************************/
#define LED1 P1_0           //定义 P1_0 为 LED1 控制端，P 要大写
#define LED2 P1_1           //定义 P1_1 为 LED2 控制端
```

```
/****************************************************************************
函数名称：main
功能：程序主函数
入口参数：无
出口参数：无
返回值：无
****************************************************************************/
void main(void)
{
  P1SEL&= ~0x03;          //设置 P1_0 和 P1_1 端口为通用 I/O 端口，在默认情况下，每次复位
                          //之后，所有数字输入、输出引脚都设置为通用输入引脚
  P1DIR |= 0x01;          //设置 P1_0 和 P1_1 端口方向为输出
  LED1 = 1;               //给一个高电平熄灭 LED1
  LED2 = 1;               //给一个高电平熄灭 LED2
  while(1)                //程序主循环
  {
    LED1 = 0;             //给一个低电平点亮 LED1
    LED2 = 0;             //给一个低电平点亮 LED2
  }
}
```

4）*仿真调试*

（1）在 IAR 工程中配置硬件仿真。

在“Workspace”中列出的项目上单击鼠标右键，选择“Options”。在打开的对话框中，选择左侧“Category”列表框中的“Debugger”，在“Setup”选项卡中，将“Driver”设置为“Texas Instruments”，如图 2-1-50 所示。

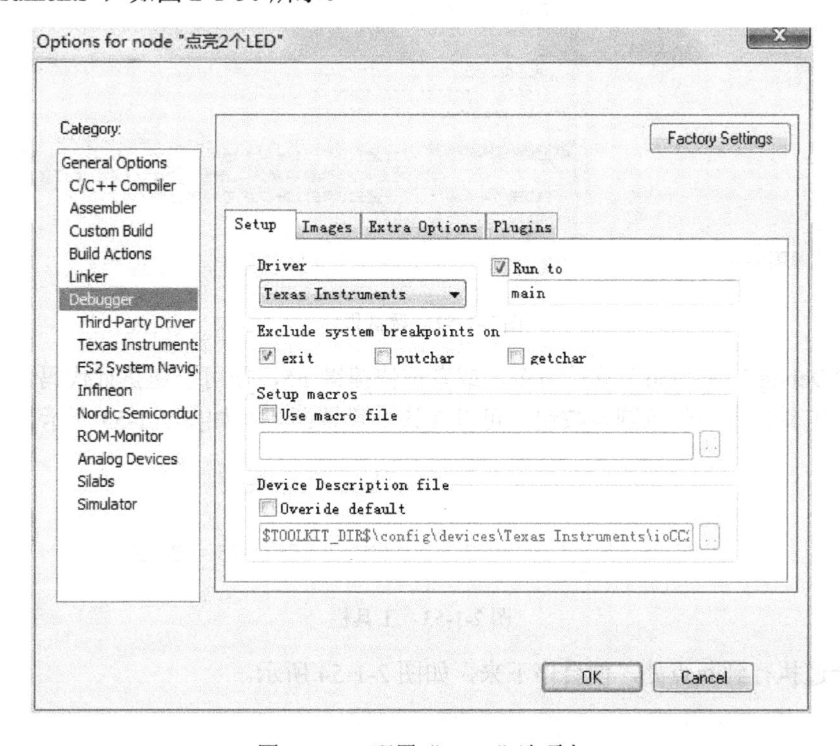

图 2-1-50　配置“Setup”选项卡

（2）开始仿真。

先将仿真器和目标板连接起来，注意接口方向不要弄错，即排线上的三角箭头要与目标板上的白色三角箭头对齐，然后给目标板供电。

选择“Project”→“Download and Debug”菜单命令，或者单击工具栏中的绿色三角按钮，如图 2-1-51 所示。

图 2-1-51　工具栏

这时，IAR 会启动调试窗口，其中，绿色的箭头表示将要执行的指令，如图 2-1-52 所示。

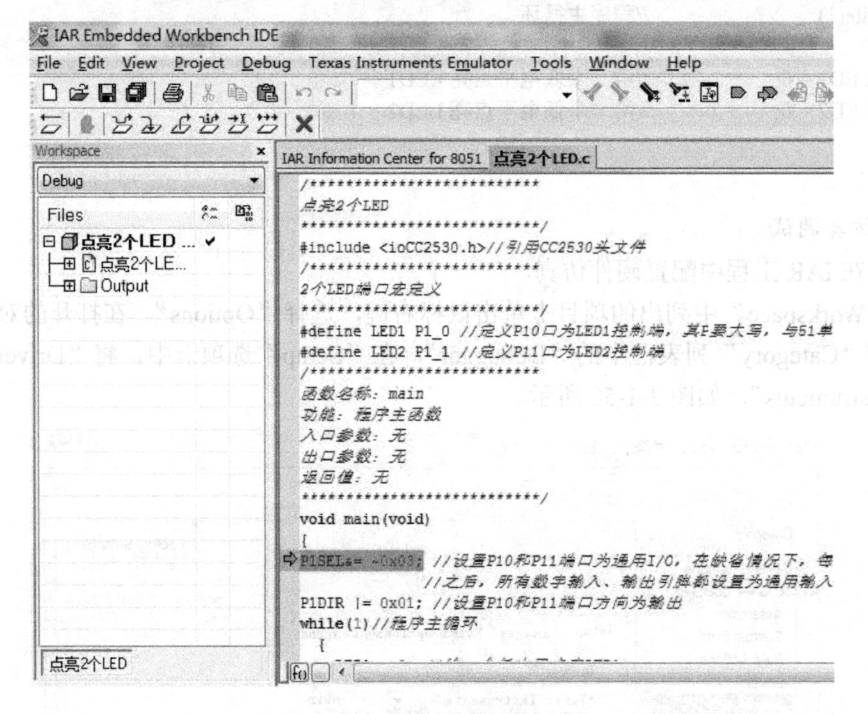

图 2-1-52　调试程序

选择“Debug”→“Go”菜单命令，或者按快捷键 F5，便可全速执行代码。在相应的指令处，单击工具栏中的红色圆点按钮，可以在该处设置断点，如图 2-1-53 所示。

图 2-1-53　工具栏

程序全速执行到断点处，便会停下来，如图 2-1-54 所示。

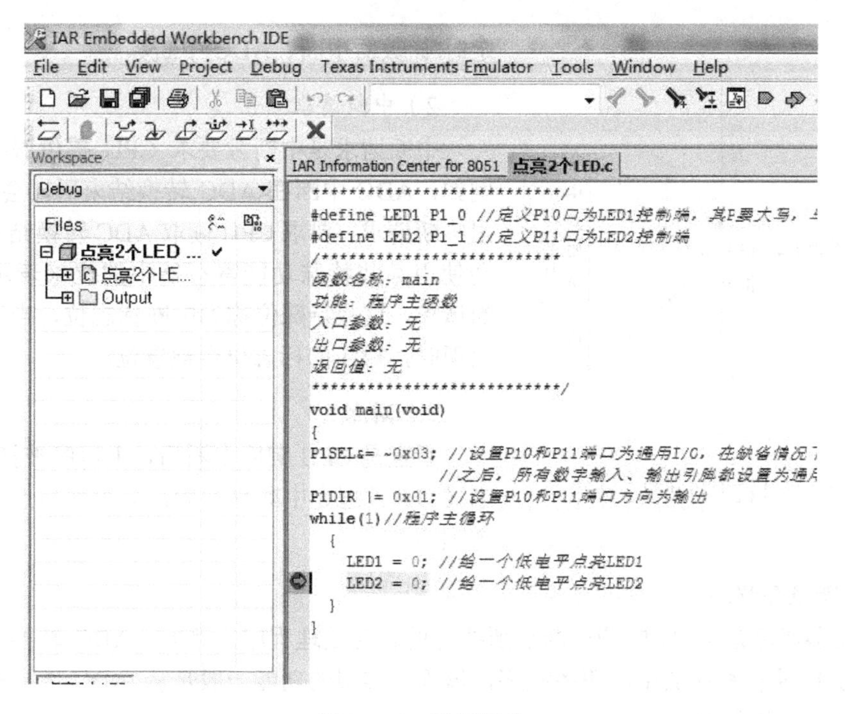

图 2-1-54 设置断点

5）功能验证

最后进行功能验证，如仿真效果不满足任务要求，应修改程序并重新调试，直至满足要求。

二、CC2530 单片机中断系统设计

活动：

根据智能插座中断系统工作过程编写控制程序，并安装调试。

1. 基础知识

某人正在看书，突然电话响了，他放下书去接电话，接完电话后回来继续看书；突然门铃响了，他又放下书去开门，然后回来继续看书。这就是日常生活中的“中断”现象。

对于计算机系统而言，中断是指在 CPU 执行当前程序时，由于系统中出现某种亟须处理的情况，CPU 暂停正在执行的程序，转而执行另一段特殊程序来处理出现的紧急事件，处理结束后，CPU 自动返回原先暂停的程序继续执行。

中断使计算机系统具备应对突发事件的能力，提高了 CPU 的工作效率。如果没有中断系统，CPU 就只能按照程序编写的先后次序，对各个外设依次进行查询和处理，即轮询工作方式。轮询工作方式貌似公平，但实际工作效率很低，且不能及时响应紧急事件。

如图 2-2-1 所示为单片机中断过程示意图。

1）中断源

中断源是引起中断的原因或中断请求的来源。单片机一般具有多个中断源，如外部中断、

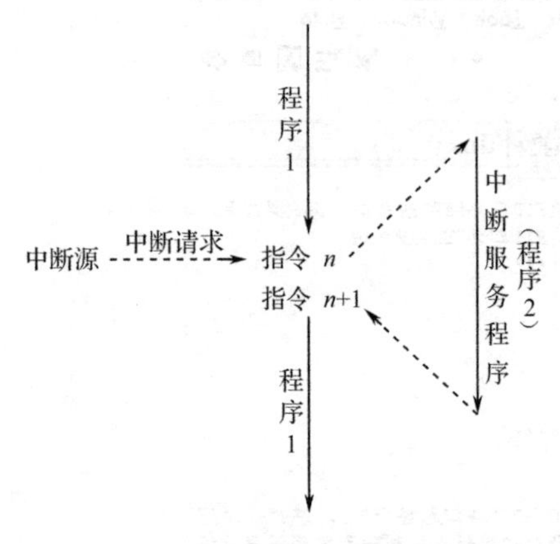

图 2-2-1　单片机中断过程示意图

定时/计数器中断、ADC 中断等。

2）中断请求

中断请求是中断源要求 CPU 提供服务的请求。例如，ADC 中断在 ADC 转换结束后，会向 CPU 提出中断请求，要求 CPU 读取 ADC 转换结果。中断源会使用某些特殊功能寄存器中的位来表示是否有中断请求，这些特殊位称为中断标志位，当有中断请求出现时，对应的标志位会被置位。

3）断点

断点是 CPU 响应中断后，主程序被打断的位置。当 CPU 处理完中断事件后，会返回断点，继续执行主程序。

4）中断服务程序

中断服务程序是 CPU 响应中断后所执行的相应处理程序。例如，ADC 转换完成中断被响应后，CPU 执行相应的中断服务程序，该程序实现的功能一般是从 ADC 结果寄存器中取走并使用转换好的数据。

5）中断向量

中断向量是中断服务程序的入口地址，当 CPU 响应中断请求时，会跳转到该地址去执行代码。

6）中断嵌套和中断优先级

当有多个中断源向 CPU 提出中断请求时，中断系统采用中断嵌套的方式依次处理各个中断源的中断请求，如图 2-2-2 所示。

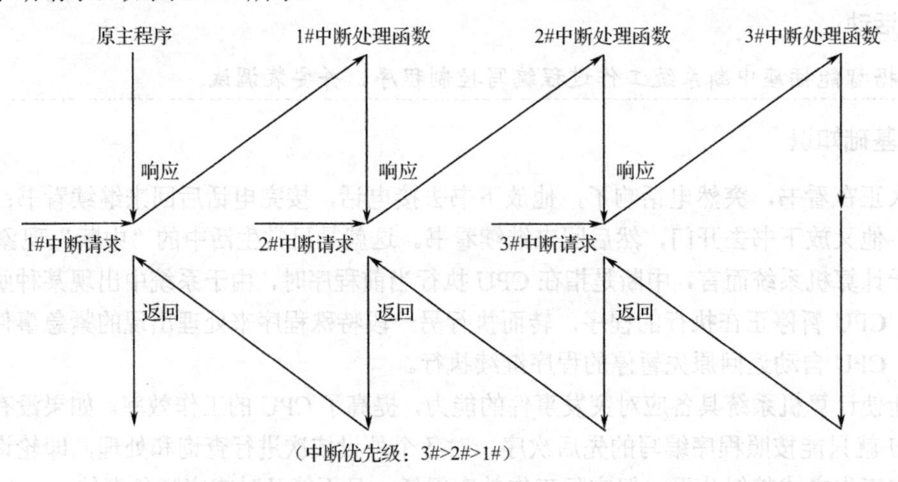

图 2-2-2　中断嵌套

在中断嵌套过程中，CPU 通过中断源的中断优先级来判断优先为哪个中断源服务。优先级高的中断源可以打断优先级低的中断源的处理过程，而同级别或低级别的中断请求不会打断正在处理的中断请求，要等到 CPU 处理完当前的中断请求，才能继续响应后续的中断请求。

为了便于灵活运用，单片机各个中断源的优先级通常是可以通过编程设定的。

2．CC2530 单片机的中断系统

中断功能无疑是CC2530单片机的核心功能之一，要用好CC2530单片机，就必须掌握中断。例如，接收串口或网口的数据时，如果不用中断，只能不停地查询；如果还要查询是否有按键被按下、触摸屏是否被触摸，那么CPU将深陷在诸多的查询工作中，基本上做不了其他工作，这会使系统的吞吐量变得很小。因此，中断是必要的。

CC2530单片机的21个I/O端口引脚都可以用作外部中断源输入口。因此，必要时外部设备可以产生中断。外部中断功能也可以从睡眠模式唤醒设备。通用I/O端口引脚设置为输入口后，可以用于产生中断。中断可以设置在外部信号的上升沿或下降沿触发。

1）CC2530单片机的中断源

CC2530单片机具有18个中断源，每个中断源都由一系列特殊功能寄存器进行控制。18个中断源的描述见表2-2-1。

表 2-2-1　CC2530 单片机的中断源

中断号	中断名称	描述	中断向量
0	RFERR	RF发送FIFO队列空或RF接收FIFO队列溢出	03H
1	ADC	ADC转换结束	0BH
2	URX0	USART0接收完成	13H
3	URX1	USART1接收完成	1BH
4	ENC	AES加密/解密完成	23H
5	ST	睡眠计时器比较	2BH
6	P2INT	I/O端口2外部中断	33H
7	UTX0	USART0发送完成	3BH
8	DMA	DMA传输完成	43H
9	T1	定时器1捕获/比较/溢出	4BH
10	T2	定时器2中断	53H
11	T3	定时器3捕获/比较/溢出	5BH
12	T4	定时器4捕获/比较/溢出	63H
13	P0INT	I/O端口0外部中断	6BH
14	UTX1	USART1发送完成	73H
15	P1INT	I/O端口1外部中断	7BH
16	RF	RF通用中断	83H
17	WDT	看门狗计时溢出	8BH

小贴士

在编写中断程序时中断号一定不要写错，否则中断程序会无法运行。可以根据需要决定是否让CPU对中断源进行响应，只需编程设置相关特殊功能寄存器即可。

2）CC2530 单片机中断源的优先级

CC2530 单片机将 18 个中断源划分成 6 个中断优先级组 IPG0～IPG5，每组包括 3 个中断源，见表 2-2-2。

表 2-2-2 CC2530 单片机的 6 个中断优先级组

组	中断源		
IPG0	RFERR	RF	DMA
IPG1	ADC	T1	P2INT
IPG2	URX0	T2	UTX0
IPG3	URX1	T3	UTX1
IPG4	ENC	T4	P1INT
IPG5	ST	P0INT	WDT

6 个中断优先级组可以被设置成 0～3 级，即由用户指定中断优先级。其中，0 级为最低优先级，3 级为最高优先级。

同时，为了保证中断系统正常工作，CC2530 单片机的中断系统还存在自然优先级，即如果多个组被设置成相同级别，则组号小的要比组号大的优先级高。同一组中包括的 3 个中断源，最左侧的优先级最高，最右侧的优先级最低。将 6 个中断优先级组设置成不同的优先级，使用的是 IP0 和 IP1 两个寄存器。这两个寄存器的定义及相应的优先级设置见表 2-2-3 和表 2-2-4。

表 2-2-3 IPx 寄存器的定义

位	位名称	复位值	操作	描述
7:6	—	00	R/W	不使用
5	IPx_IPG5	0	R/W	中断第 5 组的优先级控制位
4	IPx_IPG4	0	R/W	中断第 4 组的优先级控制位
3	IPx_IPG3	0	R/W	中断第 3 组的优先级控制位
2	IPx_IPG2	0	R/W	中断第 2 组的优先级控制位
1	IPx_IPG1	0	R/W	中断第 1 组的优先级控制位
0	IPx_IPG0	0	R/W	中断第 0 组的优先级控制位

表 2-2-4 优先级设置

IP1_X	IP0_X	优先级
0	0	0（最低级别）
0	1	1
1	0	2
1	1	3（最高级别）

例如，可使用以下代码设置中断源 P0INT、P1INT、P2INT 的优先级。

```
IP1=0x30;  //IPG5 级别为 3，IPG4 级别为 2，IPG1 级别为 1
IP0=0x22;  //其他级别为 0
```

3）中断设置方法及流程

（1）初始化外部中断。

外部中断从单片机的 I/O 端口向单片机输入电平信号，当输入电平信号的改变符合设置的触发条件时，中断系统便向 CPU 提出中断请求。使用外部中断可以方便地监测单片机外接器件的状态或请求，如按键被按下、信号出现或通信请求。

CC2530 单片机 P0、P1 和 P2 端口的每个引脚都具有外部中断输入功能。

（2）使能端口组的中断功能。

CC2530 单片机中的每个中断源都有一个中断功能开关，要使用某个中断源的中断功能，必须使能其中断功能。要使能 P0、P1 和 P2 端口的外部中断功能，需要使用 IEN1 和 IEN2 这两个特殊功能寄存器。这两个寄存器的描述见表 2-2-5 和表 2-2-6。

表 2-2-5　IEN1 寄存器的描述

位	位名称	复位值	操作	描述
7:6	—	00	R0	不使用，读为 0
5	P0IE	0	R/W	端口 0 中断使能，0：中断禁止，1：中断使能
4	T4IE	0	R/W	定时器 4 中断使能，0：中断禁止，1：中断使能
3	T3IE	0	R/W	定时器 3 中断使能，0：中断禁止，1：中断使能
2	T2IE	0	R/W	定时器 2 中断使能，0：中断禁止，1：中断使能
1	T1IE	0	R/W	定时器 1 中断使能，0：中断禁止，1：中断使能
0	DMAIE	0	R/W	DMA 传输中断使能，0：中断禁止，1：中断使能

表 2-2-6　IEN2 寄存器的描述

位	位名称	复位值	操作	描述
7:6	—	00	R0	不使用，读为 0
5	WDTIE	0	R/W	看门狗定时器中断使能，0：中断禁止，1：中断使能
4	P1IE	0	R/W	端口 1 中断使能，0：中断禁止，1：中断使能
3	UTX1IE	0	R/W	USART1 发送中断使能，0：中断禁止，1：中断使能
2	UTX0IE	0	R/W	USART0 发送中断使能，0：中断禁止，1：中断使能
1	P2IE	0	R/W	端口 2 中断使能，0：中断禁止，1：中断使能
0	RFIE	0	R/W	RF 一般中断使能，0：中断禁止，1：中断使能

（3）端口中断屏蔽。

使能端口组的中断功能后，还需要设置当前端口组中哪几个端口具有外部中断功能，将不需要使用外部中断的端口屏蔽掉。屏蔽 I/O 端口中断使用 P0IEN、P1IEN 和 P2IEN 这三个寄存器，P0IEN 和 P1IEN 寄存器的描述见表 2-2-7。

表 2-2-7　P0IEN 和 P1IEN 寄存器的描述

位	位名称	复位值	操作	描述
7:0	Px_[7:0]IEN	0x00	R/W	端口 Px_7 到 Px_0 中断使能，0：中断禁止，1：中断使能

P2IEN 寄存器的描述见表 2-2-8。

表 2-2-8　P2IEN 寄存器的描述

位	位名称	复位值	操作	描述
7:6	—	00	R0	未使用
5	DPIEN	0	R/W	USB D+中断使能
4:0	P2_[4:0]IE	0 0000	R/W	端口 P2_4 到 P2_0 中断使能，0：中断禁止，1：中断使能

例如，使能 P1_ 2 端口中断，需要将 P1IEN 寄存器的第 2 位置 1。代码如下：

```
P1IEN2 I=0x10;    //使能 P1_2 端口中断
```

（4）设置中断触发方式。

触发方式即输入 I/O 端口的信号满足什么样的信号变化形式才会引起中断请求，单片机中常见的触发方式有电平触发方式和边沿触发方式两类。

① 电平触发方式。

高电平触发：输入信号为高电平时会引起中断请求。

低电平触发：输入信号为低电平时会引起中断请求。

电平触发方式引起的中断处理完成后，如果输入电平仍旧保持有效状态，则会再次引发中断请求，其适用于连续信号检测，如外接设备故障信号检测。

② 边沿触发方式。

上升沿触发：输入信号出现由低电平到高电平的跳变时会引起中断请求。

下降沿触发：输入信号出现由高电平到低电平的跳变时会引起中断请求。

边沿触发方式只在信号发生跳变时才会引起中断，是常见的外部中断触发方式，适用于突发信号检测，如按键检测。

CC2530 单片机的 I/O 端口提供了上升沿触发和下降沿触发两种外部触发方式，使用 PICTL 寄存器进行选择。该寄存器的描述见表 2-2-9。

表 2-2-9　PICTL 寄存器的描述

位	位名称	复位值	操作	描述
7	PADSC	0	R/W	控制 I/O 端口的引脚输出模式下的驱动能力
6:4	—	0	R0	未使用
3	P2ICON	0	R/W	P2_4 到 P2_0 中断触发方式选择。0：上升沿触发，1：下降沿触发
2	P1ICONH	0	R/W	P1_7 到 P1_4 中断触发方式选择。0：上升沿触发，1：下降沿触发
1	P1ICONL	0	R/W	P1_3 到 P1_0 中断触发方式选择。0：上升沿触发，1：下降沿触发
0	P0ICON	0	R/W	P0_7 到 P0_0 中断触发方式选择。0：上升沿触发，1：下降沿触发

（5）设置外部中断优先级。

在实际应用中，如果系统中用到了多个中断源，应根据其重要程度分别设置中断优先级。

（6）使能系统总中断。

除各个中断源有自己的中断开关外，中断系统还有一个总开关。如果说各个中断源的开关相当于楼中各个房间的电闸，则中断总开关相当于楼宇的总电闸。中断总开关控制位是 EA，在 IEN0 寄存器中，见表 2-2-10。

表 2-2-10　IEN0 寄存器的描述

位	位名称	复位值	操作	描述
7	EA	0	R/W	中断系统使能控制位。0：禁止所有中断；1：允许中断功能，但究竟哪些中断被允许还要看各中断源自身的使能控制位设置
6	—	0	R0	未使用
5	STIE	0	R/W	睡眠定时器中断使能，0：中断禁止，1：中断使能
4	ENCIE	0	R/W	AES 加密/解密中断使能，0：中断禁止，1：中断使能
3	URX1IE	0	R/W	URX1 中断使能，0：中断禁止，1：中断使能
2	URX0IE	0	R/W	URX0 中断使能，0：中断禁止，1：中断使能
1	RFERRIE	0	R/W	RF 发送/接收中断使能，0：中断禁止，1：中断使能

IEN0 寄存器可以进行寻址，因此要使能总中断，可以直接采用如下方法实现：

```
EA=1;        //使能总中断
```

3. 外部中断程序设计

1）目的与要求

通过编程实现按下按键 S1 控制 LED1 亮灭，理解 CC2530 单片机中断基础知识，掌握外部中断程序的编写流程。

2）电路设计

如图 2-2-3 所示为按键控制 LED 的电路原理图，可以通过外部中断（S1 按键）来控制 LED1 的亮灭。

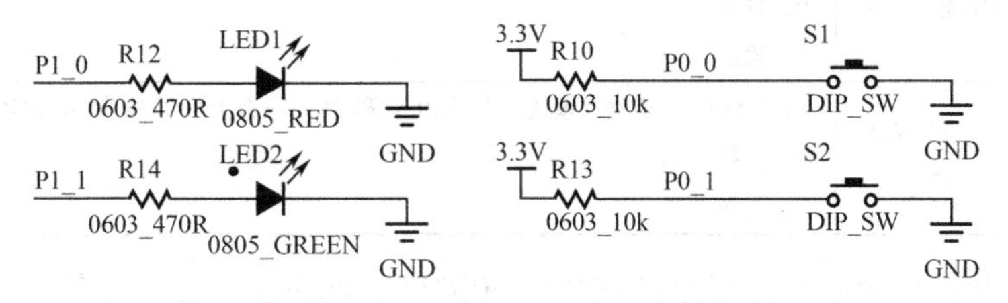

图 2-2-3　电路原理图

3）程序设计

（1）程序流程图。

如图 2-2-4 所示为外部中断程序流程图，当检测到有外部中断即按下 S1 按键时，便会触发中断服务子程序，此时 LED1 便会发生状态反转。在一个程序中使用中断，一般包括两部分：中断服务子程序的编写和中断使能的开启。在程序中涉及某中断时，必须在触发中断前使能此中断。

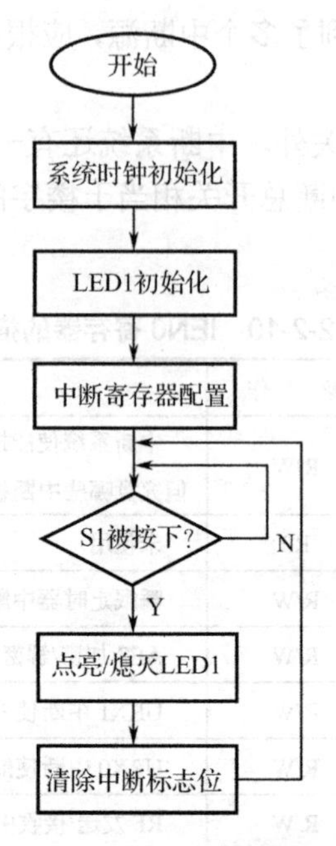

图 2-2-4　外部中断程序流程图

（2）寄存器设计及编程要点。

P1 端口相关寄存器的配置见表 2-2-11。

表 2-2-11　P1 端口相关寄存器的配置

寄 存 器	作　用	描　述
P1（0x90）	P1 端口	通用 I/O 端口，可以从 SFR 位寻址
P1SEL（0xF4）	P1 端口功能选择	P1_7 到 P1_0 功能选择 0：通用 I/O 端口 1：外设功能
P1DIR（0xFE）	P1 端口方向	P1_7 到 P1_0 的 I/O 方向 0：输入 1：输出
P1INP（0xF6）	P1 端口输入模式	P1_7 到 P1_2 的输入模式。由于 P1_0 和 P1_1 没有上拉/下拉功能，P1INP 暂时不需要配置 0：上拉/下拉 1：三态

CC2530 单片机外部中断需要配置 P0IEN、PICTL、P0IFG、IEN1 寄存器。外部中断寄存器的配置见表 2-2-12。

表 2-2-12　外部中断寄存器的配置

寄 存 器	作　用	描　述
P0IEN（0xAB）	P0 端口中断屏蔽	端口 P0_7 到 P0_0 中断使能 0：中断禁用 1：中断使能

续表

寄 存 器	作　用	描　述
PICTL（0x8C）	P0 端口中断控制	端口 P0_7 到 P0_0 输入模式下的中断配置 0：输入的上升沿引起中断 1：输入的下降沿引起中断
P0IFG（0x89）	P0 端口中断状态标志	端口 P0_7 到 P0_0 输入中断状态标志。当输入端口中断请求未决信号时，其相应的标志位将置 1
IEN1（0xB8）	中断使能 1	P0 端口中断使能 0：中断禁止 1：中断使能

按照上述内容，对 P1_0 进行配置，当 P1_0 输出低电平时，LED1 被点亮。按下 S1 按键时，P0_1 产生外部中断，从而控制 LED1 亮灭。端口配置如下：

```
P1SEL &=~0x01;                  //配置 P1_0 为通用 I/O 端口
P1DIR |= 0x01;                  //将 P1_0 定义为输出
```

按键 S1 配置如下：

```
P0IEN |=0x2;    //将 P0_1 设置为中断方式
PICTL |=0x2;    //下降沿触发
IEN1 |=0x20;    //允许 P0 端口中断
P0IFG=0x00;     //初始化中断标志位
EA=1;           //打开总中断
```

（3）程序设计方法。

① 主函数设计。

主函数代码具体如下：

```
void main(void)
{
P1SEL   &= 0x03;    //设置 P1_0 和 P1_1 为通用 I/O 端口
P1DIR   I=0x03;     //设置 P1_0 和 P1_1 为输出口

LED1=0;             //熄灭 LED1
LED2=0;             //熄灭 LED2

/********************新增外部中断初始化**********************/
IEN2   I=0x10;      //使能 P1 口中断
P1IEN   I=0x04;     //使能 P1_2 口中断
PICTL   I=0x02;     //P1_3 到 P1_0 口下降沿触发中断
EA   =1;            //使能总中断
/*****************************************************/
While(1)            //程序主循环
{
   Delay(1200);     //延时
P1_0=1;             //点亮 LED1
Delay(1200);        //延时
P1_1=1;             //点亮 LED2
Delay(1200);        //延时
```

```
        P1_0=0;                //熄灭 LED1
        Delay(1200);           //延时
        P1_1=0;                //熄灭 LED2
    }
}
```

② 编写中断处理函数。

CPU 响应中断后，会中断正在执行的主程序，转而执行相应的中断处理函数。因此，要使用中断功能，还必须编写中断处理函数。

中断处理函数的编写格式具体如下：

```
#pragma vector=<中断向量>
__interrupt void <函数名称>(void)
{
/*编写中断处理程序*/
}
```

在每个中断处理函数之前，都要加上一行起始语句：

```
#pragma vector=<中断向量>
```

<中断向量>表示接下来要写的中断处理函数是为哪个中断源服务的。该语句有两种写法。例如，为任务所需的 P1 口中断编写中断处理函数时，可采用以下两种写法：

```
#pragma vector=0x78
#pragma vector=P1INT_VECTOR
```

前者是将<中断向量>用具体的值表示，后者是将<中断向量>用单片机头文件中的宏定义表示。

要查看单片机头文件中有关中断向量的宏定义，可打开“ioCC2530.h”头文件，查找“Interrupt Vector”部分，其中有 18 个中断源所对应的中断向量宏定义，见表 2-2-13。

表 2-2-13 “ioCC2530.h”头文件中的中断向量宏定义

#define	RFERR_VECTOR	VECT(0, 0X03)	/*RF TX FIFO Underflow and RX FIFO Overflow */
#define	ADC_VECTOR	VECT(1, 0X0B)	/*ADC End of Conversion*/
#define	URX0_VECTOR	VECT(2, 0X13)	/*USART0 RX Complete*/
#define	URX1_VECTOR	VECT(3, 0X1B)	/*USART1 RX Complete*/
#define	ENC_VECTOR	VECT(4, 0X23)	/*AES Encryption / Decrytion Complete*/
#define	ST_VECTOR	VECT(5, 0X2B)	/*Sleep Timer Complete*/
#define	P2INT_VECTOR	VECT(6, 0X33)	/*Port 2 Inputs*/
#define	UTX0_VECTOR	VECT(7, 0X3B)	/* USART0 TX Complete */
#define	DMA_VECTOR	VECT(8, 0X43)	/* DMA Transfer Complete */
#define	T1_VECTOR	VECT(9, 0X4B)	/* Timer 1 (16bit) Capture/Compare/Overflow */
#define	T2_VECTOR	VECT(10, 0X53)	/* Timer 2 (MAC Timer) */
#define	T3_VECTOR	VECT(11, 0X5B)	/* Timer 3 (8bit) Capture/Compare/Overflow*/
#define	T4_VECTOR	VECT(12, 0X63)	/* Timer 4 (8bit) Capture/Compare/Overflow*/
#define	P0INT_VECTOR	VECT(13, 0X6B)	/* Port 0 Inputs*/

续表

#define	UTX1_VECTOR	VECT(14, 0X73)	/* USART1 TX Complete*/
#define	P1INT_VECTOR	VECT(15, 0X78)	/* Port 1 Inputs*/
#define	RF_VECTOR	VECT(16, 0X83)	/* RF General Interrupts*/
#define	WDT_VECTOR	VECT(17, 0X8B)	/* Wacthdog Overflow in Timer Mode*/

“__interrupt”表示函数是一个中断处理函数，“<函数名称>”可以随便取，函数体不能带参数或有返回值。注意：“interrupt”前面有两个下画线。

③ 识别触发外部中断的端口。

P0、P1 和 P2 口分别使用 P0IF、P1IF 和 P2IF 作为中断标志位，任何一个端口组的 I/O 端口产生外部中断时，会将对应端口组的外部中断标志位自动置位。例如，本任务中当 S1 按键被按下后，P1IF 会变成 1，此时 CPU 将进入 P1 口中断处理函数处理事件。外部中断标志位不能自动复位，因此必须在中断处理函数中手工清除该中断标志位，否则 CPU 将反复进入中断过程。清除 P1 口外部中断标志位的方法如下：

```
P1IF=0; //清除 P1 口外部中断标志位
```

CC2530 单片机中有 P0IFG、P1IFG 和 P2IFG 三个端口状态标志寄存器，分别对应 P0、P1 和 P2 口各位的中断触发状态。当被配置成外部中断的某个 I/O 端口触发中断请求时，对应标志位会自动置位，在进行中断处理时可通过判断相应寄存器的值来确定是哪个端口引起的中断。P0IFG 和 P1IFG 寄存器的描述见表 2-2-14，P2IFG 寄存器的描述见表 2-2-15。

表 2-2-14　P0IFG 和 P1IFG 寄存器的描述

位	位名称	复位值	操作	描述
7:0	PxIF[7:0]	0	R/W0	端口 Px_7 到 Px_0 的中断状态标志，当输入端有未响应的中断请求时，相应标志位置 1，需要软件复位

表 2-2-15　P2IFG 寄存器的描述

位	位名称	复位值	操作	描述
7:6	—	00	R0	未使用
5	DPIF	0	R/W0	USB D+中断标志位
4:0	P2IF[4:0]	00000	R/W0	端口 P2_4 到 P2_0 的中断状态标志，当输入端有未响应的中断请求时，相应标志位置 1，需要软件复位

④ 利用中断实现任务要求的功能。

练一练

完成智能插座硬件电路连接（图 2-2-5），将下面的程序下载到 CC2530 单片机中，观看运行效果。

```
/****************************************
描述：利用 S1 按键外部中断方式改变 LED1 的状态
****************************************/
```

```
#include <ioCC2530.h>
#define uint unsigned int
#define uchar unsigned char
//定义控制 LED1 的端口
#define LED1 P1_0                //定义 LED1 由 P1_0 端口控制
#define KEY1 P0_1                //中断口
//函数声明
void Delayms(uint);              //延时函数
void InitLed(void);              //初始化 P1 端口
void KeyInit();                  //按键初始化
uchar KeyValue=0;
/****************************
延时函数
*****************************/
void Delayms(uint xms)           //i=xms 即延时 i 毫秒
{
uint i,j;
for(i=xms;i>0;i--)
for(j=587;j>0;j--);
}
/**************************** LED 初始化程序
*****************************/
void InitLed(void)
{
P1DIR |=0x01;                    //将 P1_0、P1_1 定义为输出
LED1=1;                          //LED1 熄灭
}
/**************************** 按键初始化程序（外部中断方式）
*****************************/
void InitKey()
{
P0IEN |=0x2;                     //将 P0_1 设置为中断方式
PICTL |= 0x2;                    //下降沿触发
IEN1 |=0x20;                     //允许 P0 端口中断
P0IFG=0x00;                      //初始化中断标志位
EA=1;
}
/**************************** 中断处理函数
*****************************/
#pragma vector=P0INT_VECTOR
_ _interrupt void P0_ISR(void)
{
Delayms(10);                     //去除抖动
LED1=~LED1;                      //改变 LED1 的状态
P0IFG=0;                         //清中断标志位
P0IF = 0;                        //清中断标志位
}
/************************** 主函数
***************************/
void main(void)
{
```

```
    InitLed();                        //调用初始化函数
    while(1)
    {
    }
}
```

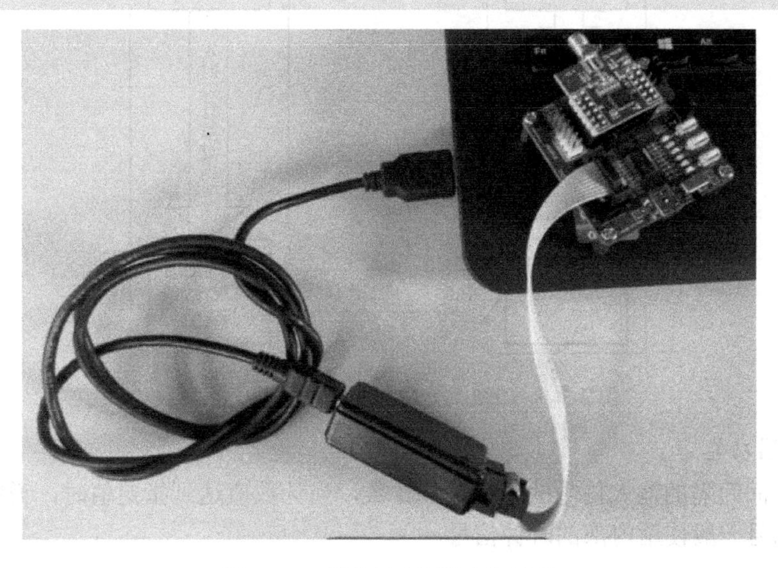

图 2-2-5　智能插座硬件电路连接

程序运行效果：每按下一次 S1 按键，LED1 的状态会发生变化。

三、CC2530 单片机的定时工作系统

活动：

根据智能插座定时工作系统的工作过程编写控制程序，并安装调试。

1. 定时/计数器简介

定时/计数器是一种能够对内部时钟信号或外部输入信号进行计数，当计数值达到设定要求时，向 CPU 提出中断处理请求，从而实现定时或者计数功能的外设。定时/计数器的基本工作原理是计数，即进行加 1（或减 1）计数，每出现一个计数信号，定时/计数器就会自动加 1（或自动减 1），当计数值从 0 变成最大值（或从最大值变成 0）时，定时/计数器就会向 CPU 提出中断请求。

定时/计数器的基本功能是实现定时和计数，且在整个工作过程中不需要 CPU 过多参与，它的出现将 CPU 从相关任务中解放出来，提高了 CPU 的工作效率。例如，在前面的任务中实现 LED 闪烁采用的是软件延时方法，在延时过程中，CPU 通过执行循环指令来消耗时间，在整个延时过程中会一直占用 CPU，降低了 CPU 的工作效率。若使用定时/计数器来实现延时，则在延时过程中 CPU 可以执行其他工作任务。CPU 与定时/计数器之间的交互关系如图 2-3-1 所示。

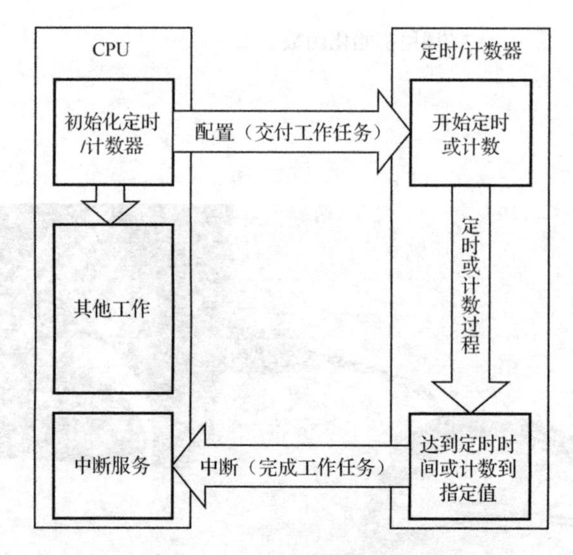

图 2-3-1　CPU 与定时/计数器之间的交互关系

1）定时器功能

对规定时间间隔的输入信号的个数进行计数，当计数值达到指定值时，说明定时时间已到。其输入信号一般使用内部的时钟信号。

2）计数器功能

对任意时间间隔的输入信号的个数进行计数，一般用来对外部事件进行计数。其输入信号一般来自单片机外部开关型传感器，可用于生产线产品计数、信号数量统计和转速测量等方面。

3）捕获功能

对规定时间间隔的输入信号的个数进行计数，当外部输入有效信号时，捕获计数器的计数值。该功能通常用来测量外部输入脉冲的脉宽或频率，需要在外部输入信号的上升沿和下降沿进行两次捕获，通过计算两次捕获的差值可以计算出脉宽或周期等信息。

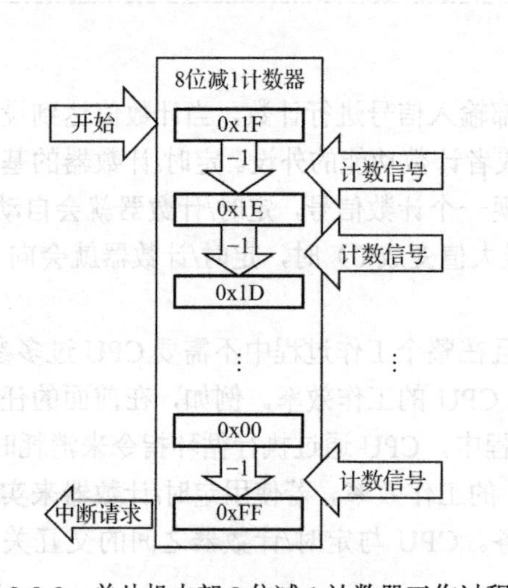

图 2-3-2　单片机内部 8 位减 1 计数器工作过程

4）比较功能

当计数值与需要进行比较的值相同时，向 CPU 提出中断请求或改变 I/O 端口输出控制信号。该功能一般用来控制 LED 的亮度或电机转速。

单片机内部 8 位减 1 计数器工作过程如图 2-3-2 所示。

2．CC2530 单片机定时器简介

CC2530 单片机中共有 4 个普通定时器，分别是定时器 1、定时器 2、定时器 3、定时器 4。另外，CC2530 单片机还有 1 个睡眠定时器，和定时器 2 配合使用，可以使 CC2530 单片机进入低功耗睡眠模式。

1）定时器 1

定时器 1 是一个独立的 16 位定时器，是功能最全的定时/计数器，它主要具有以下功能。

（1）支持输入捕获功能，可选择上升沿、下降沿或任何边沿进行输入捕获。

（2）支持输出比较功能，输出可选择设置、清除或切换。

（3）支持 PWM 功能。

（4）具有 5 个独立的捕获/比较通道，每个通道使用 1 个 I/O 引脚。

（5）具有自由运行、模、正计数/倒计数 3 种不同的工作模式。

（6）具有可被 1、8、32 或 128 整除的时钟分频器，为计数器提供计数信号。

（7）能在每个捕获/比较和最终计数上产生中断请求。

（8）能触发 DMA 功能。

2）定时器 2

定时器 2 主要用于为 IEEE 802.15.4 CSMA/CA 算法提供定时功能，以及为 IEEE 802.15.4 MAC 层提供一般的计时功能，也称 MAC 定时器。用户一般不使用该定时器。

3）定时器 3 和定时器 4

定时器 3 和定时器 4 都是 8 位定时器，可用于 PWM 控制，常用于较短时间间隔的定时。它们主要具有以下功能。

（1）支持输入捕获功能，可选择上升沿、下降沿或任何边沿进行输入捕获。

（2）支持输出比较功能，输出可选择设置、清除或切换。

（3）具有两个独立的捕获/比较通道，每个通道使用 1 个 I/O 引脚。

（4）具有自由运行、模、正计数/倒计数、倒计数 4 种不同的工作模式。

（5）具有可被 1、2、4、8、16、32、64 或 128 整除的时钟分频器，为计数器提供计数信号。

（6）能在每个捕获/比较和最终计数上产生中断请求。

（7）能触发 DMA 功能。

4）睡眠定时器

睡眠定时器是一个 24 位正计数定时器，运行在 32kHz 时钟频率下，支持捕获/比较功能，能够产生中断请求和 DMA 触发。睡眠定时器主要用于设置系统进入和退出低功耗睡眠模式的周期，还用于低功耗睡眠模式下维持定时器 2 的定时。

5）定时器工作模式

CC2530 单片机的定时器 1 具有自由运行、模和正计数/倒计数 3 种不同的工作模式，对应不同的定时器应用，各种工作模式如下所述。

（1）自由运行模式。

自由运行模式如图 2-3-3 所示。计数器从 0x0000 开始，在每个活动时钟边沿增加 1，当计数器达到 0xFFFF 时溢出，计数器重新载入 0x0000 并开始新一轮的递增计数。

自由运行模式的计数周期是固定值 0xFFFF，当计数器达到最终计数值 0xFFFF 时，系统自动设置标志位 IRCON.T1IF 和 T1STAT.OVFIF。如果用户设置了相应的中断屏蔽位 TIMIF.T1OVFIM 和 IEN1.T1EN，将产生一个中断请求。

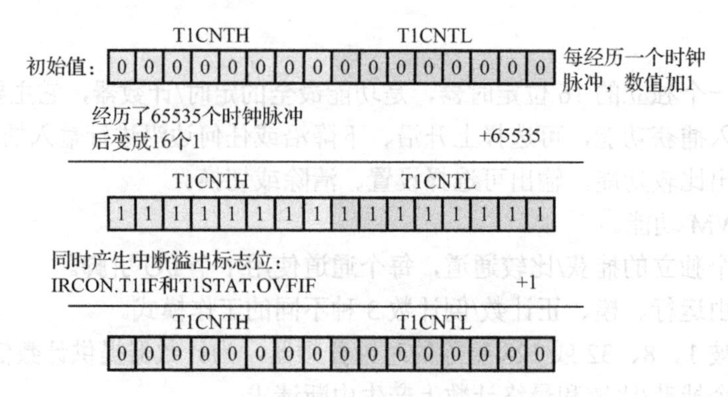

图 2-3-3　自由运行模式

（2）模模式。

在模模式下，计数器从 0x0000 开始，在每个活动时钟边沿增加 1，当计数器达到 T1CC0 寄存器保存的值时溢出，计数器将复位到 0x0000 并开始新一轮递增计数。计数溢出后，将置位相应标志位。如果设置了相应的中断使能，则会产生一个中断请求。T1CC0 由两个寄存器 T1CC0H 和 T1CC0L 构成，分别用来保存最终计数值的高 8 位和低 8 位。模模式的计数周期不是固定值，可由用户自行设定，以便获取不同的定时时间。

定时器 3 和定时器 4 的倒计数模式类似于模模式，只不过是从最大计数值向 0x00 倒序计数的。

（3）正计数/倒计数模式。

在正计数/倒计数模式下，计数器反复从 0x0000 开始，正计数到 T1CC0 寄存器保存的最终计数值，然后倒计数返回 0x0000。

在正计数/倒计数模式下，计数器最终溢出，并置位相关标志位后，若用户已使能相关中断，则会产生中断请求。这种模式用来进行 PWM 控制时可以实现中心对称的 PWM 输出。

3. CC2530 单片机定时器设置方法

1）CC2530 单片机定时器设置流程

CC2530 单片机定时器 1 的设置流程如下。

第 1 步：设置定时器 1 的分频系数，即确定是几分频。

第 2 步：设置定时器 1 的最大计数值，要用到 T1CC0L 和 T1CC0H 寄存器。

第 3 步：设置定时器 1 的相关中断。

第 4 步：设置系统的总中断，即 EA=1。

第 5 步：设置定时器 1 的工作模式。

2）CC2530 单片机定时器初值计算方法

这里以设置定时时间为 0.5s 为例，介绍 CC2530 单片机定时器初值的计算方法。默认 CC2530 单片机晶振频率为 16MHz，如果为 128 分频，那么 16MHz 除以 128 等于 125kHz，即定时器 1 的计数频率为 1 秒 125000 次，125000 除以 2 等于 62500。

这是我们需要的匹配值，将 62500 转换成十六进制数就是 F424，即将 0x24 存入 T1CC0L，将 0xF4 存入 T1CC0H。

小贴士

设置定时时间要注意以下几点。

（1）要看定时器使用的晶振频率，可能是16MHz，也可能是32MHz。

（2）要看定时器是几分频，如1分频、8分频、16分频、32分频等，最常用的是128分频。

（3）设置定时时间，首先要知道定时器最大定时时长。

（4）设置定时时间时要先写低8位寄存器，再写高8位寄存器，也就是T1CC0L要写在前面，T1CC0H要写在后面。

4．CC2530单片机定时器程序设计

1）目的与要求

使用CC2530单片机内部定时/计数器控制LED1进行周期性闪烁，具体要求如下：

（1）通电后LED1每隔2s闪烁一次。

（2）LED1每次闪烁的点亮时间为0.5s。

2）设计思路

选用定时器1，让其每隔固定时间产生一次服务中断请求，在定时器1的中断处理函数中判断时间是否达到1.5s，如果达到1.5s则直接在中断处理函数中点亮LED1，当达到2s时熄灭LED1。

在中断方式下，对定时器1进行初始化配置，具体步骤可参照图2-3-4。

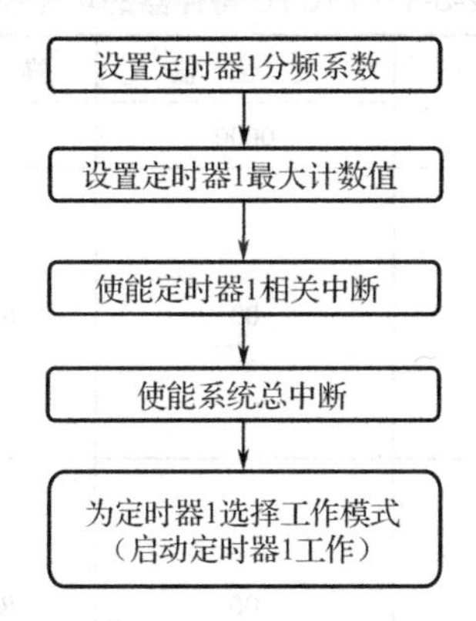

图2-3-4　定时器1初始化步骤

定时器1中断处理函数的处理流程如图2-3-5所示。

3）定时器1的设置

（1）设置定时器1的分频系数。

定时器1的计数信号来自CC2530单片机内部系统时钟信号的分频，可选择1、8、32或128分频。CC2530单片机通电后，默认使用内部频率为16MHz的RC振荡器，也可以使用外接的晶体振荡器，一般为32MHz的晶振。定时器1采用16位计数器，最大计数值为0xFFFF，即65535。当使用16MHz的RC振荡器时，如果使用最大分频128分频，则定时器1的最大

定时时长为 524.28ms。设置定时器 1 的分频系数需要使用 T1CTL 寄存器，通过设置 DIV[1:0] 两位的值为定时器选择分频系数，T1CTL 寄存器的功能描述见表 2-3-1。

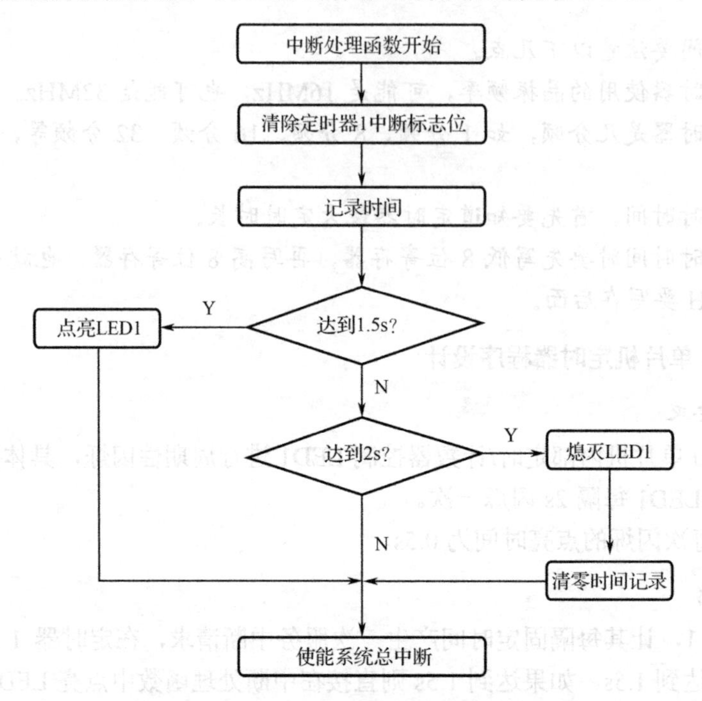

图 2-3-5　定时器 1 中断处理函数的处理流程

表 2-3-1　T1CTL 寄存器的功能描述

位	位 名 称	复 位 值	操　作	描　述
7:4	—	0000	R0	未使用
3:2	DIV[1:0]	00	R/W	定时器 1 分频设置 00：1 分频 01：8 分频 10：32 分频 11：128 分频
1:0	MODE[1:0]	00	R/W	定时器 1 工作模式设置 00：暂停运行 01：自由运行模式 10：模模式 11：正计数/倒计数模式

本任务中，为定时器 1 选择 128 分频，设置代码如下：

```
T1CTL 1=0x0C;    //定时器 1 选择时钟频率 128 分频
```

（2）设置定时器 1 的最大计数值。

本任务要求定时时间为 2s 和 0.5s，由 CC2530 单片机时钟源的选择和定时器 1 的分频选择可知，定时器 1 最大定时时长约为 0.52s。为了便于在程序中进行计算，可设置定时器 1 的定时时长为 0.25s，并计算出最大计数值。

$$最大计数值=\frac{定时时长}{定时器计数周期}=\frac{0.25}{\frac{1}{16000000}\times 128}=31250$$

将 31250 转换成十六进制数为 0x7A12。使用定时器 1 的定时功能时，使用 T1CC0H 和 T1CC0L 两个寄存器存储最大计数值的高 8 位和低 8 位。T1CCxH 和 T1CCxL 共 5 对，分别对应定时器 1 的通道 0～4，这两个寄存器的功能描述见表 2-3-2 和表 2-3-3。

表 2-3-2　T1CCxH 寄存器的功能描述

位	位 名 称	复 位 值	操　作	描　述
7:0	T1CCx[15:8]	0x00	R/W	定时器 1 通道 0～4 捕获/比较值的高位字节

表 2-3-3　T1CCxL 寄存器的功能描述

位	位 名 称	复 位 值	操　作	描　述
7:0	T1CCx[7:0]	0x00	R/W	定时器 1 通道 0～4 捕获/比较值的低位字节

在程序设计中，应先写低位寄存器，再写高位寄存器。例如，设置定时器 1 最大计数值 0x7A12 的代码如下。

```
T1CC0L=0x12;     //设置最大计数值的低 8 位
T1CC0H=0x7A;     //设置最大计数值的高 8 位
```

（3）使能定时器 1 中断功能。

使用定时器时，可以用查询方式来查看定时器当前的计数值，也可以使用中断方式。

① 查询方式。

使用代码读取定时器 1 当前的计数值，在程序中根据计数值大小确定要执行的操作。通过读取 T1CNTH 和 T1CNTL 两个寄存器，分别获取当前计数值的高位字节和低位字节。这两个寄存器的功能描述见表 2-3-4 和表 2-3-5。

表 2-3-4　T1CNTH 寄存器的功能描述

位	位 名 称	复 位 值	操　作	描　述
7:0	CNT[15:8]	0x00	R/W	定时器 1 高位字节 在读 T1CNTL 时，计数器的高位字节被缓冲到该寄存器中

表 2-3-5　T1CNTL 寄存器的功能描述

位	位 名 称	复 位 值	操　作	描　述
7:0	CNT[7:0]	0x00	R/W	定时器 1 低位字节 向该寄存器写任何值将导致计数器被清除为 0x0000

当读取 T1CNTL 寄存器时，计数器的高位字节会被缓冲到 T1CNTH 寄存器中，以便高位字节可以从 T1CNTH 中被读出，因此在程序中应先读取 T1CNTL 寄存器，然后读取 T1CNTH 寄存器。

② 中断方式。

定时器 1 能在 3 种情况下产生中断请求。

第一，计数器达到最终计数值（自由运行模式下达到 0xFFFF，正计数/倒计数模式下达到 0x0000）。

第二，输入捕获事件。

第三，输出比较事件（模模式下使用）。

要使用定时器的中断方式，必须使能各个相关中断控制位。CC2530 单片机中定时器 1～4 的中断使能位分别是 IEN1 寄存器中的 T1IE、T2IE、T3IE 和 T4IE。由于 IEN1 寄存器可以进行位寻址，因此使能定时器 1 中断可以采用以下代码。

```
T1IE=1;    //使能定时器 1 中断
```

除此之外，定时器 1、定时器 3 和定时器 4 还分别拥有一个计数溢出中断屏蔽位，分别是 T1OVFIM、T3OVFIM 和 T4OVFIM。当这些位被设置成 1 时，对应定时器的计数溢出中断便被使能，这些位都可以进行位寻址。不过一般用户不需要对其进行设置，因为这些位在 CC2530 单片机通电时的初始值就是 1。如果要手工设置，可以用以下代码实现。

```
T1OVFIM=1;    //使能定时器 1 溢出中断
```

最后要使能系统总中断 EA。

（4）设置定时器 1 的工作模式。

由于需要手工设置最大计数值，因此可为定时器 1 选择正计数/倒计数模式。此时，只需要设置 T1CTL 寄存器中的 MODE[1:0]位。一旦设置了定时器 1 的工作模式（MODE[1:0]为非零值），则定时器 1 立刻开始定时计数工作。其设置代码如下。

```
T1CTL1=0x03;    //定时器 1 采用正计数/倒计数模式
```

4）程序设计

（1）程序流程图。

定时器程序流程图如图 2-3-6 所示。

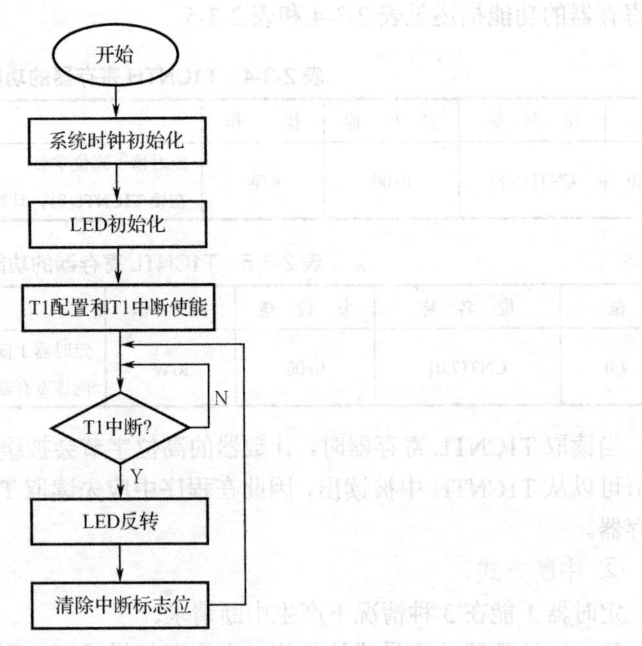

图 2-3-6　定时器程序流程图

（2）初始化程序代码。

LED 初始化程序代码具体如下：

```
void InitLed(void)
{
    P1DIR1=0x03;            //将 P1_0 定义为输出
    LED1=0;                 //LED1 熄灭
}
```

定时器 1 初始化程序代码如下：

```
void InitT1( ) //系统不配置工作时钟时，默认使用内部 RC 振荡器，频率为 16MHz
{
    T1CTL=0x0d;             //128 分频，自动重装 0x0000～0xFFFF
    //T1STAT=0x21;          //通道 0，中断有效
}
```

请读者自行完成程序编写，实现任务功能。

练一练

将如下程序烧入 CC2530 单片机，观察运行效果。

```
#include "ioCC2530.h"
#define LED P1_0                //0x80
unsigned   int a=0;
void main(void)
{
     P1SEL&=~0X01;              //设置 P1_0 口为通用 I/O 端口
     P1DIR|=0X01;               //设置为输出端口
     LED=0;                     //LED 的初始状态为熄灭
  //定时器设置
     T1CTL|=0X0C;               //设置分频系数
     T1CC0L=0X24;               //设置定时器最大计数值
     T 1CC0H=0XF4;
     IEN1 |=0X02;               //设置定时器相关中断
     EA=1;                      //总中断
     T1CTL|=0X03;               //设置运行模式（正计数/倒计数模式）
     while(1)
     {
     }
     //T1STAT&=~0X20;
}
#pragma vector=T1_VECTOR        //中断格式
 __interrupt void aa (void)
 {
     T1STAT&=~0X20;
     a++;
     if(a==2)//3
     {
        LED=1;
     }
```

```
        if(a==4)//4
        {
            LED=0;
            a=0;
        }
    }
```

四、CC2530 单片机串行通信

根据智能插座串行通信控制系统的工作过程编写控制程序，并安装调试。

1. 基础知识

1）串行通信与并行通信

在计算机系统中，通信是指计算机与外界之间的信息交换，通信的基本方式有两种：并行通信和串行通信。并行通信是指数据的各位同时在多根数据线上发送或接收。串行通信是指数据的各位在同一根数据线上依次逐位发送或接收。图 2-4-1 为这两种通信方式的示意图。

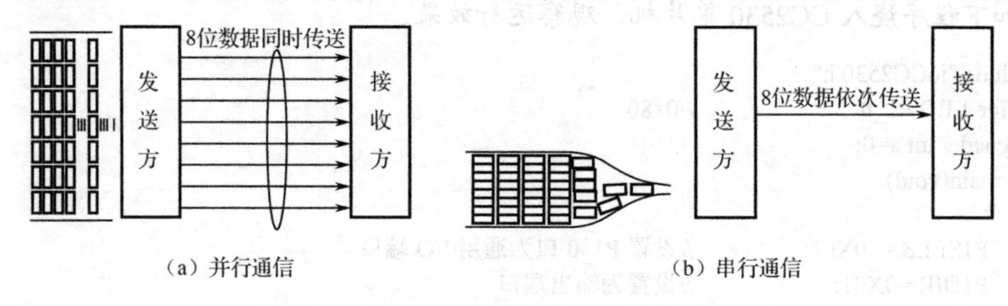

图 2-4-1　两种通信方式的示意图

两种通信方式的电路连接图如图 2-4-2 所示。

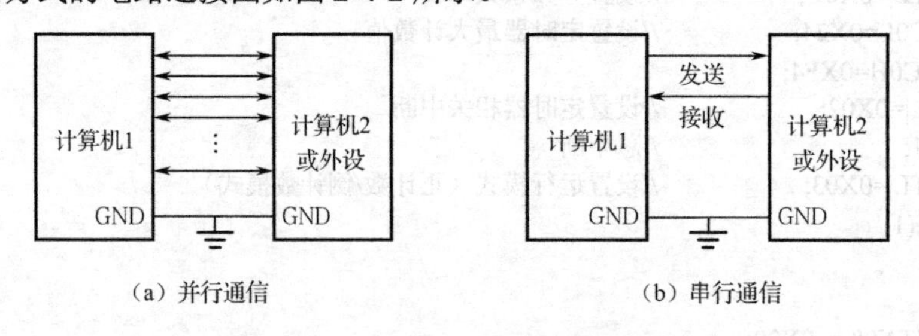

图 2-4-2　两种通信方式的电路连接图

拓　展

并行通信的特点：

① 各数据位同时传输，每位数据都需要一根传输线，传输速率和效率高，多用在实时、快速的场合。

② 并行传递的信息不要求固定的格式。

③ 并行接口的数据传输速率较高，比串行接口高 8 倍。

④ 并行通信的传输成本较高。

⑤ 并行通信抗干扰能力差。

⑥ 适合外部设备与计算机之间进行近距离、大量和快速的信息交换，通常传输距离小于30m。

串行通信的特点：

① 节省传输线，这是显而易见的。在远程通信时，此特点尤为重要。这也是串行通信的主要优点。

② 数据传输效率低。与并行通信相比，这是显而易见的。这也是串行通信的主要缺点。

③ 每次传输一位元数据。

通常情况下，并行方式用于近距离通信，串行方式用于距离较远的通信。在计算机网络中，串行通信在单片机双机、多机及单片机与PC之间的通信等方面得到了广泛应用。

2）串行通信制式

在串行通信中，按照数据传输方向，分为三种制式：单工、半双工和全双工，图 2-4-3为三种制式的示意图。

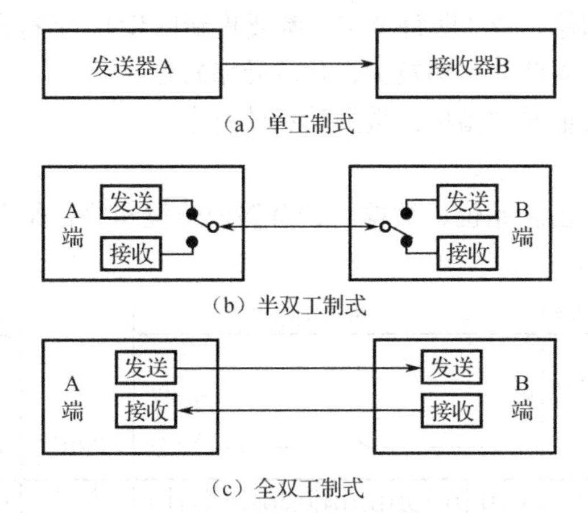

图 2-4-3　三种制式的示意图

在单工制式下，通信双方之间只有一条单向传输线，数据只能按照一个固定的方向传输。只允许通信一方发送数据，另一方接收数据，如图 2-4-3（a）所示。

在半双工制式下，通信双方都备有发送器和接收器，但只有一条双向传输线，故在同一时刻只能由一方发送数据，另一方接收数据，两个方向上的数据传输不能同时进行。它通过软件控制的电子开关控制数据传输的方向，是一种能够切换传输方向的单工方式，如图 2-4-3（b）所示。

在全双工制式下，通信双方有两条传输线，可以同时发送和接收数据，允许数据同时双向传输，其通信设备应具有完全独立的收发功能，如图 2-4-3（c）所示。

在实际应用中，尽管多数串行通信接口电路具有全双工功能，但一般情况下，只工作于半双工制式下，这种用法简单、实用。

3）异步通信与同步通信

按照数据的时钟控制方式，串行通信可分为异步通信和同步通信两类。计算机通信中为了准确地发送、接收信息，发送者和接收者必须协调同步工作。

（1）异步通信。

在异步通信中，数据通常是以字符或字节为单位组成数据帧进行传输的。字符帧由发送端一帧一帧地发送，每一帧数据都是低位在前、高位在后，通过传输线由接收端一帧一帧地接收，如图 2-4-4 所示。收、发端各有一套彼此独立、互不同步的通信机构，由于收发数据的帧格式相同，因此可以相互识别接收到的数据信息。

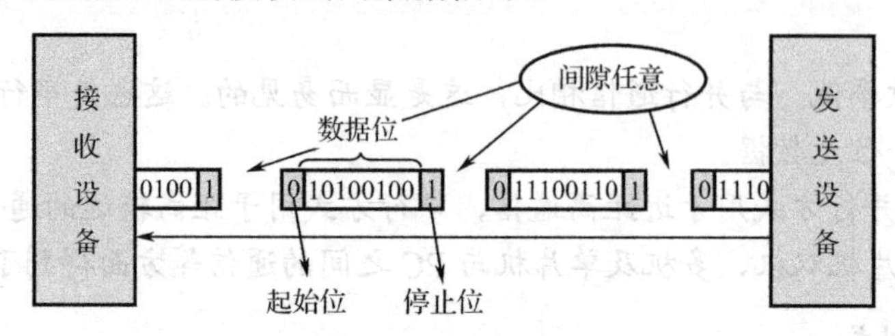

图 2-4-4　异步通信示意图

异步通信的好处是通信设备简单、便宜，为了避免连续传输过程中的误差积累，每个字符都要独立确定起始位和停止位（即每个字符都要重新同步），字符和字符间还可能有长度不定的空闲时间，因此异步通信的开销较大，传输效率较低。

异步通信有两个比较重要的指标：数据帧和波特率。

① 数据帧。

数据帧也称字符帧，由起始位、数据位、奇偶校验位和停止位四部分组成，异步通信数据帧格式如图 2-4-5 所示。

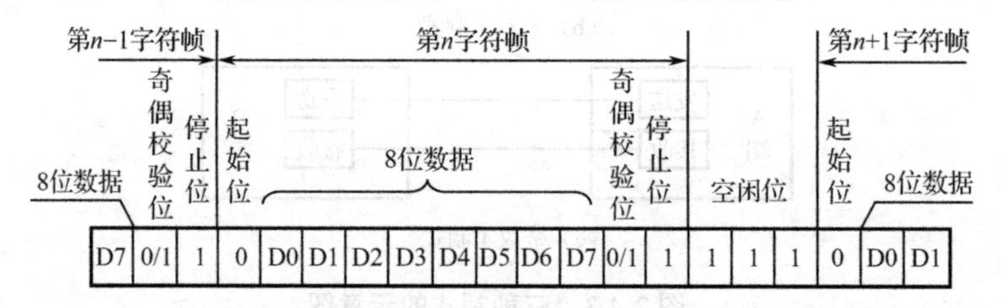

图 2-4-5　异步通信数据帧格式

起始位：在没有数据传输时，通信线上处于逻辑“1”状态。当发送端要发送 1 个字符数据时，首先发送 1 个逻辑“0”信号，这个低电平便是帧格式的起始位。其作用是向接收端表示发送端开始发送一帧数据。接收端检测到这个低电平后，就准备接收数据信号。

数据位：在起始位之后，发送端发出（或接收端接收）的是数据位，对数据的位数没有严格的限制，根据情况可取 5～8 位。低位在前，高位在后，如此逐位传送。

奇偶校验位：数据位发送完（或接收完）之后，可发送一位用来检验数据在传输过程中是否出错的奇偶校验位。奇偶校验是收发双方预先约定好的有限差错检验方式之一，具体采用奇校验还是偶校验，由用户编程决定。有时也可不用奇偶校验。

停止位：字符帧格式的最后部分是停止位，逻辑“1”有效，它可占 1 位、1.5 位或 2 位。停止位用于向接收端表示一帧信息已经传送结束，同时为发送下一帧信息做好准备。

空闲位：在串行通信中，在一帧数据的停止位之后，线路处于空闲状态，两相邻字符帧之间可以没有空闲位，也可以有若干空闲位，这由用户来决定。线路上空闲位对应的逻辑值

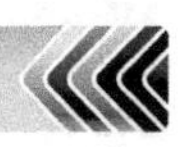

是 1，表示一帧数据传输结束，下一帧数据还没有到来。

拓 展

在电子设备中，数字电路之间经常要进行数据传送，由于受一些因素的影响，数据在传送过程中可能会产生错误，从而引起设备工作不正常。为了确保传送的数据准确无误，在串行通信中，经常在传送过程中进行相应的检测，奇偶校验是常用的检测方法之一。

奇偶校验的工作原理：P 是专用寄存器 PSW 的最低位，它的值根据累加器 A 的运算结果而变化。如果 A 中“1”的个数为偶数，则 P=0；如果为奇数，则 P=1。如果在进行串行通信时，将 A 的值（数据）和 P 的值（代表所传数据的奇偶性）同时发送，那么接收到数据后，也对接收到的教据进行一次奇偶校验。如果校验结果相符（校验后 P=0，而传送过来的校验位也等于 0；或者校验后 P=1，而传送过来的校验位也等于 1），就认为接收到的数据是正确的；反之，则是错误的。

异步通信在发送字符时，数据位和停止位之间可以有 1 个奇偶校验位。

② 波特率。

波特率是串行通信中的一个重要概念，它是指传输码元/信号的速率，即每秒传送二进制数码的位数，单位为 bit/s（位/秒）或 bps。波特率用于表示数据传输速率，波特率越大，数据传输速率越高。通常通信的波特率为 50～19200bit/s。

小贴士

波特率和字符的实际传输速率一样吗？二者不一样，波特率为每秒传送二进制数码的位数，字符的实际传输速率是每秒所传字符帧的帧数，和字符帧格式有关。

（2）同步通信。

同步通信是一种连续串行传送数据的通信方式，一次通信传送多个字符数据，如图 2-4-6 所示。同步通信的字符帧和异步通信的字符帧不同，它通常包含若干个数据字符，如图 2-4-7（a）所示。图 2-4-7（a）为单同步字符帧，图 2-4-7（b）为双同步字符帧，它们均由同步字符、数据字符和校验字符 CRC 三部分组成。在同步通信中，同步字符是一种特定的二进制序列，可以采用统一的标准格式，也可以由用户约定。同步字符在传送的数据中不会出现。同步通信方式不采用起始位和停止位，在同步字符后可以接较大的数据区，同步字符所占空间很小，因此有较高的传送效率。同步通信的缺点是要求发送时钟和接收时钟保持严格同步。

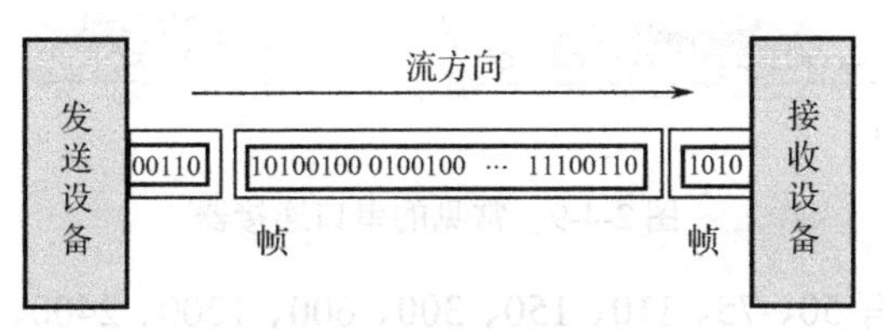

图 2-4-6 同步通信示意图

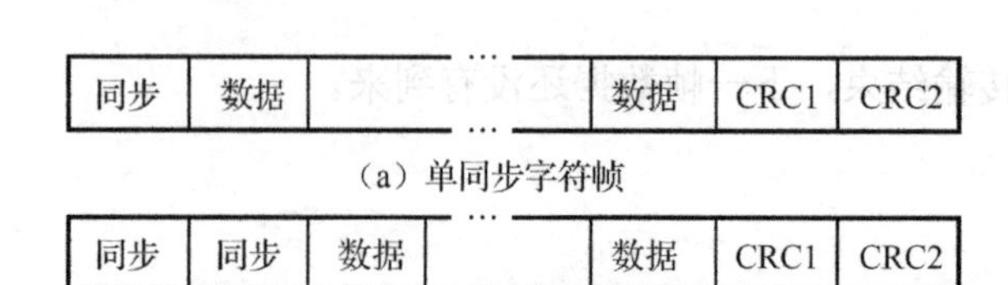

（a）单同步字符帧

（b）双同步字符帧

图 2-4-7　同步通信的字符帧格式

小贴士

同步通信与异步通信各自的优缺点是什么？

同步通信的优点是数据传输速率较高，通常可达 56000bit/s 或更高；缺点是要求发送时钟和接收时钟保持严格同步。在数据传送开始时先用同步字符来指示，同时传送时钟信号来实现发送端和接收端同步，即检测到规定的同步字符后，接着就连续按顺序传送数据。这种传送方式对硬件结构要求较高。

异步通信的优点是不需要发送时钟与接收时钟同步，字符帧长度不受限制，故设备简单；缺点是因字符帧中包含起始位和停止位而降低了有效数据的传输速率。

4）CC2530 单片机与 PC 之间的串行通信

单片机内是 TTL 电平，包含两种：2.4～5V（逻辑 1）和 0～0.5V（逻辑 0）。它只适用于通信距离很小的场合，远距离传输必然会使信号发生衰减和畸变。要实现单片机之间或单片机与 PC 之间的通信，须通过串行通信接口（简称串口），如图 2-4-8 所示。

PC ←——→ 单片机
标准串行总线通信接口
单片机 ←——→ 单片机

图 2-4-8　单片机之间或单片机与 PC 之间的串行通信示意图

常用的串行通信接口有 RS-232C、RS-422、RS-423、RS-485 等。其中，RS-232C 是异步串行通信中应用最广的总线标准，它采用-3～-15V 表示逻辑 1，+3～+15V 表示逻辑 0。

（1）RS-232C 总线标准。

RS-232C 是串行通信的总线标准，定义了 25 条信号线，使用有 25 个引脚的连接器，目前在 PC 中使用 9 针串口连接器，如图 2-4-9 所示。

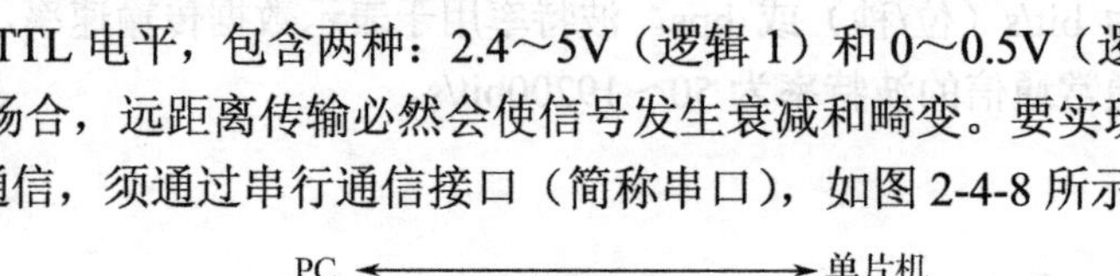

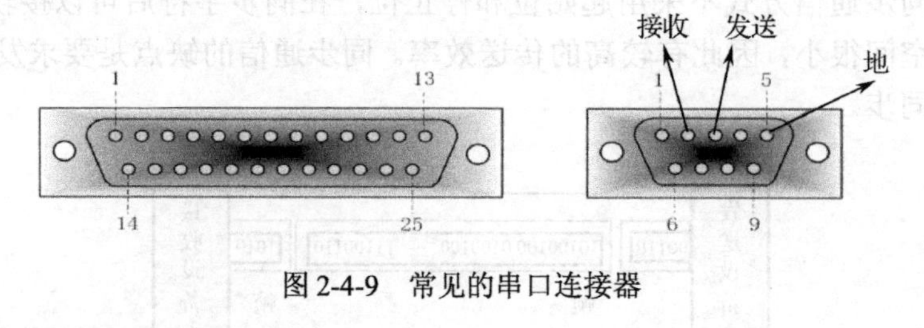

图 2-4-9　常见的串口连接器

标准数据传输速率有 50、75、110、150、300、600、1200、2400、4800、9600、19200bit/s。

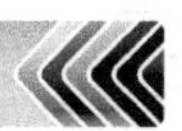

拓　展

工业控制中的 RS-232 一般只使用 RXD、TXD、GND 三条线。常见的计算机 9 针 D 形串口连接器如图 2-4-10 所示。

图 2-4-10　计算机 9 针 D 形串口连接器

（2）RS-232C 接口电路。

RS-232C 信号电平与 TTL 电平不一致，必须进行信号电平转换。实现这种电平转换的电路称为 RS-232C 接口电路。一般有两种形式：一种是采用运算放大器、晶体管、光电隔离器等器件组成的电路来实现；另一种是采用专门的集成电路芯片（如 MC1488、MC1489、MAX232 等）来实现。下面介绍由 MAX232 芯片构成的接口电路。

MAX232 芯片是由 MAXIM 公司生产的具有两路接收器和驱动器的 IC 芯片，其内部有一个电源电压转换器，可以将输入的+5V 电压转换成 RS-232C 输出电平所需的±12V 电压。采用这种芯片来实现接口电路特别方便，只需单一的+5V 电源即可。

计算机的串行通信接口是 RS-232 标准接口，而 CC2530 单片机的 UART 接口采用 TTL 电平，两者的电气规范不一致，所以要完成两者之间的数据通信，就需要借助接口芯片在两者之间进行电平转换，常用的有 MAX232 芯片。另外，串口通信电路连接采用三线制，将单片机和 PC 的串口用 RXD、TXD、GND 三条线连接起来。PC 的 RXD 连接到单片机的 TXD，PC 的 TXD 连接到单片机的 RXD，两者共地线。串口通信的其他握手信号均不使用。具体电路如图 2-4-11 所示。

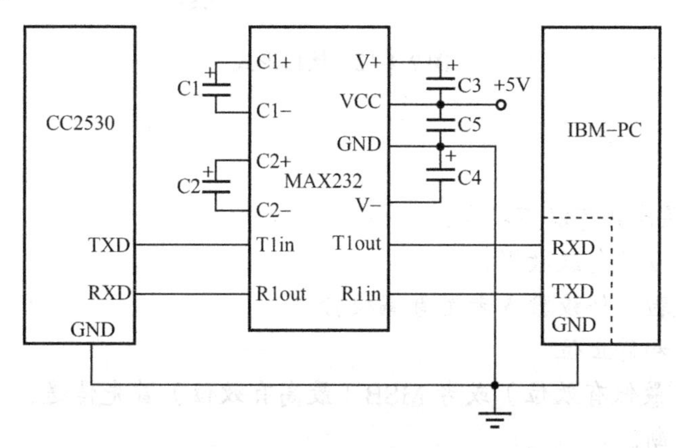

图 2-4-11　用 MAX232 芯片实现串行通信接口电路

图 2-4-11 中 C1、C2、C3、C4 用于电源电压转换，提高抗干扰能力，一般取 1.0μF/16V。

C5 的作用是对+5V 电源的噪声干扰进行滤波，一般取 0.1μF。发送与接收的对应关系不能弄错，否则电路不能正常工作。

2. CC2530 单片机串行通信接口

1）概述

单片机串行通信主要使用通用异步收发传输器（Universal Asynchronous Receiver and Transmitter，UART）和串行外设接口（Serial Peripheral Interface，SPI）。

CC2530 单片机有两个串行通信接口 USART0 和 USART1，采用全双工异步传送方式，可以同时进行数据的接收和发送，它们能够分别运行于异步 UART 模式或者同步 SPI 模式。

小贴士

进行单片机串口通信编程，本质上是设置相关的 5 个寄存器。

① UxCSR：USARTx 的控制和状态寄存器。

② UxUCR：USARTx 的 UART 串口控制寄存器。

③ UxGCR：USARTx 的通用控制寄存器。

④ UxDBUF：USARTx 的接收/发送数据缓冲寄存器。

⑤ UxBAUD：USARTx 的波特率控制寄存器。

异步 UART 模式提供异步串行通信接口。在这种模式中，有两种接口形式：2 线接口和 4 线接口，如图 2-4-12 所示。

2 线接口，即使用引脚 RXD（接收）、TXD（发送）。

4 线接口，即使用引脚 RXD、TXD、RTS 和 CTS（硬件控制流）。

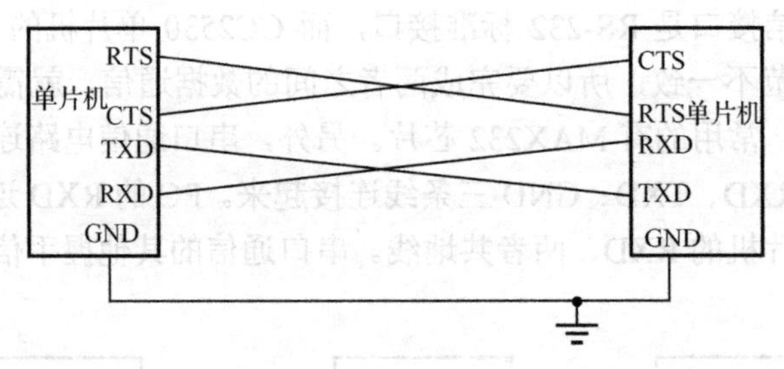

图 2-4-12　接口形式

拓　展

UART 模式的操作具有以下特点：

① 有 8 位或者 9 位负载数据。

② 可采用奇校验、偶校验或者无奇偶校验。

③ 配置起始位和停止位。

④ 配置 LSB（最低有效位）或者 MSB（最高有效位）首先传送。

⑤ 独立收发中断。

⑥ 独立收发 DMA 触发。

⑦ 提供奇偶校验和帧校验出错状态。

UART 模式提供全双工传送，接收器中的位同步不影响发送功能。一个 UART 字节包含 1 个起始位、8 个数据位、1 个可选数据位或者奇偶校验位、1 个或者 2 个停止位，如图 2-4-13 所示。

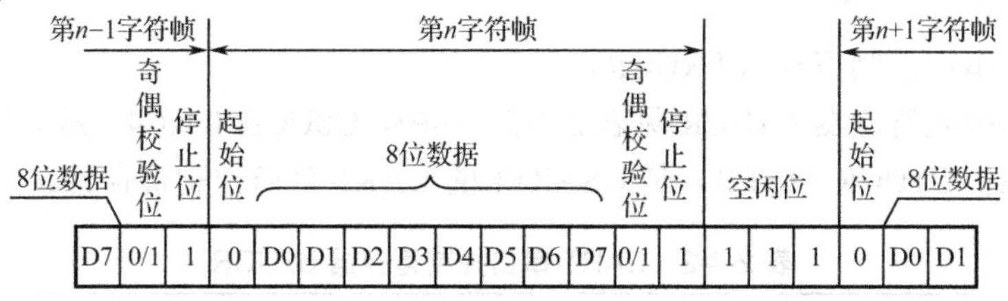

图 2-4-13　串口异步通信数据帧格式

2）与串口控制有关的特殊功能寄存器

CC2530 单片机中与串口控制有关的特殊功能寄存器包括：UxCSR、UxUCR、UxGCR、UxDBUF、UxBAUD、CLKCONCMD 等（x 表示 USART 的编号，为 0 或者 1）。

（1）控制和状态寄存器 UxCSR。

USARTx 的控制和状态寄存器 UxCSR 见表 2-4-1。其中，U0CSR（0x86）是 USART0 的控制和状态寄存器，U1CSR（0xF8）是 USART1 的控制和状态寄存器。

表 2-4-1　控制和状态寄存器 UxCSR

位	名　称	复　位	R/W	描　述
7	MODE	0	R/W	模式选择 0：SPI 模式 1：UART 模式
6	RE	0	R/W	启动 UART 接收器。注意：在 UART 完成配置之前不能接收 0：禁止接收器 1：使能接收器
5	SLAVE	0	R/W	SPI 主模式或者从模式选择 0：SPI 主模式 1：SPI 从模式
4	FE	0	R/W0	UART 帧错误状态 0：无帧错误检测 1：字节收到不正确停止位级别
3	FRR	0	R/W0	UART 奇偶校验错误状态 0：无奇偶校验 1：字节收到奇偶校验错误
2	RX_BYTE	0	R/W0	接收字节状态，UART 模式和 SPI 模式。当读 U0DBUF 时，该位自动清零，这样可以有效丢弃 U0DBUF 中的数据 0：没有收到字节 1：准备接收字节
1	TX_BYTE	0	R/W0	发送字节状态，UART 模式和 SPI 从模式 0：字节没有被传送 1：写到数据缓冲寄存器中的最后字节已经被传送
0	ACTIVE	0	R	USART 发送/接收主动状态 0：USART 空闲 1：USART 在发送或者接收模式下忙碌

示例代码如下：

```
U0CSR |=0x80;        //设置 UART 模式
U0CSR |=0x40;        //允许接收
```

（2）UART 串口控制寄存器 UxUCR。

UART 串口控制寄存器 UxUCR 见表 2-4-2。其中，U0UCR（0xC4）是 USART0 的 UART 串口控制寄存器，U1UCR（0xFB）是 USART1 的 UART 串口控制寄存器。

表 2-4-2　UART 串口控制寄存器 UxUCR

位	名　称	复　位	R/W	描　述
7	FLUSH	0	R/W	清除单元。设置该位后，会立即停止当前操作并返回单元的空闲状态
6	FLOW	0	R/W	UART 硬件流使能，用 RTS 和 CTS 引脚控制 0：流控制禁止 1：流控制使能
5	D9	0	R/W	UART 奇偶校验位。当使能奇偶校验时，写入 D9 的值决定发送的第 9 位的值 0：奇校验 1：偶校验
4	BIT9	0	R/W	UART 第 9 位数据使能。当该位是 1 时，使能奇偶校验位即第 9 位传输。如果通过 PARITY 使能奇偶校验，则第 9 位的内容是通过 D9 给出的 0：8 位传输 1：9 位传输
3	PARITY	0	R/W	UART 奇偶校验使能 0：禁用奇偶校验 1：使能奇偶校验
2	SPB	0	R/W	UART 停止位的位数。选择要传送的停止位的位数 0：1 位 1：2 位
1	STOP	0	R/W	UART 停止位电平，必须不同于开始位电平 0：停止位低电平 1：停止位高电平
0	START	0	R/W	UART 起始位电平 0：起始位低电平 1：起始位高电平

（3）接收/发送数据缓冲寄存器 UxDBUF。

USARTx 的接收/发送数据缓冲寄存器 UxDBUF 见表 2-4-3。其中，U0DBUF（0xC1）是 USART0 的接收/发送数据缓冲寄存器，U1DBUF（0xF9）是 USART1 的接收/发送数据缓冲寄存器。

表 2-4-3　接收/发送数据缓冲寄存器 UxDBUF

位	名　称	复　位	R/W	描　述
7:0	DATA[7:0]	0x00	R/W	USART 接收和发送数据。当写这个寄存器时，数据被写到内部的传送数据寄存器；当读取该寄存器时，数据来自内部的读取数据寄存器

将 UxCSR.MODE 设置为 1，就表示选择了 UART 模式。当向接收/发送数据缓冲寄存器 UxDBUF 中写入数据时，该数据被发送到输出引脚 TXD。UxDBUF 寄存器是双缓冲的。示例代码如下：

```
unsigned char temp;    //定义一个字符型变量
temp=U0DBUF;           //读出 U0DBUF 中的数据
```

（4）通用控制寄存器 UxGCR。

USARTx 的通用控制寄存器 UxGCR 见表 2-4-4。其中，U0GCR（0xC5）是 USART0 的通用控制寄存器，U1GCR（0xFC）是 USART1 的通用控制寄存器。

表 2-4-4　通用控制寄存器 UxGCR

位	名　称	复　位	R/W	描　述
7	CPOL	0	R/W	SPI 时钟极性 0：负时钟极性 1：正时钟极性
6	CPHA	0	R/W	SPI 时钟相位 0：当 SCK 从 0 到 1 时，数据输出到 MOSI；当 SCK 从 1 到 0 时，MISO 数据输入 1：当 SCK 从 1 到 0 时，数据输出到 MOSI；当 SCK 从 0 到 1 时，MISO 数据输入
5	ORDER	0	R/W	传送位顺序 0：LSB 先传送 1：MSB 先传送
4:0	BAUD_E[4:0]	00000	R/W	波特率指数值。BAUD_E 和 BAUD_M 决定了 UART 的波特率和 SPI 的主 SCK 时钟频率

（5）波特率控制寄存器 UxBAUD。

USARTx 的波特率控制寄存器 UxBAUD 见表 2-4-5。U0BAUD（0xC2）是 USART0 的波特率控制寄存器，U1BAUD（0xFA） 是 USART1 的波特率控制寄存器。

表 2-4-5　波特率控制寄存器 UxBAUD

位	名　称	复　位	R/W	描　述
7:0	BAUD_M[7:0]	0x00	R/W	波特率小数部分的值。BAUD_E 和 BAUD_M 决定了 UART 的波特率和 SPI 的主 SCK 时钟频率

当运行于 UART 模式下时，由内部的波特率发生器设置 UART 波特率。当运行在 SPI 模式下时，由内部的波特率发生器设置 SPI 主时钟频率。

波特率由 UxBAUD.BAUD_M[7:0]和 UxGCR.BAUD_E[4:0]定义，计算公式如下：

$$\text{波特率} = \frac{(256 + \text{BAUD\_M}) \times 2^{\text{BAUD\_E}}}{2^{28}} \times f$$

式中，f 是系统时钟频率，为 16MHz 或者 32MHz。

采用 32MHz 系统时钟时，常用的波特率设置见表 2-4-6。

表 2-4-6 常用的波特率设置（32MHz 系统时钟）

波特率（bit/s）	UxBAUD.BAUD_M	UxGCR.BAUD_E	误差（%）
2400	59	6	0.14
4800	59	7	0.14
9600	59	8	0.14
14400	216	8	0.03
19200	59	9	0.14
28800	216	9	0.03
38400	59	10	0.14
57600	216	10	0.03
76800	59	11	0.14
115200	216	11	0.03
230400	216	12	0.03

示例代码如下：

```
//设置波特率为57600bit/s
U0GCR |=10;
U0BAUD |=216;
```

（6）时钟控制寄存器。

波特率发生器的时钟是从所选的系统时钟源获得的，系统时钟源可以是 32MHz XOSC 或 16MHz RCOSC。时钟控制命令寄存器 CLKCONCMD 见表 2-4-7，通过 CLKCONCMD.OSC 可选择系统时钟源；时钟控制状态寄存器 CLKCONSTA 见表 2-4-8。

表 2-4-7 时钟控制命令寄存器 CLKCONCMD

位	名　称	复　位	R/W	描　述
7	OSC32K	1	R/W	32kHz 时钟振荡器选择。设置该位只能发起一个时钟源改变。要改变该位，必须选择 16MHz RCOSC 作为系统时钟源 0：32kHz XOSC 1：32kHz RCOSC
6	OSC	1	R/W	系统时钟源选择。设置该位只能发起一个时钟源改变 0：32MHz XOSC 1：16MHz RCOSC
5:3	TICKSPD	001	R/W	定时器标记输出设置，不能高于通过 OSC 设置的系统时钟源 000：32MHz 010：8MHz 100：2MHz 110：500kHz 001：16MHz 011：4MHz 101：1MHz 111：250kHz 注：CLKCONCMD.TICKSPD 可以设置为任意值，但是结果受 CLKCONCMD.OSC 设置的限制

续表

位	名　称	复　位	R/W	描　述
2:0	CLKSPD	001	R/W	表示当前系统时钟频率，不能高于通过 OSC 设置的系统时钟源 000：32MHz 001：16MHz 010：8MHz 011：4MHz 100：2MHz 101：1MHz 110：500kHz 111：250kHz 注：CLKCONCMD.CLKSPD 可以设置为任意值，但是结果受 CLKCONCMD.OSC 设置的限制

示例代码如下：

```
CLKCONCMD &=~0x40;                //设置系统时钟源为 32MHz 晶振
while(!(SLEEPSTA & (1<<6)));      //等待晶振稳定
CLKCONCMD &=~0x07;                //设置当前系统时钟频率为 32MHz
```

表 2-4-8　时钟控制状态寄存器 CLKCONSTA

位	名　称	复　位	R/W	描　述
7	OSC32K	1	R/W	当前选择的 32kHz 时钟源 0：32kHz XOSC 1：32kHz RCOSC
6	OSC	1	R/W	当前选择的系统时钟源 0：32MHz XOSC 1：16MHz RCOSC
5:3	TICKSPD	001	R/W	当前设定的定时器标记输出 000：32MHz 001：16MHz 010：8MHz 011：4MHz 100：2MHz 101：1MHz 110：500kHz 111：250kHz
2:0	CLKSPD	001	R/W	当前时钟频率 000：32MHz 001：16MHz 010：8MHz 011：4MHz 100：2MHz 101：1MHz 110：500kHz 111：250kHz

示例代码如下：

```
CLKCONSTA &=~0x40; //设置当前时钟源为 32MHz 晶振
```

小贴士

在使用串口、DMA、RF 等功能时需要对系统时钟进行初始化，下面以系统时钟源选择 32MHz 晶振为例进行介绍。

控制要求：

① 选择外部 32MHz 晶振作为系统时钟源。

② 等待 32MHz 晶振稳定。通电后，由于外部 32MHz 晶振不稳定，因此先启用 CC2530 单片机内部 16MHz RC 振荡器。待外部晶振稳定之后，才开始使用外部 32MHz 晶振。

③ 设置定时器时钟输出 128 分频，当前系统时钟不分频。

④ 关闭不用的 RC 振荡器。

示例代码如下：

```
void InitClock(void)
{
    CLKCONCMD &= ~0x40;              //设置系统时钟源为 32MHz 晶振
    while(!(SLEEPSTA & 0x40));       //等待晶振稳定
    CLKCONCMD &= ~0x47;              //TICKSPD 设置为 128 分频，CLKSPD 不分频
    SLEEPCMD |= 0x04;                //关闭不用的 RC 振荡器
}
```

3）UART 模式

（1）映射关系。

图 2-4-14 是 CC2530 单片机外设 I/O 引脚映射图，根据该图可以查找相应映射关系。例如，USART 在 UART 模式下，外设位置 1 为 P0_2～P0_5，外设位置 2 为 P1_4～P1_7，具体映射关系如下。

	外设/功能	P0								P1							
		7	6	5	4	3	2	1	0	7	6	5	4	3	2	1	0
串口1同步模式	USART1 SPI			M1	M0	C	SS										
	Alt.2									M1	M0	C	SS				
串口1异步模式	USART1 UART			RX	TX	RT	CT										
	Alt.2									RX	TX	RT	CT				
串口0同步模式	USART0 SPI			C	SS	M0	M1										
	Alt.2											M0	M1	C	SS		
串口0异步模式	USART0 UART			RT	CT	TX	RX										
	Alt.2											TX	RX	RT	CT		

图 2-4-14　CC2530 单片机外设 I/O 引脚映射图

USART0 对应的外设 I/O 引脚关系如下：

位置 1：P0_2——RX　P0_3——TX　位置 2：P1_4——RX　P1_5——TX

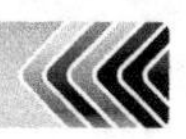

USART1 对应的外设 I/O 引脚关系如下：

位置 1：P0_5——RX　P0_4——TX　位置 2：P1_7——RX　P1_6——TX

（2）相关特殊功能寄存器。

PERCFG 是外设控制寄存器，用来确定外设使用哪个 I/O 端口，见表 2-4-9。

表 2-4-9　外设控制寄存器 PERCFG

位	名　称	复　位	R/W	描　述
7	—	0	R0	保留
6:4	TxCFG	0	R/W	定时器 1/3/4 的 I/O 控制 0：外设位置 1 1：外设位置 2
3:2	—	0	R0	保留
1	U1CFG	0	R/W	USART1 的 I/O 控制 0：外设位置 1 1：外设位置 2
0	U0CFG	0	R/W	USART0 的 I/O 控制 0：外设位置 1 1：外设位置 2

示例代码如下：

```
PERCFG |=0x00;//设置 USART0 为外设位置 1，在 P0 口
PERCFG |=0x01;//设置 USART0 为外设位置 2，在 P1 口
```

当 PERCFG 所设定的设备位置发生冲突时，可以在有冲突的组合之间设置优先级。优先级是通过方向寄存器 P2DIR 和功能寄存器 P2SEL 来设置的，寄存器 P2DIR 见表 2-4-10，寄存器 P2SEL 见表 2-4-11。

表 2-4-10　寄存器 P2DIR

位	名　称	复　位	R/W	描　述
7:6	PRIP0	00	R/W	端口 0 外设优先级控制。当 PERCFG 分配给一些外设相同的引脚时，用这些位确定优先级，具体如下 00 第 1 优先级：USART0 第 2 优先级：USART1 第 3 优先级：定时器 1 01 第 1 优先级：USART1 第 2 优先级：USART0 第 3 优先级：定时器 1 10 第 1 优先级：定时器 1 通道 0 和 1 第 2 优先级：USART1 第 3 优先级：USART0

续表

位	名　称	复　位	R/W	描　述
7:6	PRIP0	00	R/W	第 4 优先级：定时器 1 通道 2 和 3 11 第 1 优先级：定时器 1 通道 2 和 3 第 2 优先级：USART0 第 3 优先级：USART1 第 4 优先级：定时器 1 通道 0 和 1
5	—	0	R0	空闲
4:0	DIRP[4:0]	0000	R/W	P2_0 至 P2_4 的 I/O 方向

表 2-4-11　寄存器 P2SEL

位	名　称	复　位	R/W	描　述
7	—	0	R0	保留
6	PRI3P1	0	R/W	端口 1 外设优先级控制，当模块被分配到相同的引脚时，用于确定优先级 0：USART0 优先 1：USART1 优先
5	PRI2P1	0	R/W	端口 1 外设优先级控制，当 PERCFG 分配给 USART1 和定时器 3 相同的引脚时，用于确定优先级 0：USART1 优先 1：定时器 3 优先
4	PRI1P1	0	R/W	端口 1 外设优先级控制。当 PERCFG 分配给定时器 1 和定时器 4 相同的引脚时，用于确定优先级 0：定时器 1 优先 1：定时器 4 优先
3	PRI0P1	0	R/W	端口 1 外设优先级控制，当 PERCFG 分配给 USART0 和定时器 1 相同的引脚时，用于确定优先级 0：USART0 优先 1：定时器 1 优先
2:0	端口 2 功能选择位			

正确设置以上 3 个寄存器和 UxCSR 寄存器，就可以完成 UART 总线初始化。

（3）中断标志位。

CC2530 单片机中每个 USART 都有两个中断：RX 中断和 TX 中断。当数据传送开始时，触发 TX 中断，且数据缓冲区被卸载。

USART 的中断使能位在寄存器 IEN0 和 IEN2 中，IEN0 寄存器的第 7 位 EA 可以控制 CC2530 单片机所有中断的使能。IEN0 的其他位控制定时器、串口、RF 等外设功能中断，为 0 表示中断禁止，为 1 表示中断使能。其中，第 3 位 URX1IE 是 USART1 RX 中断使能位，第 2 位 URX0IE 是 USART0 RX 中断使能位。IEN2 寄存器的第 3 位 UTX1IE 和第 2 位 UTX0IE 分别控制 USART1 TX 和 USART0 TX 的中断使能，为 0 表示中断禁止，为 1 表示中断使能。

例如，设置 USART0 接收中断及总中断使能的代码如下：

```
IEN0 |=0x84; //设置 USART0 接收中断和总中断使能
```

① 发送数据。

向 USART 接收/发送数据缓冲寄存器 UxDBUF 中写入数据时，该数据被发送到输出引脚 TXD。当该寄存器为空，准备接收新的发送数据时，就会由硬件置对应的中断标志位 UTXxIF 为 1。

如果需要通过串口 0 发送字符，可采用如下代码：

```
void uart0_send_byte(char tmp)
{
    //发送字符 tmp
    while(UTX0IF==0);
    UTX0IF=0;
    U0DBUF=tmp;
}
```

② 接收数据。

当寄存器 UxDBUF 接收到一个新的字符时，会由硬件把中断标志位 URXxIF 置 1。

如果希望从串口 0 获取一个字符，可采用如下代码：

```
char uart0_receive_byte()
{
    //从串口接收一个字符
    while(URX0IF==0);
    URX0IF=0;   //不可以省略
    return U0DBUF;
}
```

3. CC2530 单片机串口程序设计

小贴士

CC2530 单片机串口程序设计的一般步骤如下。

① 总线初始化：主要包括 PERCFG、P2DIR、PxSEL、UxCSR 等寄存器的设置。

② 数据链路格式化（数据位、停止位、校验位、波特率）：主要包括 UxUCR、UxGCR、UxBAUD 等寄存器的设置。注意：设置波特率时，一定要弄清楚当前的时钟频率。

③ 读写串口收发寄存器：主要包括 UxDBUF、UTXxIF、URXxIF 等寄存器的设置。

1）通过串口发送字符串到 PC

通过完成本任务，进一步学习 CC2530 单片机串口硬件电路，掌握 CC2530 单片机串口配置与使用方法。

小贴士

发送过程如下：

① 当字节传送开始时，UxCSR.ACTIVE 变为高电平，而当字节传送结束时其变为低电平。

② 当传送和接收结束时，UxCSR.TX_BYTE 置 1。

③ 当 USART 接收/发送数据缓冲寄存器就绪，准备接收新的发送数据时，会产生一个中断请求。该中断在传送开始之后立刻发生，因此，当字节正在发送时，新的字节能够存入数据缓冲寄存器。

（1）目的与要求。

编写程序实现智能插座控制板定期发送字符串“HELLO!”到 PC 串口。控制板开机后，按照约定的时间间隔向 PC 发送字符串，报告其运行状态，每发送一次字符串，LED1 闪烁一次，具体要求如下：

① 通电后 LED1 熄灭。

② 设置 USART0 使用位置。

③ 设置 UART 工作方式和波特率。

④ LED1 点亮。

⑤ 发送字符串“HELLO!\r\n”。

⑥ LED1 闪烁一次。

⑦ 延时。

⑧ 跳转到④循环执行。

（2）电路设计。

智能插座上的 CC2530 单片机与 PC 连接电路图如图 2-4-15 所示。串口通信采用三线制，利用 MAX232 芯片进行电平转换，将 PC 与 CC2530 单片机用 TXD、RXD、GND 三条线连接起来。

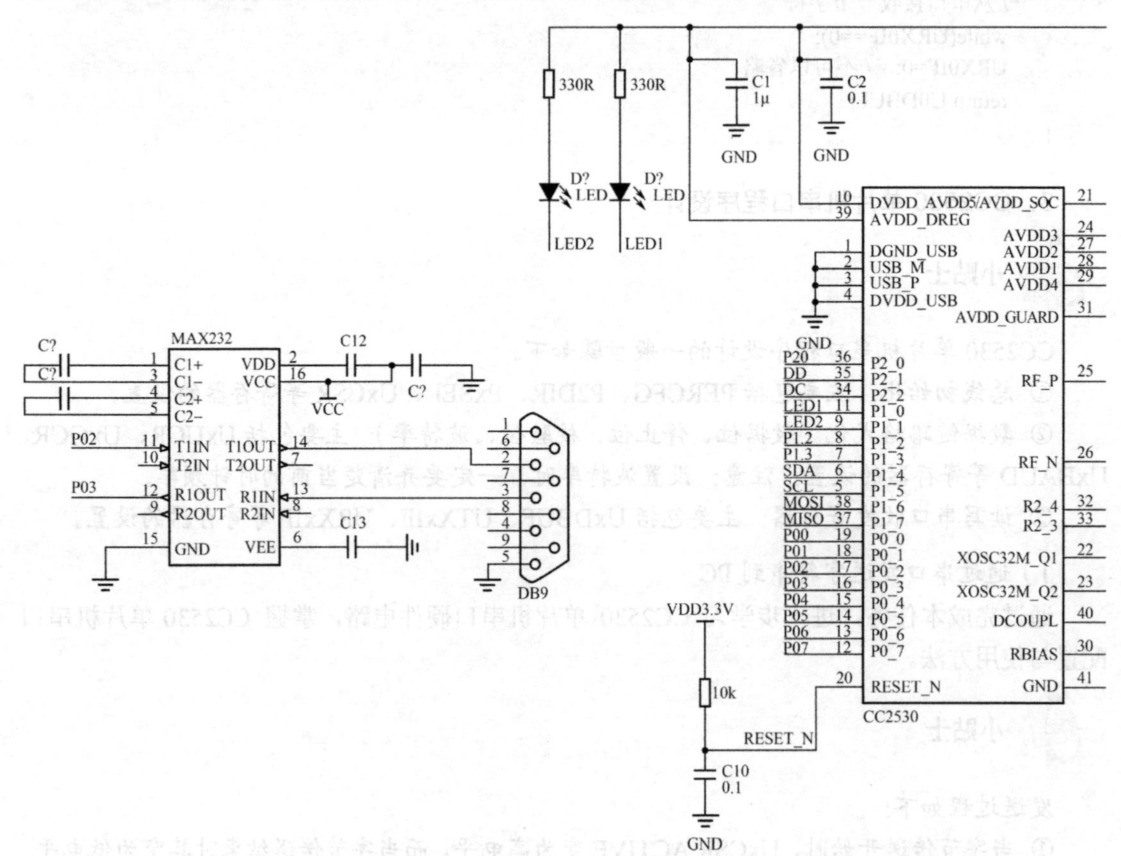

图 2-4-15 智能插座上的 CC2530 单片机与 PC 连接电路图

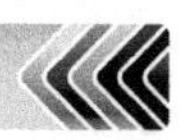

（3）源程序设计。

① 程序流程图。

根据任务要求，完成控制系统的流程图设计，如图 2-4-16 所示。

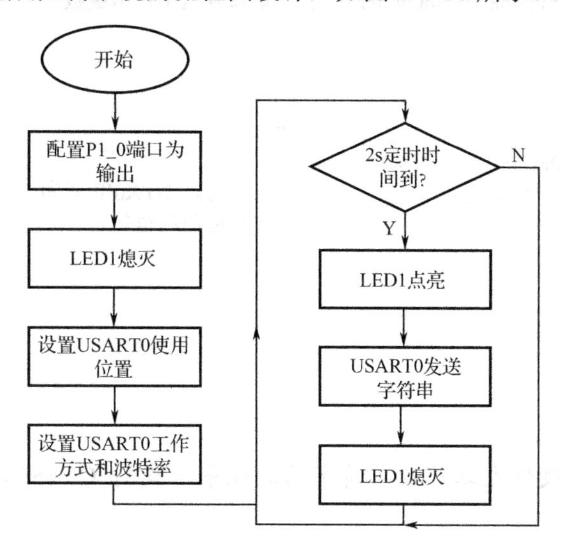

图 2-4-16　通过串口发送字符串到 PC 的程序流程图

② 引用 CC2530 头文件等，代码如下：

```
#include <ioCC2530.h>                //包含的头文件
#include <string.h>
#define uint unsigned int            //宏定义，用 uint 代替 unsigned int
#define uchar unsigned char          //宏定义，用 uchar 代替 unsigned char
#define LED1 P1_0//定义控制端口
```

③ 串口初始化。

串口初始化主要分为 3 个步骤：选择 I/O 端口外设功能，将 P0_2 和 P0_3 作为串口 USART0，其中 P0_2 为 RX，P0_3 为 TX；配置相应串口的控制和状态寄存器，主要是 USART0 的工作寄存器；使用 32MHz 晶振作为系统时钟源，设置串口 0 传送数据的波特率为 115200bit/s，其通信格式为 8 个数据位、1 个停止位、没有奇偶校验位、没有流控。代码如下：

```
void UARTInit(void)                      //串口初始化函数
{
    CLKCONCMD &=0X80;                    //设置系统时钟源为 32MHz 晶振
    while(CLKCONSTA & 0x40);             //等待晶振稳定
    CLKCONCMD &=~0x47;                   //设置系统时钟频率为 32MHz
    PERCFG=0x00;                         //使用串口备用位置 1
    P0SEL=0x3c;                          //P0 用作串口
    P2DIR &=~0XC0;                       //优先选择串口 0
    U0CSR |=0x80;                        //UART 模式
    U0GCR |=11;                          //波特率 BAUD_E 的选择
    U0BAUD |=216;                        //波特率设为 115200bit/s
    UTX0IF=0;                            //串口 0 发送中断标志位清零
    EA=1;                                //中断使能
}
```

（4）串口发送字符串函数设计。

在此函数中，循环发送字符，通过判断是否遇到字符串结束标记来控制循环。代码如下：

```
void UartTX_Send_String(char *Data,int len)        //串口发送字符串函数
{
  int x;
  for(x=0;x<len;x++)
  {
        U0DBUF=*Data++;
        while(UTX0IF==0);                          //一直等待UTX0IF变为1，变为1后跳出while循环，
                                                   执行后面的语句
        UTX0IF = 0;
  }
}
```

练一练

1. 完成智能插座硬件电路连接，将下面的程序下载到 CC2530 单片机中，观看运行效果。

```
#include <ioCC2530.h>
#include <string.h>
#define   uint   unsigned int
#define   uchar   unsigned char
#define   LED1   P1_0                        //定义控制端口
//子函数声明
void   delay(uint   x);
void   UARTInit(void);
void   UartTX_Send_String(char *Data,int len);
char   STxdata[25]="\nHELLO!\n";             //用字符串数组STxdata存储发送的字符串内容

void   Delay(uint   x)                       //延时函数
{
     uint y;
     for(y=0; y<x; y++);
     for(y=0; y<x; y++);
     for(y=0; y<x; y++);
     for(y=0; y<x; y++);
     for(y=0; y<x; y++);
}

void   UARTInit(void)                        //串口初始化函数
{
    CLKCONCMD &=0X80;                        //设置系统时钟源为32MHz
    while(CLKCONSTA & 0x40);                 //等待晶振稳定
    CLKCONCMD &=~0x47;                       //设置系统时钟频率为32MHz
    PERCFG=0x00;                             //使用串口备用位置1
```

```
        P0SEL=0x3c;                          //P0 用作串口
        P2DIR &=~0XC0;                       //优先选择串口 0
        U0CSR |=0x80;                        //UART 模式
        U0GCR |=11;                          //波特率 BAUD_E 的选择
        U0BAUD |=216;                        //波特率设为 115200bit/s
         UTX0IF=0;                           //串口 0 发送中断标志位清零
          EA=1;                              //中断使能
    }

void    UartTX_Send_String(char *Data,int len)           //串口发送字符串函数
{
   int x;
   for(x=0;x<len;x++)
   {
           U0DBUF=*Data++;
           while(UTX0IF==0);
           UTX0IF=0;
   }
}

void    main(void)                           //主函数
{
        uchar i;
        P1DIR=0x1b;                          //用 P1 控制 LED1
        LED1=0;                              //点亮 LED1
       UARTInit( );
       while(1)
       {
            UartTX_Send_String(STxdata,strlen(Txdata));   //串口发送数据
             Delay(2000);                                 //延时
            LED1=!LED1;                                   //LED1 闪烁，表明处于发送状态
             Delay(2000);                                 //延时
       }
}
```

打开串口调试助手软件，选择相应的串口（通过 PC 的设备管理器查看串口）查看运行效果。

2. 完成采用定时器 T1 中断方式实现上述功能的程序设计。

拓　展

（1）在计算机上查看程序运行所使用的串口，如图 2-4-17 所示。

（2）串口调试助手软件工作界面如图 2-4-18 所示，它不会把键盘输入的字符实时从串口发送出去，需要手动发送。

2）在 PC 上通过串口控制智能插座上的 LED

通过完成本任务，进一步掌握 CC2530 单片机串口使用方法。

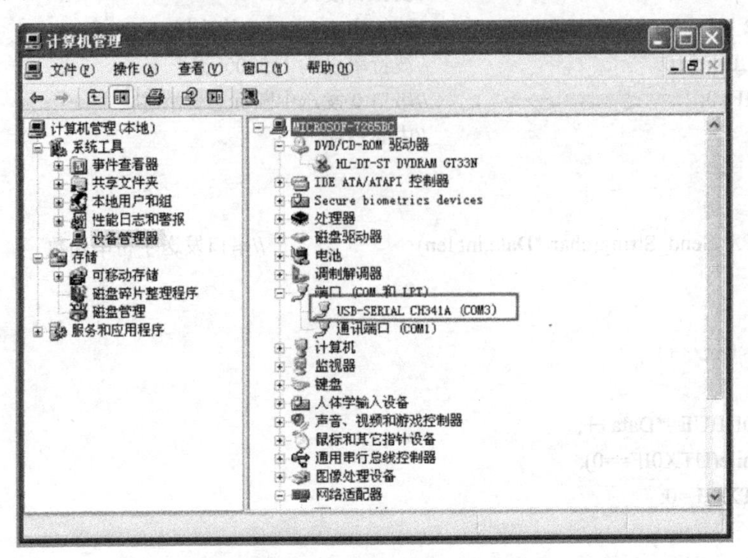

图 2-4-17　在计算机上查看串口

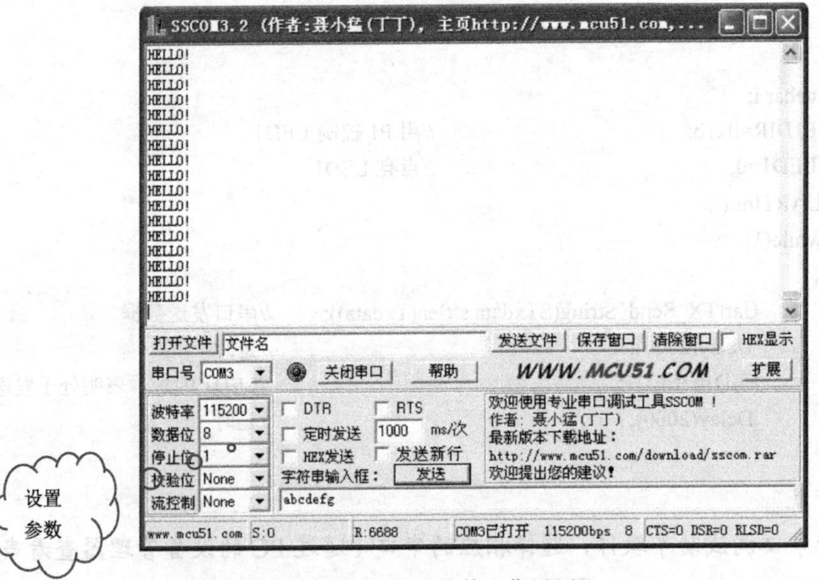

图 2-4-18　串口调试助手软件工作界面

小贴士

接收过程如下：

① 将 UxCSR.RE 设为 1，开始接收数据。

② 在输入引脚 RXD 中寻找有效起始位，并且将 UxCSR.ACTIVE 设为 1。

③ 当检测到有效起始位时，将收到的数据传入接收寄存器，将 UxCSR.RX_BYTE 设为 1。该操作完成时，产生接收中断。同时，UxCSR.ACTIVE 变为低电平。通过寄存器 UxDBUF

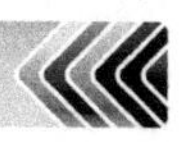

提供收到的数据。

④ 从 UxDBUF 中读出数据后，UxCSR.RX_BYTE 由硬件清零。

（1）目的与要求。

利用 PC 上的串口向智能插座控制板发送控制指令，使智能插座上的 2 个 LED 点亮或熄灭，具体要求如下：

① 通电后 P1_0 为通用 I/O 端口，设置为输出。

② LED 熄灭。

③ USART0 串口初始化。

④ USART0 等待接收数据。

⑤ 处理接收到的控制指令。

⑥ 根据控制指令点亮或者熄灭对应的 LED（0—2 个 LED 全灭，1—点亮 LED1，2—点亮 LED2）。

⑦ 清空指针和数据缓存区中的数据。

⑧ 跳转到④循环执行。

（2）电路设计。

电路设计参考图 2-4-15。

（3）源程序设计。

① 程序流程图。

根据任务要求，完成控制系统的程序流程图设计，如图 2-4-19 所示。

② 引用 CC2530 头文件等，代码如下：

```
#include <ioCC2530.h>                    //包含的头文件
#include <string.h>
#define uint unsigned int                //宏定义，用 uint 代替 unsigned int
#define uchar unsigned char              //宏定义，用 uchar 代替 unsigned char
#define LED1 P1_0                        //定义控制 LED1 的端口
#define LED2 P1_1                        //定义控制 LED2 的端口
```

③ 串口初始化。

串口初始化主要分为 3 个步骤：选择 I/O 端口外设功能，将 P0_2 和 P0_3 作为串口 USART0，其中 P0_2 为 RX，P0_3 为 TX；配置相应串口的控制和状态寄存器，主要是 USART0 的工作寄存器；设置串口 0 传送数据的波特率为 115200bit/s。代码如下：

```
void init_UART (void)                    //串口初始化函数
{
    CLKCONCMD &=0X80;                    //设置系统时钟源为 32MHz 晶振
    while(CLKCONSTA & 0x40);             //等待晶振稳定
    CLKCONCMD &=~0x47;                   //设置系统时钟频率为 32MHz 晶振
    PERCFG=0x00;                         //使用串口备用位置 1
    P0SEL |=0x0c;                        //P0 用作串口，P0_2、P0_3 作为片内外设 I/O 端口
    U0CSR |=0x80;                        //UART 模式
    U0GCR |=11;                          //波特率 BAUD_E 的选择
    U0BAUD |=216;                        //波特率设为 115200bit/s
    U0UCR |=0x80;                        //清除 USART，并设置数据格式为默认值
    UTX0IF=0;                            //串口 0 发送中断标志位清零
    U0CSR |=0x40;                        //允许接收
```

```
    URX0IE=1;                          //使能 USART0 的 RX 中断
    EA=1;                              //中断使能
}
```

④ 编写接收数据处理程序。

CC2530 单片机与 PC 通过串口通信，利用 PC 端发送的指令控制 LED。对接收数据的处理是此程序的重点，处理流程如图 2-4-20 所示。程序的主要代码如下：

```
uchar c;                         //接收单个字符
while(1)
{
    while(UTX0IF==0); //表示一直等待 UTX0IF 变为 1，变为 1 后跳出 while 循环，执行后面的语句
    UTX0IF=0;
    c=U0DBUF;
    if(c=='1')
    {
        LED1=1;
        LED2=0;
    }
    else if(c=='2')
    {
        LED2=1;
        LED1=0;
    }
    c=(uchar)NULL;
}
```

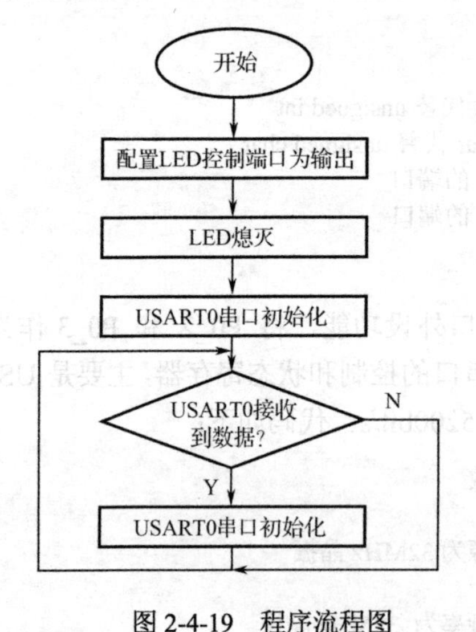

图 2-4-19　程序流程图

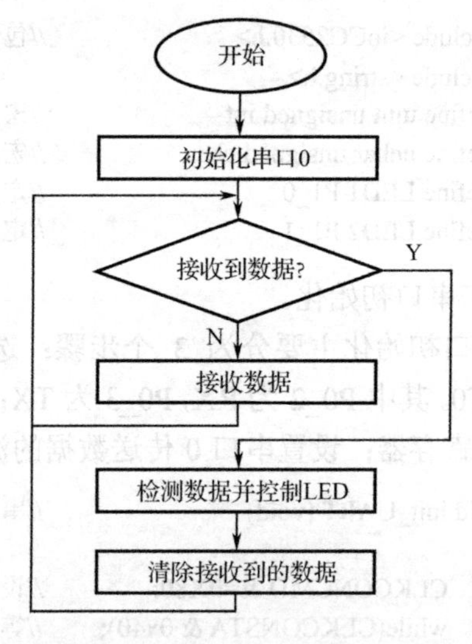

图 2-4-20　对接收数据的处理流程

练一练

1. 完成智能插座硬件电路连接，将下面的程序下载到 CC2530 单片机中，观看运行效果。

```
#include <ioCC2530.h>              //包含的头文件
#include <string.h>
#define uint unsigned int          //宏定义，用 uint 代替 unsigned int
#define uchar unsigned char        //宏定义，用 uchar 代替 unsigned char
#define LED1 P1_0                  //定义控制 LED1 的端口
#define LED2 P1_1                  //定义控制 LED2 的端口
void init_UART (void)              //串口初始化函数
{
    CLKCONCMD &=0X80;    //设置系统时钟源为 32MHz 晶振
    while(CLKCONSTA & 0x40);                  //等待晶振稳定
    CLKCONCMD &= ~0x47;                       //设置系统时钟频率为 32MHz
    PERCFG = 0x00;                            //使用串口备用位置 1
    P0SEL |= 0x0c;                            //P0 用作串口，P0_2、P0_3 作为片内外设 I/O 端口
    U0CSR |= 0x80;                            //UART 模式
    U0GCR |= 11;                              //波特率 BAUD_E 的选择
    U0BAUD |= 216;                            //波特率设为 115200bit/s
    U0UCR|=0x80;                              //清除 USART，并设置数据格式为默认值
    UTX0IF = 0;                               //串口 0 发送中断标志位清零
    U0CSR |= 0x40;                            //允许接收
    URX0IE = 1;                               //使能 USART0 的 RX 中断
    EA=1;                                     //中断使能
}
void init_light( )
{
   P1SEL &=~0x1b;//00011011
   P1DIR |=0x1b;
   LED1=0;
   LED2=0;
}
void   UartTX_Send_String(char *Data,int len)     //串口发送字符串函数
{
  int x;
  for(x=0;x<len;x++)
  {
        U0DBUF=*Data++;
        while(UTX0IF==0);
        UTX0IF=0;
  }
}
void main()
{
   init_light();
   init_UART();
   uchar c;                                //接收单个字符
   while(1)
   {
      while(UTX0IF==0); //表示一直等待 UTX0IF 变为 1，变为 1 后跳出 while 循环，执行后面的语句
      UTX0IF=0;
      c=U0DBUF;
      if(c=='1')
      {
```

```
            LED1=1;
            LED2=0;
            UartTX_Send_String("\nLED1 has been turn on!\n",26);
          }
          else if(c=='2')
          {
            LED2=1;
            LED1=0;
            UartTX_Send_String("\nLED2 has been turn on!\n",26);
          }
        c=(uchar)NULL;
      }
   }
```

2. 完成采用定时器T1中断方式实现上述功能的程序设计。

拓　展

1. UART 硬件流控制

将 UxUCR.FLOW 设为 1，使能硬件流控制。在这种情况下，当接收寄存器为空且接收使能时，RTS 输出变低。在 CTS 输入变低之前，不会发生字节传送。硬件流控制适用于 4 线接口。仅在 RTS 线为低电平时可以发送数据，接收数据时把 CTS 线置为低电平。

2. UART 特征格式

如果将寄存器 UxUCR 中的 BIT9 和奇偶校验位设为 1，那么将进行奇偶校验。奇偶校验的结果将作为第 9 位进行传送。

在接收期间，将奇偶校验位计算出来并与收到的第 9 位进行比较。如果奇偶校验位出错，则将 UxCSR.ERR 置为高电平。当读取 UxCSR 时，将清除 UxCSR.ERR。

五、CC2530 单片机模数转换控制

活动：

利用 CC2530 单片机的 ADC 模块及温度和湿度传感器等器件构成一个温度和湿度控制电路，实现智能开关功能。

1. 模数转换基础知识

1）模拟信号与数字信号

伴随着现代电子技术的发展，人们进入了一个信息爆炸的时代，每天要从周围环境中获取大量的信息，这些信息通常通过人们的感觉器官（如眼和耳）等进入大脑，并被存储下来做进一步的分析。信息的表现形式可以是数值、文字、图形、声音、图像及动画等，它反映了客观事物的存在形式和运动状态。信号是信息的载体，如光信号、声音信号、电信号。数据是把信息的属性规范化以后的表现形式，它能被识别，也能被描述，是各种事物定量或定性的记录。数据可以表示任何信息，如文字、符号、语音、图像、视频等。

由于非电物理量可以通过各种传感器较容易地转换成电信号，而电信号又容易传送和控

制，所以电信号成为应用最广的信号之一。电信号按表现形式可以分为模拟信号和数字信号。

人们从大自然中感知的许多物理量均是模拟量，如速度、压力、温度、湿度等。在工程技术中，常用传感器将模拟量转化为电流、电压或电阻等电量进行分析和控制。这些电量在时间、数值上都是连续变化的。因此，模拟信号就是在时间和数值上连续变化的电信号，其波形如图 2-5-1（a）所示。典型的模拟信号包括工频信号、射频信号、视频信号等。

与模拟电路相比，数字电路更具优越性。在数字电路中，常用二进制数来量化连续变化的模拟信号，这样就可以借助复杂的数字系统，如计算机等来实现信号的存储、分析和传输。数字信号在时间上和数值上均是离散的，常用数字 0 和 1 来表示，这里的 0 和 1 不是十进制数字，而是逻辑 0 和逻辑 1，分别表示低电平（用“0”表示）和高电平（用“1”表示），其波形如图 2-5-1（b）所示。

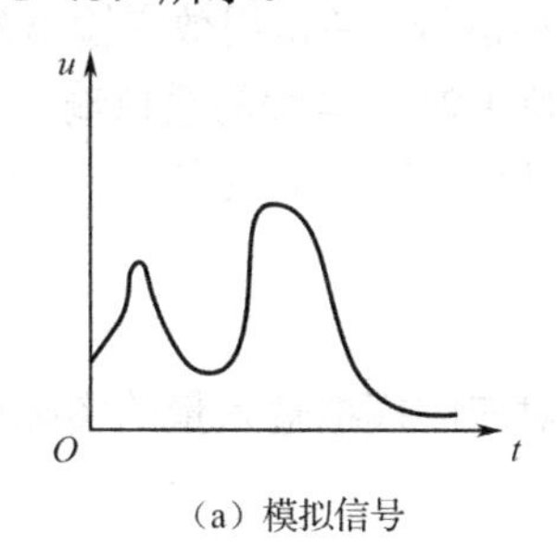

（a）模拟信号

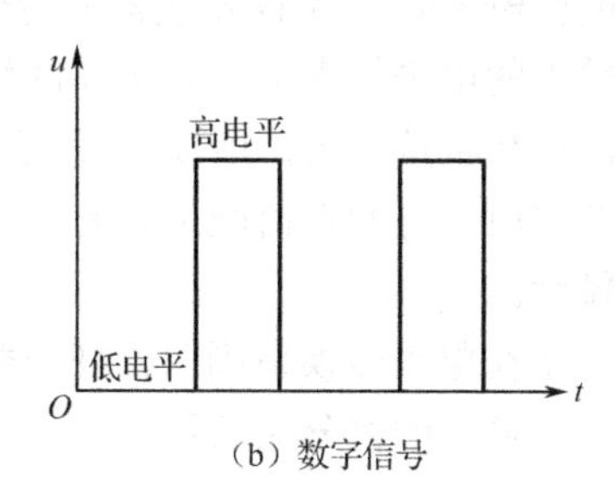

（b）数字信号

图 2-5-1　典型模拟信号与数字信号波形图

模拟信号和数字信号最大的区别在于连续性，模拟信号的波形是连续变化的。数字信号的波形是离散的，即变化是不连续的。

小贴士

二值数字逻辑的产生基于客观世界的许多事物可以用彼此相关又互相独立的两种逻辑状态来描述，如是与非、真与假、开与关、低与高等。在电路中，可以用电子器件的开关特性来实现二值数字逻辑，由此形成数字电压。数字电压通常用逻辑电平来表示。应当注意，逻辑电平不是物理量，而是物理量的相对表示。

2）模数转换的参数

上文中提到，速度、压力、温度、湿度等有一个共同的特点，即都是连续变化的物理量，这样的物理量称为模拟量。而单片机系统只能接收数字信号，因此用单片机处理这些模拟量时，一般先利用光电元件、压敏元件、热敏元件等传感器把它们转换为模拟电流或模拟电压，再将模拟电流或模拟电压转换成数字量。把模拟量转换为数字量的过程称为模数转换，即 A/D 转换，模数转换装置或电路通常简写为 ADC。在实际的工业控制和测量中，有时也需要将数字信号转换为模拟信号，这个过程称为数模转换（D/A 转换）。

如图 2-5-2 所示为一个包含 A/D 和 D/A 转换环节的单片机实时控制系统。

工作原理：首先由传感器将实时现场的各种物理量（速度、压力、温度、湿度等）即控制对象测量出来，并转换为相应的电信号，经过运算放大处理，送到 A/D 转换器，由 A/D 转换器将模拟电信号转换为数字电信号，之后被单片机采集，单片机按照一定算法输出控制量并进行 D/A 转换。D/A 转换是 A/D 转换的逆过程，但是 D/A 转换器的输出信号通常不足以驱动执行部件，所以要在D/A转换器和执行部件之间加入功率放大器。

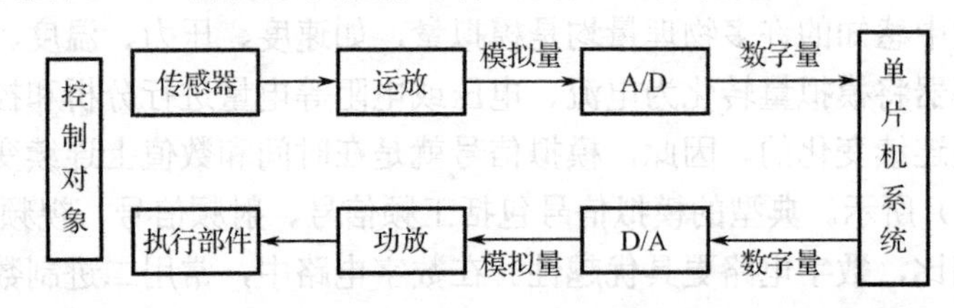

图 2-5-2　一个包含 A/D 和 D/A 转换环节的单片机实时控制系统

在实现A/D转换时，最主要的参数是分辨率、转换精度和转换率。

（1）分辨率。

A/D转换的分辨率表明A/D转换器所能分辨的最小信号，通常用数字输出最低位（LSB）所对应的模拟输入的电平值表示。***n*** 位A/D转换能反映 $1/2^n$ 满量程的模拟输入电平。由于分辨率和转换器的位数直接相关，所以一般也可简单地用数字量的位数来表示分辨率，即 ***n*** 位二进制数，最低位所具有的权值就是它的分辨率。

（2）转换精度。

转换精度是指在整个转换范围内，任一数字量所对应的模拟输入量的实际值与理论值之差，用模拟电压满量程的百分比表示。

（3）转换时间。

转换时间是指完成一次A/D转换所需的时间，即由发出启动转换命令信号到转换结束信号开始有效的时间间隔。

2．CC2530单片机ADC模块简介

CC2530单片机的ADC模块支持最高14位二进制模数转换，具有12个有效数据位。它包括一个输入多路切换器（具有8个独立配置的通道），以及一个参考电压发生器，转换结果通过DMA写入存储器。它还具有多种运行模式。ADC模块结构图如图2-5-3所示。

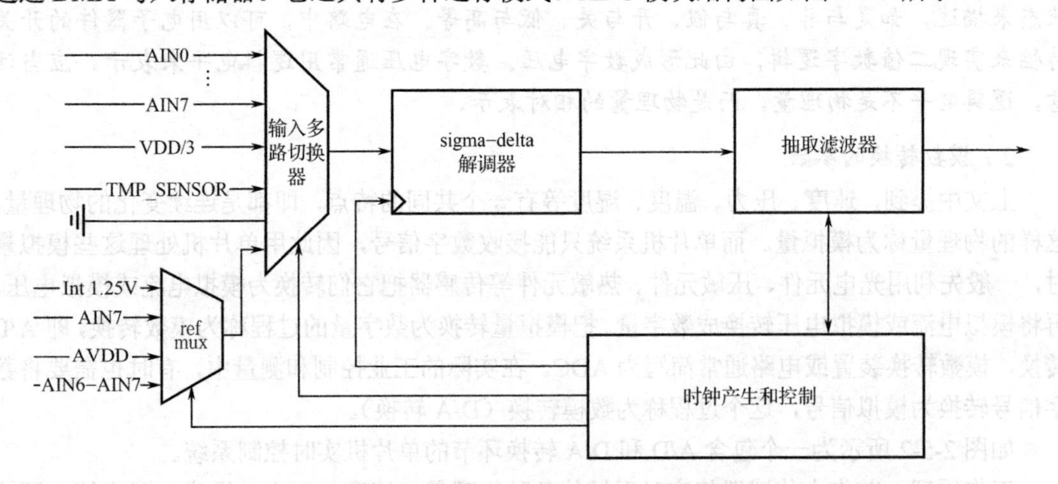

图 2-5-3　CC2530 单片机 ADC 模块结构图

ADC模块的主要特性如下：

（1）可设置分辨率（7～12位）。

（2）有 8 个独立的输入通道，可接收单端或差分信号。

（3）参考电压可选择内部单端、外部单端、外部差分或 AVDD5。

（4）转换结束产生中断请求。

（5）转换结束时可发出 DMA 触发信号。

（6）可以将片内温度传感器的温度值作为输入。

（7）具有电池电压测量功能。

3. CC2530 单片机 ADC 寄存器简介

ADC 模块涉及 6 个特殊功能寄存器，见表 2-5-1。

表 2-5-1　ADC 模块涉及的特殊功能寄存器

寄　存　器	功　　能
ADCCON1	用于 ADC 通用控制，包括转换结束标志、触发方式、随机数发生器
ADCCON2	用于连续转换的配置
ADCCON3	用于单次转换的配置，包括选择参考电压、分辨率、转换源
ADCH[7:0]	转换结果的高位，即 ADC[13:6]
ADCL[7:2]	转换结果的低位，即 ADC[5:0]
ADCCFG	选择 P0_0～P0_7 作为 ADC 输入的 AIN0～AIN7

ADC 模块有三个控制寄存器：ADCCON1、ADCCON2 和 ADCCON3。这些寄存器用于配置 ADC 模块，并报告结果，见表 2-5-2、表 2-5-3、表 2-5-4，详细内容可参考 CC2530 单片机产品手册。

表 2-5-2　控制寄存器 ADCCON1

位	名　称	功　能	描　述
7	EOC	ADC 结束标志位	0：A/D 转换进行中 1：A/D 转换完成
6	ST	手动启动 A/D 转换	开始转换。读为 1，直到转换完成 0：没有转换正在进行 1：如果 ADCCON1.STSEL=11，并且没有序列正在运行，就启动一个转换序列
5:4	STSEL	A/D 转换启动方式选择	启动选择。选择该事件，将启动一个新的转换序列 00：P2_0 引脚的外部触发 01：全速，不等待触发器 10：定时器 1 通道 0 比较事件 11：ADCCON1.ST=1
3:2	RCTRL	16 位随机数发生器控制位	00：普通模式（13x 打开） 01：开启 LFSR 时钟一次（13x 打开） 10：保留位 11：关
1:0	无	—	保留，一直设为 11

表 2-5-3　控制寄存器 ADCCON2

位	名　称	功　能	描　述
7:6	SREF	选择单通道 A/D 转换参考电压	00：内部参考电压（1.25V） 01：外部参考电压 AIN7 输入 10：模拟电源电压 11：外部参考电压 AIN6-AIN7 差分输入
5:4	SDIV	设置单通道 A/D 转换分辨率	00：64dec，7 位有效 01：128dec，9 位有效 10：256dec，10 位有效 11：512dec，12 位有效
3:0	SCH	单通道 A/D 转换选择	如果置位时 ADC 正在运行，则在完成 A/D 转换后立刻开始，否则置位后立即开始 A/D 转换，转换完成后自动清零 0000：AIN0 0001：AIN1 0010：AIN2 0011：AIN3 0100：AIN4 0101：AIN5 0110：AIN6 0111：AIN7 1000：AIN0-AIN1 差分 1001：AIN2-AIN3 差分 1010：AIN4-AIN5 差分 1011：AIN6-AIN7 差分 1100：GND 1101：保留 1110：温度传感器 1111：1/3 模拟电源电压

表 2-5-4　控制寄存器 ADCCON3

位	名　称	功　能	描　述
7:6	SREF	选择单通道 A/D 转换参考电压	00：内部参考电压（1.25V） 01：外部参考电压 AIN7 输入 10：模拟电源电压 11：外部参考电压 AIN6-AIN7 差分输入
5:4	SDIV	设置单通道 A/D 转换分辨率	00：64dec，7 位有效 01：128dec，9 位有效 10：256dec，10 位有效 11：512dec，12 位有效

续表

位	名　称	功　能	描　述
3:0	SCH	单通道 A/D 转换选择	如果置位时ADC正在运行，则在完成A/D转换后立刻开始，否则置位后立即开始 A/D 转换，转换完成后自动清零 0000：AIN0 0001：AIN1 0010：AIN2 0011：AIN3 0100：AIN4 0101：AIN5 0110：AIN6 0111：AIN7 1000：AIN0-AIN1 差分 1001：AIN2-AIN3 差分 1010：AIN4-AIN5 差分 1011：AIN6-AIN7 差分 1100：GND 1101：保留 1110：温度传感器 1111：1/3 模拟电源电压

4．A/D 转换程序设计

温度传感器是学习 51 单片机的过程中经常使用的传感器，如 DS18B20。本任务主要对 CC2530 单片机自带的温度传感器的温度值进行转换。

1）目的与要求

利用 ADC 模块采集 CC2530 单片机自带的温度传感器的温度值，并通过串口将温度值发送到 PC 上显示出来，通过该任务学会 CC2530 单片机 ADC 设置方法。

2）寄存器设置及编程要点

（1）选择 ADC 输入通道。

当使用 ADC 时，端口 0 的引脚必须配置为 ADC 模拟输入，APCFG 寄存器中相应的位必须设置为 1。这个寄存器的默认值是 0，选择端口 0 为非模拟输入，即作为数字 I/O 端口。注意：APCFG 寄存器的设置将覆盖 P0SEL 的设置。由于本任务选用片内温度传感器作为转换源，不涉及 AIN0～AIN7，故省略此步骤。

（2）配置 ADC 采样方式。

配置 ADC 为单次采样，令 ADCCON3=0x3E（即 ADCCON3 的 SREF 为 00，SDIV 为 11，SCH 为 1110），选择 1.25V 为参考电压，选择 12 位分辨率，选择 CC2530 片内温度传感器作为 ADC 转换源。

（3）设置 ADC 启动方式。

设置 ADC 启动方式为手动，令 ADCCON1 |=0x30（即当 ADCCON1 的 STSEL 为 11，ADCCON1.ST=1 时，启动 ADC）。

（4）启动 ADC 单次转换。

令 ADCCON1 |=0x40（即 ADCCON1.ST=1），启动 ADC 单次转换。

（5）等待转换结束。

可以使用语句"while(!(ADCCON1&0x80))"，等待 ADCCON1 寄存器的 EOC 为 1 时结束转换。

（6）存放转换结果。

转换结果将存放在 ADCH[7:0]（高 8 位）和 ADCL[7:2]（低 6 位）中，通过“value=ADCL>>2”和“value=ADCH<<6”将转换结果存入 value 中。

3）程序设计

程序流程图如图 2-5-4 所示。

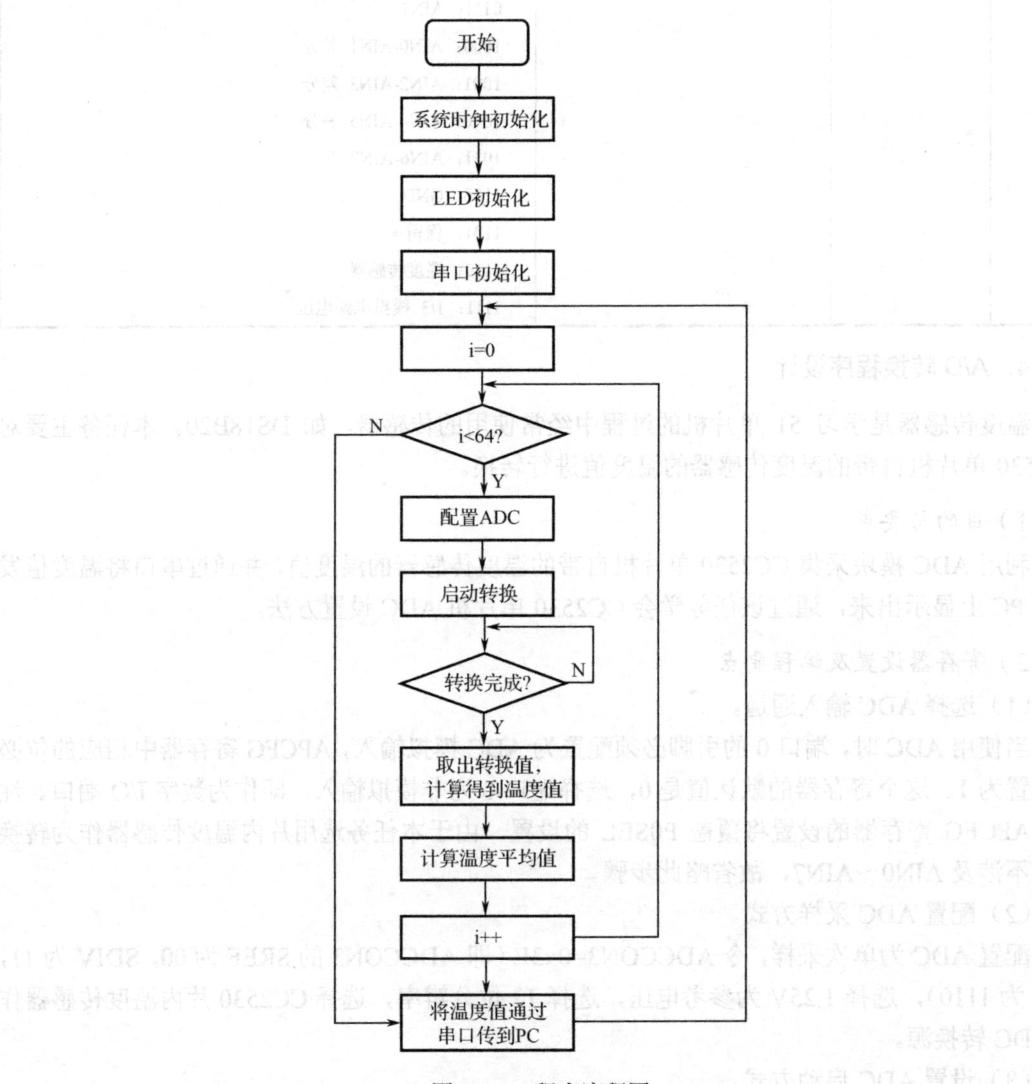

图 2-5-4　程序流程图

（1）正确连接 CC2530 仿真器到 PC 和 CC2530 节点板，打开 CC2530 节点板电源。用串口线一端连接 CC2530 节点板，另一端连接 PC 串口。

（2）在 PC 上打开串口调试助手软件，设置好波特率为“19200”，取消勾选“十六进制显示”。

（3）将下面的程序烧录到 CC2530 单片机中。

```
//功能：利用 ADC 转换 CC2530 单片机自带温度传感器的温度值，并通过串口将温度值发送到 PC 上显示出来
#include <ioCC2530.h>                              //包含头文件
#define uint unsigned int                          //宏定义
#define uchar unsigned char                        //宏定义
void ext_init(void);                               //外部中断初始化函数声明
void adc_test(void);                               //ADC 转换测试子函数声明
float getTemperature(void);                        //得到实际温度值函数声明
void xtal_init(void);                              //系统时钟初始化函数声明
void uart0_init(uchar StopBits,uchar Parity);      //USART0 初始化函数声明
void delayms(uint time);                           //延时子函数
void Uart_Send_char(char ch);                      //串口发送一字节子函数
void Uart_Send_String(char *Data);                 //串口发送一个字符串子函数
int Uart_Recv_char(void);                          //接收字节子函数
/*----------------------------------------------------------------------------------------
主函数
----------------------------------------------------------------------------------------*/
void main(void)
{
  xtal_init();                                     //系统时钟初始化
  uart0_init(0x00, 0x00);                          //初始化串口，无奇偶校验，停止位为 1 位
  while(1)
  {
    adc_test();                                    //启动温度检测
  }
}
/*----------------------------------------------------------------------------------------
系统时钟初始化函数
----------------------------------------------------------------------------------------*/
void xtal_init(void)
{
  SLEEPCMD &= ~0x04;                               //通电
  while(!(CLKCONSTA & 0x40));                      //晶体振荡器开启且稳定
  CLKCONCMD &= ~0x47;                              //选择 32MHz 晶体振荡器
  SLEEPCMD |= 0x04;
}
/*----------------------------------------------------------------------------------------
外部中断初始化
----------------------------------------------------------------------------------------*/
void ext_init(void)
{
    P0SEL &= ~0x10;                                //通用 I/O
    P0DIR &= ~0x10;                                //用作输入
    P0INP &= ~0x10;                                //0 表示上拉，1 表示下拉
    P0IEN |= 0x10;                                 //开 P0 口中断
    PICTL &=~ 0x01;                                //下降沿触发
    P0IFG &= ~0x10;                                //P0_4 中断标志位清零
```

```
    P0IE = 1;                                   //P0 中断使能
    EA = 1;                                     //总中断使能
}
/*------------------------------------------------------------------------------
uart0 初始化
------------------------------------------------------------------------------*/
void uart0_init(uchar StopBits,uchar Parity)
{
    P0SEL |=   0x0C;                            //初始化 USART0 端口
    PERCFG&= ~0x01;                             //选择 USART0 为可选位置 1
    P2DIR &= ~0xC0;                             //P0 优先作为串口 0
    U0CSR = 0xC0;                               //设置为 UART 模式，而且使能接收器
    U0GCR = 0x09;
    U0BAUD = 0x3b;                              //设置 USART0 波特率为 19200bit/s
    U0UCR |= StopBits|Parity;                   //设置停止位与奇偶校验
}
/*------------------------------------------------------------------------------
发送字节
------------------------------------------------------------------------------*/
void Uart_Send_char(char ch)
{
    U0DBUF = ch;
    while(UTX0IF == 0);
    UTX0IF = 0;
}
/*------------------------------------------------------------------------------
发送字符串
------------------------------------------------------------------------------*/
void Uart_Send_String(char *Data)
{
    while (*Data != '\0')
    {
        Uart_Send_char(*Data++);
    }
}
/*------------------------------------------------------------------------------
接收字节
------------------------------------------------------------------------------*/
int Uart_Recv_char(void)
{
    int ch;

    while (URX0IF == 0);
    ch = U0DBUF;
    URX0IF = 0;
    return ch;
}
/*------------------------------------------------------------------------------
adc 采集函数
------------------------------------------------------------------------------*/
void adc_test(void)
```

```
{
    char i;
    float avgTemp;
    char output[]="";
    avgTemp = getTemperature();
    for(i = 0 ; i < 64 ; i++)
    {
      avgTemp += getTemperature();
      avgTemp = avgTemp/2;                        //每采样1次，取1次平均值
    }
    output[0] = (uchar)(avgTemp)/10 + 48;         //十位
    output[1] = (uchar)(avgTemp)%10 + 48;         //个位
    output[2] = '.';                              //小数点
    output[3] = (uchar)(avgTemp*10)%10+48;        //十分位
    output[4] = (uchar)(avgTemp*100)%10+48;       //百分位
    output[5] = '\0';                             //字符串结束符
    Uart_Send_String(output);
    Uart_Send_String("℃\r\n");
    delayms(500);
}
/*------------------------------------------------------------------------------------
读取温度传感器转换值函数
------------------------------------------------------------------------------------*/
float getTemperature(void)
{
    uint   value;
    ADCCON3   = (0x3E);       //选择1.25V为参考电压，12位分辨率，对片内温度传感器采样
    ADCCON1 |= 0x30;                              //选择ADC的启动模式为手动
    ADCCON1 |= 0x40;                              //启动A/D转换
    while(!(ADCCON1 & 0x80));                     //等待A/D转换完成
    value =   ADCL >> 4;                          //ADCL寄存器低2位无效
    value |= (((unsigned short)ADCH) << 4);
    return  (value-1367.5)/4.5-5;       //根据转换值，计算出实际的温度值，芯片手册有错，温度系数应该
是4.5 /℃，进行温度校正，这里减去5℃（不同芯片根据具体情况校正）
}
/*------------------------------------------------------------------------------------
延时函数
------------------------------------------------------------------------------------*/
void delayms(uint time)
{
  uint i;
  uchar j;
  for(i=0;i<time;i++)
      for(j=0;j<240;j++)
      {
          asm("NOP");                        //在汇编语言中NOP是空操作，消耗1个指令周期
          asm("NOP");
          asm("NOP");
      }
}
```

(4) 程序运行后，在 PC 上的串口调试助手软件中会看到串口输出检测到的温度（图 2-5-5）。

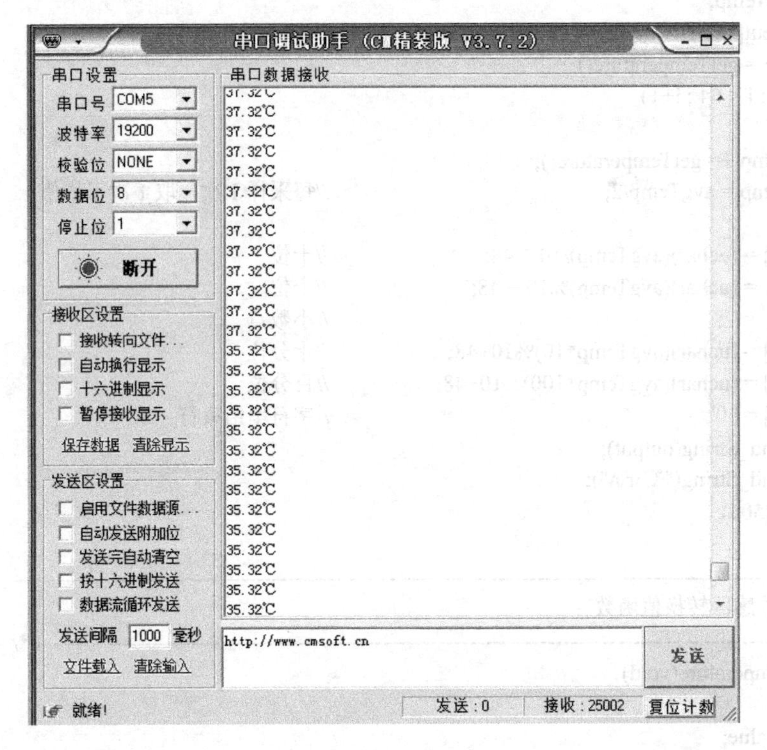

图 2-5-5　显示结果

小贴士

使用 CC2530 单片机自带的模拟温度传感器获得的温度值误差较大，利用后面拓展模块中的数字温/湿度传感器 DHT11 能够得到较准确的温度值。

拓　展

现代蔬菜大棚（图 2-5-6）采用集成了环境采集系统和大棚内部环境干预系统的综合环境维持系统。整个大棚内安装了相当数量的环境检测传感器来实现对大棚内环境无死角的实时检测。其中就包括温度和湿度传感器，它们通过检测装置测量到温度和湿度后，按一定的规律变换成电信号或其他所需形式的信息输出给微处理器处理和控制，用以满足用户需求。智能家居控制系统中通常也需要使用温度和湿度传感器来判断当前的温度和湿度，由终端节点收集温度和湿度数据，通过自己的串行端口输出数据，还可以将收集到的数据发送给协调器。

DHT11 是一种使用专用数字采集技术和温度、湿度传感技术的传感芯片，它包含温/湿度复合传感器、电阻传感器和 NTC 传感器，具有较高的可靠性及良好的稳定性，可以连接到任何高性能的 8 位微型计算机上。DHT11 传感器使用单线串行接口。DHT11 传感器体积超小，功耗极低，信号传输距离可达 20m。它采用 4 针单排引脚封装，连接方便，可以让

用户构建适合自己的经济的温度和湿度控制系统，其引脚图如图 2-5-7 所示。

图 2-5-6　现代蔬菜大棚

DHT11 传感器控制电路如图 2-5-8 所示。1 脚接电源正极，2 脚接单片机 DATA 串行数据（单总线），3 脚悬空不接，4 脚接地（电源负极）。

图 2-5-7　DHT11 传感器引脚图

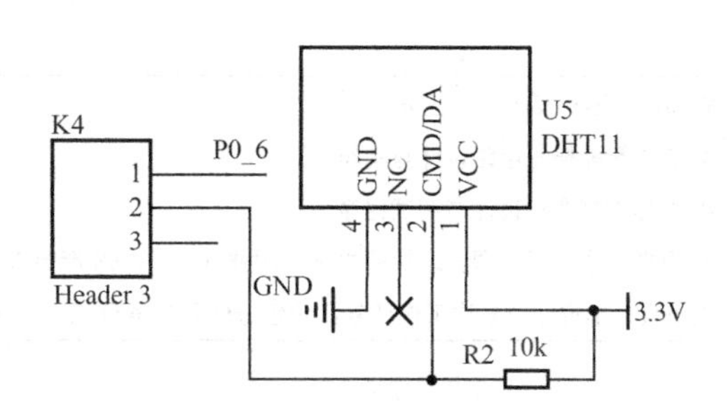

图 2-5-8　DHT11 传感器控制电路

DHT11 和 DS18B20 的比较如下。

相同点：DHT11 和 DS18B20 都只有一根数据线，都可以测温度。

不同点：DS18B20 更加小巧，DHT11 可以测湿度，DS18B20 的测量结果比 DHT11 更加准确。

环节三　分析计划

经过一系列知识的学习和技能的训练，以及信息资讯的收集，本环节将对任务进行认真分析，并形成简易计划书。简易计划书具体由鱼骨图、“人料机法环”一览表和相关附件组成。

1. 鱼骨图

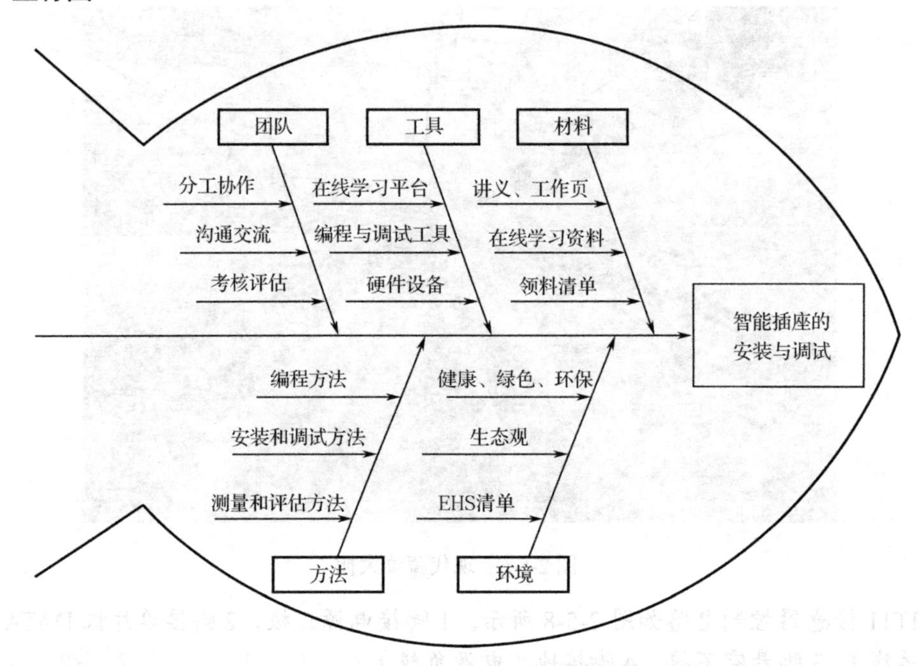

2. “人料机法环”一览表

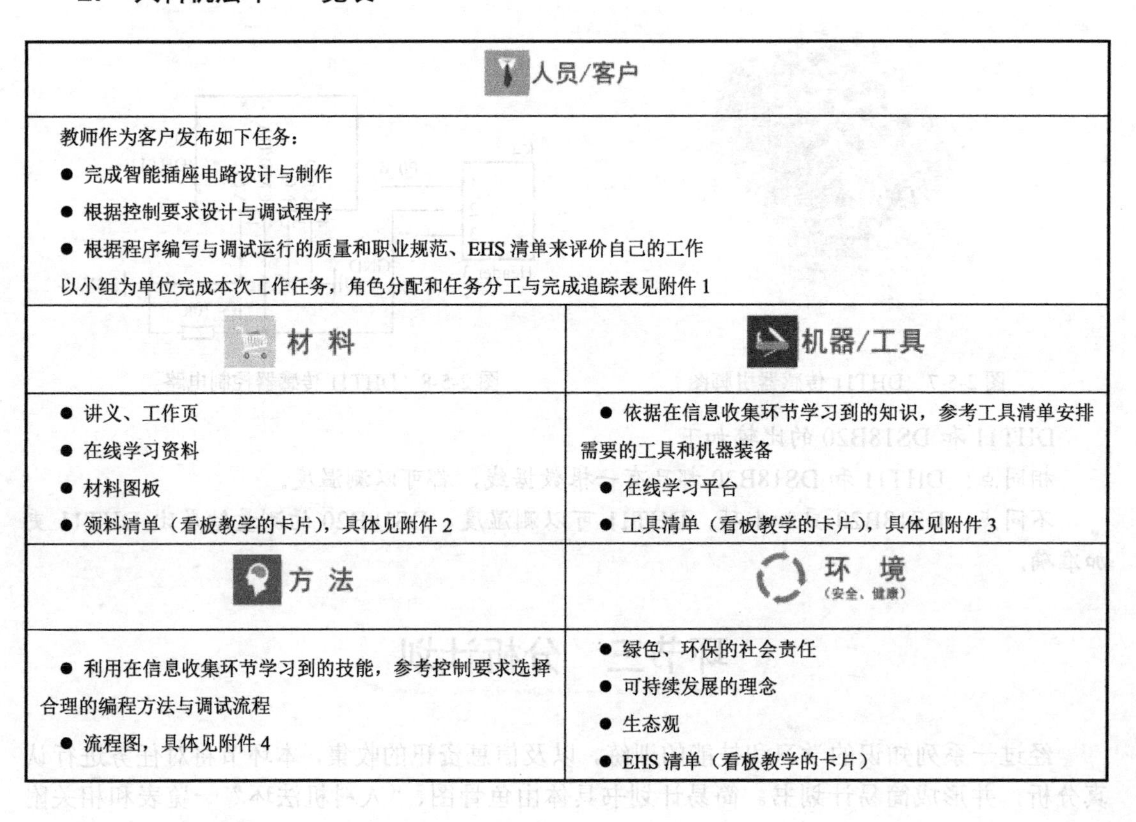

人员/客户	
教师作为客户发布如下任务： ● 完成智能插座电路设计与制作 ● 根据控制要求设计与调试程序 ● 根据程序编写与调试运行的质量和职业规范、EHS 清单来评价自己的工作 以小组为单位完成本次工作任务，角色分配和任务分工与完成追踪表见附件 1	
材 料	机器/工具
● 讲义、工作页 ● 在线学习资料 ● 材料图板 ● 领料清单（看板教学的卡片），具体见附件 2	● 依据在信息收集环节学习到的知识，参考工具清单安排需要的工具和机器装备 ● 在线学习平台 ● 工具清单（看板教学的卡片），具体见附件 3
方 法	环 境 （安全、健康）
● 利用在信息收集环节学习到的技能，参考控制要求选择合理的编程方法与调试流程 ● 流程图，具体见附件 4	● 绿色、环保的社会责任 ● 可持续发展的理念 ● 生态观 ● EHS 清单（看板教学的卡片）

附件 1：角色分配和任务分工与完成追踪表。

序　号	任务内容	参加人员	开始时间	完成时间	完成情况

附件 2：领料清单。

序　号	名　称	单　位	数　量

附件 3：工具清单。

序　号	名　称	单　位	数　量

附件4：流程图。

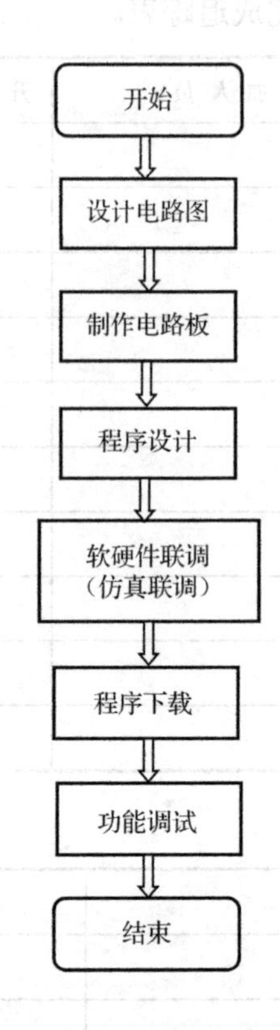

环节四　任务实施

1．任务实施前

参考分析计划环节的内容，全面核查人员分工、材料、工具是否到位，再次确认编程调试的流程和方法，熟悉操作要领。

2．任务实施中

任务实施过程中，按照“角色分配和任务分工与完成追踪表”记录每个学生完成的情况，填写EHS落实追踪表。

EHS落实追踪表			
	通用要素摘要	本次任务要求	落实评价
环境	评估任务对环境的影响		
	减少排放与有害材料		
	确保环保		
	5S达标		

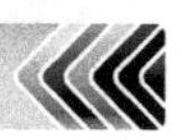

续表

EHS 落实追踪表			
	通用要素摘要	本次任务要求	落实评价
健康	配备个人劳保用具		
	分析工业卫生和职业危害		
	优化人机工程		
	了解简易急救方法		
安全	安全教育		
	危险分析与对策		
	危险品（化学品）注意事项		
	防火、逃生意识		

3. 任务实施后

在任务实施结束后，严格按照 5S 要求进行收尾工作。

环节五　检验评估

1. 任务检验

对任务成果进行检验，记录数据，完成以下检验报告。

序　号	检验（测试）项目	记 录 数 据	是 否 合 格
			合格（　）/不合格（　）
			合格（　）/不合格（　）
			合格（　）/不合格（　）
			合格（　）/不合格（　）
			合格（　）/不合格（　）
			合格（　）/不合格（　）
			合格（　）/不合格（　）
			合格（　）/不合格（　）
			合格（　）/不合格（　）
			合格（　）/不合格（　）
			合格（　）/不合格（　）

2. 教学评价

利用评价系统，对任务学习进行评价。